黒潮の魚たち

黒潮の魚たち

松浦啓一編著

叢書・イクチオロギア—②

東海大学出版会

Fishes in the Kuroshio Current

edited by Keiichi MATSUURA
Tokai University Press, 2012
ISBN978-4-486-01934-3

まえがき

「名も知らぬ 遠き島より 流れ寄る 椰子の実一つ……」という島崎藤村の「椰子の実」の詩は多くの日本人に郷愁の念を抱かせる．柳田国男が1898年（明治31年）に約1カ月半，伊良湖岬（愛知県）に滞在し，流れ着いた椰子の実を拾ったことを藤村に話し，これがきっかけとなって，この有名な詩が生まれたといわれている．「遠き島より 流れ寄る 椰子の実」は遠い南方の島から黒潮の流れによって伊良湖岬に漂着した．当然ながら，黒潮は椰子の実だけを運ぶわけではなく，海洋生物を含むさまざまなものを南から北へ運んでいる．本書で述べているように，黒潮はフィリピン東方に発する強大な海流であり，海中の「スーパー大河」である．その流れがあまりにも強いため，江戸時代の船乗りや漁師達は黒潮を「黒瀬川」と呼んで恐れていた．当時の船の能力では，黒潮の強い流れにひとたび捕らえられると，逃げ出すことは不可能で，難破する可能性が高かったからである．

椰子の実を本州中部の浜でみる機会は多くないであろうが，熱帯性の魚類の幼魚なら，房総半島以南の本州，四国そして九州の沿岸で容易にみいだすことができる．ただし，季節は限定されていて，夏から初冬である．毎年，出現するこれらの幼魚たちをみれば，誰でも黒潮の力を認識せざるを得ない．しかし，それでは黒潮の力がどのように，どの程度，魚類の分布や生態に影響しているのだろうか．この問いに答えるのは簡単ではない．黒潮流域の魚類相は，高知県や紀伊半島，あるいは駿河湾などで，魚類研究者が長年に渡って研究してきた．その結果，多くの熱帯性魚類が各地で記録されているが，黒潮の影響を受ける日本列島各地の魚類相がどの程度似ていて，どのくらい異なっているのかを知るためには，定量的なデータが必要である．しかし，黒潮流域の大学などの研究機関にいる魚類研究者の数はたかが知れている．長期間に渡った魚類相の研究があるといっても，それは魚市場でみられた魚類の記録や，潮だまりや沿岸でたまたま採集された魚類の記録を集積した結果に過ぎない．定量的な処理ができるようなデータではなかったのである．

この状況に画期的な変化をもたらしたのはスキューバダイバーの出現と，彼らが撮影する魚類の水中写真であった．1970年頃からスキューバダイビングが海洋生物の研究者や一般の人たちに使われはじめた．そして，1990年代になる

と，スキューバダイバーが爆発的に増加した．同時に海中で魚類などの海洋動物を撮影するスキューバダイバーの数も増えてきた．その結果，伊豆半島の有名なダイビングポイントでは，週末や祝日になると1000人を超える人たちがスキューバダイビングを楽しむようになり，海洋動物の水中写真の数はうなぎ登りに増えていった．これらの水中写真を集め，データベースとして集積すれば，魚類の研究，特に魚類相や魚類分類学に大いに役立つことは確実であった．そして，魚類研究者とスキューバダイバーの協力によって，「魚類写真資料データベース」が構築され，インターネット上に公開されたのである（第1章参照）．「魚類写真資料データベース」に集積された多数の水中写真によって，黒潮流域や小笠原諸島の魚類相を定量的に比較検討することが可能となった．

そこで，黒潮流域と小笠原諸島の中から，魚類相解析のために十分なデータのある12地点を選び出し，その魚類相を解析したところ，黒潮が熱帯性魚類を南から北へ運搬していることが改めて示された．しかし，同時に，予想もしなかった黒潮の役割も浮かび上がったのである．すなわち，温帯性魚類にとって，黒潮が海中のみえざる障壁となっていることが示唆された．すなわち，われわれは，黒潮が南から北へベルトコンベヤーのように魚類を運搬すると同時に，魚類の分布を分断する障壁にもなるという作業仮説を得たのであった．この仮説によってわれわれは「黒潮プロジェクト」を開始し，黒潮やその周辺の魚類相や分類，遺伝学的関係の研究を進めたのである．本書は「黒潮プロジェクト」やそれに関連のある研究を取りまとめた成果である．

第I部では黒潮流域の魚類相を紹介している．第1章では，前述した作業仮説がどのように生み出されたかを述べると同時に，黒潮の障壁機能を紹介している．第2章と第3章では，黒潮流路の鹿児島県と高知県において地域魚類相の研究がどのように進められているか，また，地域の魚類相の特徴について述べている．第II部では，さまざまな魚類分類群における分類学的研究や魚類集団の遺伝的研究を紹介し，黒潮の運搬機能や障壁機能がどのように魚類の分化に関与しているかについて述べている．第4章では，トウゴロウイワシ類の分類と黒潮の関係について解説し，第5章ではアカハタを例にして，小笠原諸島を含む各地のアカハタ集団の遺伝的関係を詳述している．第6章ではキチヌという普通にみられるタイ科魚類を形態と分子の両面から詳細に研究することによって，黒潮がどのように種分化に関与しているかについて語っている．第7章ではボウズハゼを取り上げ，黒潮の強力な運搬力がフィリピンから日本列島

までのボウズハゼを単一の遺伝集団にしていることを述べている．また，同時に，熱帯性淡水魚類の両側回遊に関する総説ともなっている．第III部では，黒潮と魚類の種分化に関する研究を紹介している．第8章では，黒潮流路における内湾の種とその「ペア種」の関係について述べ，第9章では巨大なマンボウ類の分類や遺伝的関係に関する研究を紹介している．そして，第10章では，ハゼ類の中でも特異な特徴をもつシラスウオ類に関する分子系統学的研究について述べている．

　本書に収録された研究の多くは，科学研究費補助金基盤研究（A）「黒潮と日本の魚類相：ベルトコンベヤーか障壁か」（課題番号：19208019）および国立科学博物館館長支援経費「黒潮プロジェクト：浅海性生物の時空間分布と巨大海流の関係を探る」の支援によって実施された．これらの研究経費がなければ「黒潮プロジェクト」を実行することは不可能であった．記して謝意を表する．また，東海大学出版会の稲英史氏には本書の出版に当たり，大いにお世話になった．厚く御礼申し上げる．

2011年12月1日
松浦啓一

目 次

まえがき　v

第Ⅰ部　黒潮流域の魚類相　1

第1章　黒潮と魚たち　　　　　　　　　　　　松浦啓一・瀬能　宏　3
　　Box 1　琉球列島と南西諸島　　17
　　Box 2　浅海性魚類の分布とプレート　　18

第2章　黒潮が育む鹿児島県の魚類多様性　　　　　本村浩之　19
　　Box 3　幻の魚，クマソハナダイの謎　　44

第3章　黒潮と高知県の浅海魚類相　　　　　　　遠藤広光　47

第Ⅱ部　ベルトコンベヤーと障壁　63

第4章　黒潮による分断と移送―トウゴロウイワシ類と黒潮
　　　　　　　　　　　　　　　　　　　　　木村清志・笹木大地　65

第5章　アカハタにおける進化の歴史的変遷　　　栗岩　薫　75

第6章　東アジアにおけるキチヌの外部形態と遺伝的集団構造
　　　　　　　　　　　　　　　　　　　　　岩槻幸雄・千葉　悟　97
　　Box 4　中国大陸沿岸から宮崎県にやってきたアジ科魚類　　110

第7章　黒潮が運ぶボウズハゼ―熱帯淡水性魚類の両側回遊　渡邊　俊　113
　　Box 5　両側回遊　　142

第Ⅲ部　黒潮と魚類の種分化　143

第8章　黒潮沿岸と内湾の「ペア種」とその歴史　　馬渕浩司　145

第9章　マンボウ研究最前線―分類と生態，そして生物地理
　　　　　　　　　　　　　　　　　　　　　山野上祐介・澤井悦郎　165

第10章　もっとも幼形進化的な魚類―シラスウオ類の隠された多様性
　　　　　　　　　　　　　　　　　　　　　　　　　　昆　健志　183

謝辞　201
用語解説　205
索引　207

黒潮流域の魚類相

第 I 部

第1章

黒潮と魚たち

松浦啓一・瀬能　宏

はじめに

　日本は小さな島国である．しかし，世界地図を広げてみると，日本列島の総延長は約3000 kmもあり，オーストラリア東岸の長さに匹敵することがわかる（図1.1）．日本の海岸線が長いために，排他的経済水域の面積は大きく，世界第6位である．領海と経済的権益がおよぶ海域という点では，日本は世界屈指の国といえる．日本列島が南北に長く延び，排他的経済的水域が大きいため，「日本の海」の広がりは大きく，さまざまな海洋環境をみることができる．

　オホーツク海は冬になれば流氷に覆われるが，沖縄に行けば美しいサンゴ礁と熱帯性魚類がみられる．さらに，北からは寒流である親潮が南下して北海道や本州北部の沿岸を洗い，南からは強大な暖流である黒潮が北上して琉球列島，九州，四国および本州南部の沿岸を洗っている．季節によって寒流と暖流の強さが変わるため，日本列島周辺の海水温も大きな変化を示す（図1.2）．このような日本列島の地勢と海洋環境は，魚類をはじめとした日本の海洋生物に世界一の豊かさをもたらしたのである（Fujikura et al., 2010）．本書では黒潮の影響を受け，魚類の多様性が高い日本列島南部に焦点を当てて，浅海性魚類の分布と多様性や進化を扱う．最初に黒潮が日本の浅海性魚類の分布にどのような影響を与えているかを述べることにしよう．

黒潮と浅海性魚類

　黒潮は南の海からさまざまなものを運んでくる．童謡に歌われた椰子の実や流木も黒潮に乗って南の国から日本へやってくる．当然ながら魚類をふくむ海洋生物も黒潮によって南から北に運ばれる．このことは夏から初冬に本州中部から九州までの太平洋岸を調べれば容易にわかる．磯に行ってタイドプール（潮だまり）や潮下帯の魚類を調査すれば，多くの熱帯性魚類の幼魚がいることが

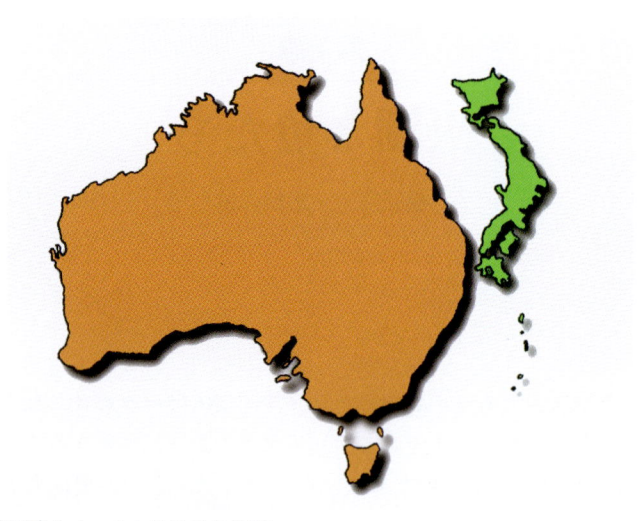

図1.1 日本列島とオーストラリアの比較．
琉球列島南西部の西表島は小さいため，図に示されていないが，オーストラリア本土とタスマニア島の間にあるバス海峡に位置することになり，日本列島がオーストラリア東岸と同じ長さであることがわかる．

わかるであろう（平田ほか，1996；瀬能ほか，1997；Senou et al., 2006b）．そして，これらの熱帯性魚類は真冬になれば姿を消してしまう．海水の温度が真冬に低下するため，ほとんどの熱帯性魚類は本州や四国の冬を越すことができないのである．このような現象は無効分散とか死滅回遊とよばれ，古くから知られていることであり，魚類ばかりではなく多くの海産無脊椎動物でみられる（西村，1992）．このことは黒潮が南方から多くの海洋生物を運んでいることを明瞭に示している．黒潮は幅100 kmもあり，毎秒3000万～5000万トンの海水を南から北へ運んでいる．その速度は毎時3～5ノットに達する．また，黒潮の影響は水深数百メートルに達するといわれている．つまり，黒潮は海中の強大なベルトコンベヤーといえる．江戸時代の漁師や船乗りは黒潮を「黒瀬川」とよんで恐れていた．「黒瀬川」に船を乗り入れてしまうと，その流れから抜けられなくなり，「死滅回遊魚」と同様に海の藻屑になってしまうからである．

このように黒潮は陸上では決してみることができない大規模な「スーパー大河」である．これだけ強大な流れであるから，生物をはじめとしてさまざまなものを南から北へ大量に運んでいることはまちがいないが，同時にその「両岸」の魚類や無脊椎動物の分布を分断しているかもしれない．そして，その可能性

は高いのではないだろうか．われわれは陸上の障壁である山脈や河川をみることはできるが，海の中をみることは困難である．しかし，黒潮が「海中のみえざる障壁」となって海洋生物の分布を分断しているなら，日本南部の沿岸性魚類の分布に何らかのパターンがみられるはずである．では，どのようにすれば魚類の分布パターンを知ることができるだろうか．そのためには日本の魚類相に関する信頼すべきデータが必要となる．

過去の魚類相研究

　日本南部の魚類相を比較するためには，当然ながら研究対象地域の魚類リストが必要となる．各地の魚類リストを作成するためには，当該海域に出現する多くの魚類に関するデータが必要である．従来の研究では，1人あるいは少数の魚類研究者が魚類相を調べていた．このため，ある海域の魚類相を詳細に知るためには長期間に渡る調査が必要であった．たとえば，高知県の魚類相については高知大学の魚類研究者が戦前から調査をつづけ，詳細な魚類リストが作成されている（Kamohara, 1964）．佐渡島をふくむ新潟県の魚類相については新潟大学の魚類研究者が同様の研究をおこなってきた（本間, 1952）．しかし，このような研究例は少数であり，日本各地の魚類相を比較しようとすると，既往の文献は非常に少ない．また，これまでの文献では，沿岸でふつうに採集される魚類も遠い沖合や深海で漁獲される魚類も同様にリストに収録されてきた．このため沿岸の魚類相を比較するためには問題があった．このような状況を克服するためには各地の沿岸に出現する魚種のデータが大量に必要となる．

魚類データベースと観察データ

　各地に出現する魚類について大量で正確なデータを入手する方法はあるだろうか．そのためには採集された魚類の標本や観察された魚類に関するデータベースが必要となる．自然史系博物館や大学博物館には過去の調査，そして現在進行している研究プロジェクトによって採集された多数の魚類標本が保管されている．1980年代には魚類標本や魚類に関する観察データのデータベースは存在しなかった．1990年代に入ると自然史系博物館や大学博物館などで魚類標本のデータベースが構築された．また，スキューバダイバーが撮影した魚類の水中写真を研究に活用できるようになった．魚類の水中写真を正確に同定できれば，標本と同様に出現魚種を確認できることになる．多くのスキューバダイバ

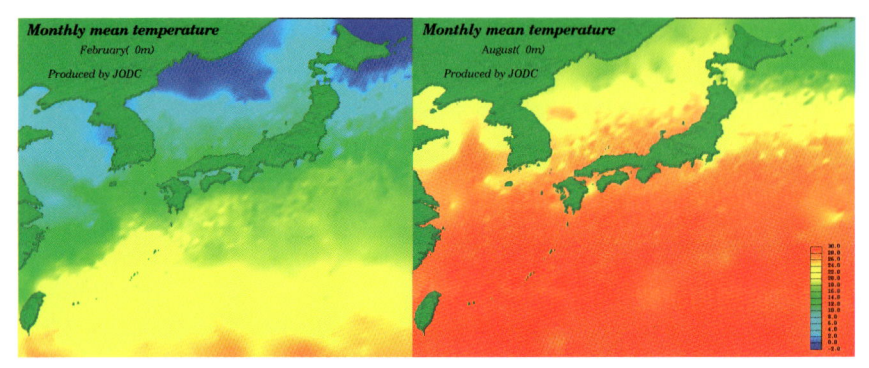

図1.2 日本列島周辺の夏（8月，右）と冬（2月，左）の海水面の温度（JODCデータベースによる）．

図1.3 国内のダイビングポイント．多くのダイビングポイントが本州中部から琉球列島までの黒潮流域にある．

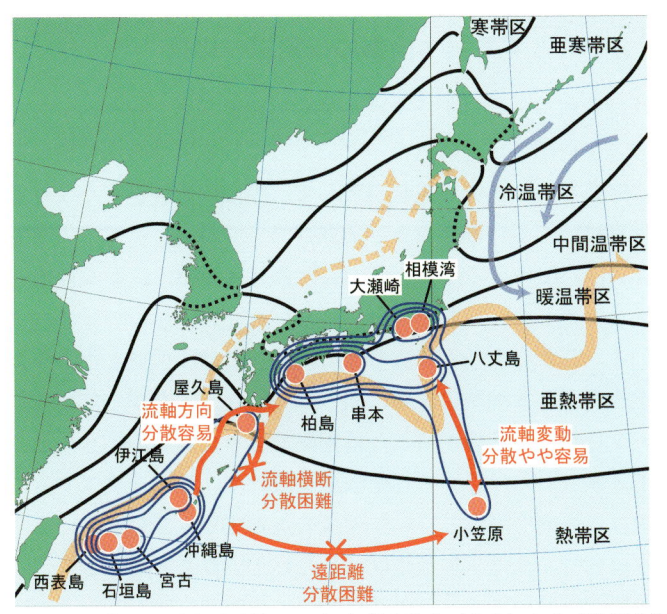

図1.4 日本近海の生物地理区分（西村, 1992）と調査地点（赤丸）および沿岸魚類相の類似関係（青線）．薄いオレンジの線は黒潮の流路を示す．

　一の協力をえることができれば，魚類の水中写真を数多く集積できるので，標本とは比較にならない大量のデータを活用できる．そして，幸いなことに，魚類標本データベースと同様に，魚類写真資料データベースも構築されたのである（瀬能・松浦, 2007；魚類写真資料データベース公開サイト：http://research.kahaku.go.jp/zoology/photoDB/)．

　スキューバダイバーのダイビングポイントの数は読者の想像を超えるであろう．日本南部，とくに黒潮流域の沿岸には多数のダイビングポイントがある（図1.3）．そこには毎日多数のダイバーが訪れる．たとえば，伊豆半島の東岸や西岸の有名なダイビングポイントには，土・日や祝日に1000人以上のダイバーが訪れる．このように多数のダイバーが海中を観察しているため，研究者が知らない未知の魚類を撮影することも珍しくない．魚類研究者の数はたかが知れているし，現場を訪れる頻度もきわめて低いが，季節を問わずダイバーが撮影する写真の数は膨大である．その結果として，未知の魚類をふくむ多くの魚類の姿や生態が記録される機会が飛躍的に増えたのである．

黒潮流域を中心とする日本南部の魚類相の比較

われわれは魚類写真資料データベースや魚類標本のデータベースに蓄積されたデータおよび信頼に足る文献データによって日本南部の沿岸性魚類相を比較検討することにした．研究対象地点として，黒潮の影響を強く受ける本州中部から琉球列島にいたる11地点および琉球列島と同緯度に位置する小笠原諸島を選んだ（図1.4）．これらの地点を選ぶ際に西村（1992）による日本近海の海洋生物地理区を参照した．西村の区分はいろいろな海洋生物の分布パターンにもとづいている．しかし，彼が研究していた時代には，前述したように，詳細な魚類相のデータがある地域は非常に限られていた．したがって，多数の魚種の分布パターンを正確に把握することは困難であった．このような過去の研究を参考にして，われわれは2つの作業仮説を設けて，それを検証することにした．第1の仮説は，黒潮が影響している地域の魚類相は似ているということである．第2の仮説は西村の海洋生物地理区は正しいということである．

合計12の研究地域は以下のとおりである．相模湾と駿河湾の大瀬崎（瀬能ほか，1997），伊豆諸島の八丈島（古瀬ほか，1996；Senou et al., 2002），紀伊半島の串本，四国南西部の柏島（平田ほか，1996），鹿児島県の屋久島（Motomura and Matsuura, 2010），琉球列島の伊江島（Senou et al., 2006a），沖縄島（Yoshino and Nishijima, 1981；花崎，1994），宮古島，石垣島，西表島（吉野，1990；岩田ほか，1997）と小笠原諸島（Randall et al., 1997）である．これら12地点に出現したすべての種について地点ごとに出現するかしないかを調べ，統計的に処理（クラスター分析）して魚類相が互いにどの程度似ているのかを計算した．ただし，すべての魚種とはいっても相互に同じレベルの比較をおこなうため，取り扱った魚類はダイビングで観察可能なものが中心である．たとえば，やや深い水深から漁獲された標本にもとづくデータは使っていない．こうすることで種の多様性がもっとも高い水深帯に出現する魚類だけに絞って相互に比較することが可能になる．

結果はわれわれの予想をかなり反映したものとなったが，予想とはことなる興味ある関係も示している（図1.5）．予想どおりとなったのは，黒潮の影響を受ける地域の魚類相は似ていることである．つまり，第1の仮説は検証されたといえる．予想とことなった点は同緯度にあり，西村の熱帯区に属する琉球列島と小笠原諸島の魚類相がことなっていたことである．したがって，西村の仮

群平均法

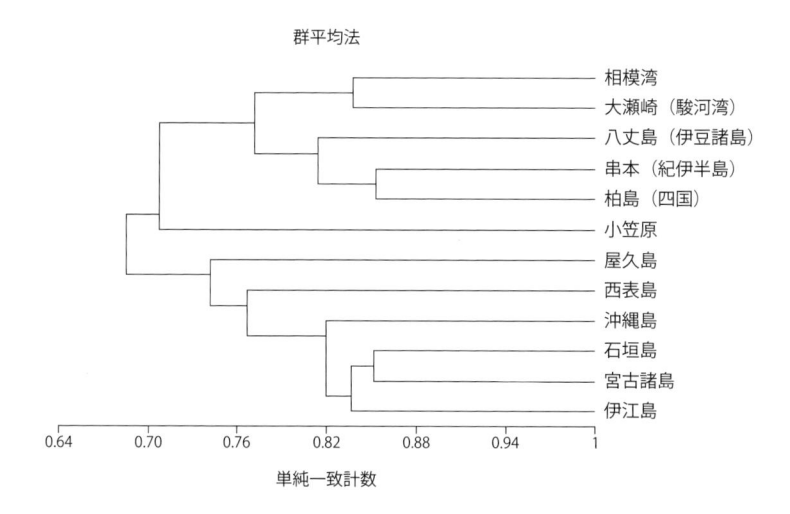

相模湾
大瀬崎（駿河湾）
八丈島（伊豆諸島）
串本（紀伊半島）
柏島（四国）
小笠原
屋久島
西表島
沖縄島
石垣島
宮古諸島
伊江島

単純一致計数

図1.5 黒潮流域12地点間における沿岸魚類相の類似関係.

説の少なくとも一部は否定される結果となった．

では，それぞれの地点について詳しく述べることにしよう．相模湾の魚類相は同じ暖温帯区に区分されている駿河湾の大瀬崎のものにもっともよく似ていた．そして相模湾と駿河湾を合わせたまとまり（クラスター）は，すぐ南の亜熱帯区の3地点との類似性が高く，暖温帯区と亜熱帯区については西村の仮説を支持する結果となった．相模湾に地理的に近い八丈島でさえ，紀伊半島の串本や四国の柏島との類似性が高かった．これらのことは南日本の太平洋岸においては魚類相が黒潮の影響を強く受けていることを示している．

琉球列島の5地点と小笠原諸島との関係は非常に興味深い．小笠原諸島は琉球列島と同じ緯度にあり，西村の熱帯区に属しているが，その魚類相は琉球列島のものよりも相模湾をふくむ南日本の太平洋岸のものに類似していた．前述したように，この解析結果は西村の仮説を支持しない．しかも琉球列島はほかのすべての地点と対になるきわめて強固なクラスターをつくり，その魚類相は日本のなかで独特のものであることを示したのである．

黒潮の2つの役割

黒潮が海洋生物の輸送，つまり生物の運搬や分散に大きな役割をはたしていることは前述したとおりである．関東地方の三浦半島や房総半島でも，毎年夏

図1.6　タテジマヘビギンポ.
サンゴ礁域の普通種で，相模湾でも確認記録は比較的多い．KPM-NR 63075, 伊豆海洋公園（写真：山本敏）.

図1.7　ハタタテハゼ.
サンゴ礁域の普通種．相模湾における出現は稀．KPM-NR 63082, 伊豆海洋公園（写真：山本敏）.

図1.8　ブチブダイ.
サンゴ礁域の普通種で，相模湾では小さな個体しかみられない．KPM-NR 29405, 川奈（写真：内野啓道）.

図1.9　ヒメスズメダイ.
サンゴ礁域の普通種で，相模湾でも比較的よく記録されている．KPM-NR 35120, 伊豆海洋公園（写真：山本敏）.

から初冬にかけてベラ科やスズメダイ科，チョウチョウウオ科など水温の下がる冬場には姿を消すサンゴ礁性魚類（図1.6, 7, 8, 9）がたくさん現れる．それらはサンゴ礁が発達する南の海域から卵や稚仔のときに黒潮によって運ばれてきたものと考えられる．12地点の魚類相の解析はあらためて黒潮の影響をあきらかにしたといえるであろう．

　では，こうした魚たちはどこで生まれ，どこからどこに運ばれているのだろうか．残念ながらまだよくわかっていないが，分布と出現パターンからそのルーツをある程度特定できる場合がある．ベラ科のシラタキベラダマシ属の1種（*Pseudocoris ocellata*）（図1.10）は台湾だけに分布するとされていたが，1997年6月に突如伊豆大島に現れた．本種は紀伊半島や四国はもちろん浅海性魚類に関する情報の多い琉球列島のどこからも記録されていない．したがって，伊豆大島に現れた個体は，卵や仔稚魚のときに台湾から直接運ばれてきたと判断す

図1.10　シラタキベラダマシ属の1種 *Pseudocoris ocellata*. KPM-NR 16354，伊豆大島（写真：狐塚英二）.

るのが妥当である．しかし，サンゴ礁性魚類は台湾や琉球列島からのみ運ばれてくるとは限らない．紀伊半島や四国の高知県にはサンゴ群落が発達し，琉球列島と同種のサンゴ礁性魚類がみられる．つまり，本州中部に現れるサンゴ礁性魚類の供給源として，紀伊半島以南から台湾に至るあらゆる地点が候補となりうるのである．しかし，残念なことに黒潮流域の各地域に広く分布する魚類集団の遺伝的関係はよくわかっていない．本書では本州中部以南からインド・太平洋の熱帯域に広く分布するアカハタの集団遺伝学的研究が収録されている．それによると，黒潮流域に分布するアカハタの集団の遺伝的関係が近いことがわかる（第5章参照）．今後このような研究が多くの魚種についておこなわれれば，日本の浅海性魚類の遺伝的関係がより詳しくあきらかとなり，どこの集団がどこへ運ばれるかがわかるようになるであろう．

　黒潮が魚類の輸送に大きな役割を演じていることは過去の研究やわれわれの研究結果から疑いようがない．しかし，その機能が魚類の輸送のみであるなら，黒潮流域の魚類相を地点別に比較した場合，琉球列島から遠ざかれば類似性が低くなることが予想できる．しかし，そうはならなかった．屋久島をふくむ琉球列島とそのほかの地域は2つのクラスターに分かれている．どのような要因で魚類相は2つに分かれているのだろうか．2つのクラスターの境界線近くを黒潮の流路が横切っている．つまり，黒潮はトカラ海峡を通過して，東シナ海から太平洋に出てくるのである．屋久島はトカラ海峡に面しており，黒潮は屋久島南岸で南北に周期的に流路を変動させている．この点については第2章（本村浩之）を参照してもらいたいが，大きくいえば，黒潮が横切るトカラ海峡を境として2つのクラスターが分断されているのである．

　なぜ黒潮流路を境として，クラスターが分断されるのだろうか．前述したように，黒潮は南から北に魚類をふくむ多くの海洋生物を運ぶ強力なベルトコンベヤーである．海中の「スーパー大河」はわれわれの想像を超える力をもって

いる．この「スーパー大河」を横切ることは普通の魚類にとって至難の業である．つまり，黒潮は海中の障壁となり，流路よりも北側にいる魚が黒潮を横切って南下することは不可能であろう．カツオやクロマグロのような大型の回遊魚なら黒潮に乗るのも離脱するのも自由自在かも知れないが，浅海性魚類の大多数を占める小型の魚類にとって黒潮を横切ることはきわめて難しいであろう．また，浅海性魚類は成魚になるとそれぞれ好みの場所に定着し，長距離移動をおこなわない．浅海性魚類の卵や仔稚魚が，流路のそばに生じる反流や渦に乗って南下し，障壁を乗り越える可能性は否定できない．しかし，総じてみればトカラ海峡における黒潮は，魚を分散させるよりも分断していると判断してまちがいないであろう．

　一方，小笠原諸島の魚類相が同緯度にある琉球列島よりも伊豆諸島や本州の魚類相への類似性を示したことは意外であった．当然のことながら，緯度が同じであれば，その海域の海水温も同じとなり，海洋環境も似ていることになる．小笠原諸島と琉球列島の海水温はほぼ同じである．サンゴの種類も両地域とも豊富である．もし水温が魚類相に最も大きな影響を与えているのであれば，ほぼ同じ緯度にある琉球列島と小笠原諸島の魚類相の非類似関係を合理的に説明することができない．では，なにが２つの地域の魚類相に相違をもたらしているのだろうか．

　琉球列島と小笠原諸島の間には目立った島がみあたらない．この海域はフィリピン海プレートの拡大によって生じたため，島のない広大な海となった．島のない海域は多くの沿岸性魚類にとって分散の妨げになるであろう．卵や仔稚魚のときに分散するといっても，許容される漂流時間には限度があり，仔稚魚は生息できる浅海（島や大陸の沿岸）に到達できなければ死んでしまう．琉球列島と小笠原諸島の間は遠距離という障壁で隔てられているのだ．このような距離障壁は東部太平洋と西部太平洋の魚類相の関係についてもいわれていることである（Briggs, 1961）．つまり，仏領ポリネシアからアメリカ大陸西岸の間には広大な海域が広がっており（小笠原諸島と琉球列島の間よりも広い），このため西部太平洋の魚類がアメリカ大陸に分布を拡大できないと考えられている．

　では，なぜ小笠原諸島の魚類相は伊豆諸島をふくむ南日本の太平洋岸と類似しているのであろうか．ここで注目したいのは伊豆諸島から小笠原諸島にかけて飛び石状に並ぶ島の配列と黒潮の流路変動である．黒潮が魚類の分散を妨げる障壁となることは前述したとおりである．ただし，これは流路が安定してい

ることが条件となるだろう．なぜなら，流路が移動した方向と逆の側では，魚類の分散範囲はその分だけ拡がることになるからである．黒潮流路が南にふれれば，流路の北側の魚類は南に展開するチャンスをえることになる．

　関東地方の沿岸から伊豆諸島にかけての海域では，黒潮の流路は伊豆半島のすぐ沖合から八丈島よりも南にまで変動する．このような状況下では黒潮の流路が北にあるときはその南側，そして南にあるときはその北側で，飛び石状に並ぶ島を伝って魚類が分散しやすくなることは容易に想像されよう．伊豆諸島南端の青ヶ島と小笠原諸島北部の聟島列島間の距離は570 kmほどあるが，その間には鳥島をふくめて小さな島が飛び石状に分布しており豆南諸島とよばれている．豆南諸島は無人島のみから構成され，伊豆諸島と小笠原諸島間の魚類の移動を助けていると考えられる（豆南諸島の魚類相については，本書の執筆者の1人である栗岩が研究中）．実際，八丈島では小笠原諸島固有とされているブダイ科のオビシメが記録されたことがあり（図1.11；古瀬ほか，1996），小笠原諸島から伊豆諸島へ偶発的な分散が起こる動かぬ証拠となっている．また，チョウチョウウオ科のユウゼン（図1.12）やヘビギンポ科のキビレヘビギンポ（図1.13）は，伊豆諸島と小笠原諸島に分布の中心があり，両諸島間を魚類が相互に往来していることを端的に示している．

みえざる海中の障壁と琉球列島

　過去の魚類相研究では，黒潮が魚類を南から北へ運搬していることのみに注目していた嫌いがあった．黒潮が海中のみえざる障壁となって魚類の分布を分断していることは見過ごされてきたといえよう．しかし，前述したように日本国内の12地点の魚類相研究は黒潮障壁の存在を示している．この現象は琉球列島の魚類相を詳しくみることによってさらに明瞭となる．黒潮は台湾と与那国島の間を通り，琉球列島の西側に沿って東シナ海を北上し，トカラ海峡から東へ抜けて太平洋にもどる．この流路は少なくとも琉球列島が現在の配置になって以来，ほぼ安定していると思われる．琉球列島は黒潮によって北，西および南側をC字状に囲まれている．また，琉球列島の東側や南側には島のないフィリピン海が拡がり，ほかの海域の浅海性魚類が琉球列島に分散しにくい状況となっている．つまり，琉球列島はその周囲を障壁によって囲まれ，隔離された状態になっているといえよう．このように琉球列島の海洋条件が日本および周辺地域の温帯性魚類の分布に興味深いパターンを生じさせている．

図1.11 オビシメ．
大型の個体は警戒心が強く，鮮明な写真を撮影するのは非常に困難．KPM-NR 5662，八丈島（写真：高須英之）．

図1.12 ユウゼン．
伊豆・小笠原諸島を代表する魚で，黒潮流路が北上するときには稚魚が伊豆半島で記録されることもある．KPM-NR 37623，八丈島（写真：内野啓道）．

図1.13 キビレヘビギンポ．
岸よりの大きな岩の下面に張りつくように生息している．KPM-NR 63660，八丈島（写真：瀬能宏）．

図1.14 クロダイ．
KPM-NR 2896，兵庫県城崎町（写真：鈴木寿之）．

図1.15 ミナミクロダイ．
琉球列島では内湾から河川河口にかけて普通にみられる．稀に宮崎県で記録されることがある．KPM-NR 54079，西表島（写真：鈴木寿之）．

図1.16 トカゲハゼ．
沖縄島の泥干潟に生息しているが，開発による影響で絶滅の危機に瀕している．KPM-NI 17253，沖縄島（写真：瀬能宏）．

タイ科のクロダイ（図1.14）は南日本の太平洋岸や朝鮮半島，中国，台湾に分布しているが，琉球列島には分布しない．そのかわり非常に近縁なミナミクロダイ（図1.15）が分布している．両種の間には形態的にわずかなちがいがみられ，現時点では別種と考えられているが，最近の遺伝子レベルの研究では容易に区別できないほど似ているという．同様な例はハコフグ科のハコフグとミナミハコフグにもみられる．ハコフグは本州から九州までの各地にみられ，朝鮮半島から台湾北部にかけて分布するが，琉球列島にはごく稀に出現するのみである．これにたいしてインド・西太平洋の熱帯域に広く分布するミナミハコフグは琉球列島でも普通にみられる．つまり，温帯性の種が日本から朝鮮半島，中国沿岸から台湾に至る分布を示し，大きなC字状の分布パターンを形成するのである．さらに，黒潮流路が南北に分布を分断している例として，琉球列島に分布するハゼ科のミナミアシシロハゼ（近縁種のアシシロハゼは九州よりも北に広く分布）をあげることができる．

　また，ニシン科のドロクイは琉球列島と南日本の太平洋岸に分布するが，琉球列島と四国の個体群の間には遺伝的な分化がみられるという（吉野，2005）．さらに，遺伝的な分化は知られていないが，琉球列島では沖縄島だけに分布しており，主要個体群は黒潮流路の西側あるいは北側に広く分布するものがいる．フグ科のクサフグ（吉野，2005），ハゼ科のトビハゼやトカゲハゼ（図1.16）（津波古，2005）などである．このような魚の事例を積み上げ，遺伝的変異や分布，さらには初期生活史を詳細に検討することによって，黒潮による琉球列島の隔離機構がより明確になると思われる．

引用文献

Briggs, J. E. 1961. The East Pacific Barrier and the distribution of marine shore fishes. Evolution, 15: 537-554.
Fujikura, K. ,D. Lindsay, H. Kitazato[1], S. Nishida and Y. Shirayama. 2010. Japanese marine biodiversity. PLoS ONE, 5(8): e11836.doi:10.1371/journal.pone.0011836.
古瀬浩史・瀬能　宏・加藤昌一・菊池　健．1996. 魚類写真資料データベース（KPM-NR）に登録された水中写真に基づく八丈島産魚類目録．神奈川自然誌資料, (17): 49-62.
花崎勝司．1994. 沖縄島崎本部沿岸における魚類相．Biol. Mag. Okinawa, 32: 17-25.
平田智法・山川　武・岩田明久・真鍋三郎・平松　亘・大西信弘．1996. 高知県柏島の魚類相：行動と生態に関する記述を中心として．Bull. Mar. Sci. Fish., Kochi Univ., (16): 1-177, pls. 1-3.

本間義治．1952．新潟県魚類目録．魚類学雑誌，2(4/5): 220-229．

岩田明久・坂本勝一・池田祐二・目黒勝介・渋川浩一．1997．西表島網取湾のハゼ亜目魚類相．東海大学海洋研究所研究報告，(18): 23-34．

Kamohara, T. 1964. Revised catalogue of fishes of Kochi Prefecture, Japan. Rep. Usa Mar. Biol. Stn., 11(1): 1-99.

Motomura, H. and K. Matsuura, eds. Fishes of Yaku-shima Island. National Museum of Nature and Science, Tokyo. viii + 264 pp.

西村三郎．1992．日本近海における動物分布．西村三郎（編著）：原色検索日本海岸動物図鑑 [I]．保育社，大阪，pp. xi-xix．

Randall, J. E., H. Ida, K. Kato, R. Pyle and J. L. Earle. 1997. Annotated checklist of the inshore fishes of the Ogasawara Islands. Natn. Sci. Mus. Monogr., (11): 1-74, pls. 1-19.

Senou, H., H. Kodato, T. Nomura and K. Yunokawa. 2006a. Coastal fishes of Ie-jima Island, Ryukyu Islands, Okinawa, Japan. Bull. Kanagawa Pref. Mus. (Nat. Sci.), (35): 67-92.

瀬能 宏・松浦啓一．2007．相模湾の魚たち―ベルトコンベヤーか障壁か―．国立科学博物館（編），相模湾動物誌，pp.121-133．東海大学出版会，神奈川．

Senou, H., K. Matsuura and G. Shinohara. 2006b. Checklist of fishes in the Sagami Sea with zoogeographical comments on shallow water fishes occurring along the coastallines under the influence of the Kuroshio Current. Mem. Natn. Sci. Mus., Tokyo, (41): 389-542.

瀬能 宏・御宿昭彦・反田健児・野村智之・松沢陽士．1997．魚類写真資料データベース（KPM-NR）に登録された水中写真に基づく伊豆半島大瀬崎産魚類目録．神奈川自然誌資料，(18): 83-98．

Senou, H., G. Shinohara, K. Matsuura, K. Furuse, S. Kato and T. Kikuchi. 2002. Fishes of Hachijo-jima Island, Izu Islands Group, Tokyo, Japan. Mem. Natn. Sci. Mus., Tokyo, (38): 195-237.

津波古優子．2005．トカゲハゼ・トビハゼ．沖縄県文化環境部自然保護課（編）：改訂・沖縄県の絶滅のおそれのある野生生物，動物編，レッドデータおきなわ．那覇，pp. 152-153, 168-169．

吉野哲夫．1990．西表島崎山湾の魚類相．環境庁自然保護局（編）：崎山湾自然環境保全地域調査報告書．pp. 193-225．

吉野哲夫．2005．ドロクイ・沖縄島のクサフグ．沖縄県文化環境部自然保護課（編）：改訂・沖縄県の絶滅のおそれのある野生生物，動物編，レッドデータおきなわ．那覇，pp. 184, 186．

Yoshino, T. and S. Nishijima, 1981. A list of fishes found around Sesoko Island, Japan. Sesoko Mar. Sci. Lab. Tech. Rep., (8): 19-87.

Box 1

琉球列島と南西諸島

　日本地図を広げて九州の南をみると，小さな島々が弧状に連なっている．国土地理院は，種子島から八重山諸島まで1200 kmに渡って連なるこれらの島々を南西諸島と表記し，教科書や新聞記事などのマスメディアも南西諸島という表記を用いている．一方，地学関係の論文や本を読んでみると，琉球列島と記されている．同じ地域にある島々がなぜことなる名前でよばれているのだろうか．地名は固有の歴史をもっており，ルーツをたどるとややこしい場合がある．南西諸島や琉球列島とよばれている島々もその例の1つである．

　手短にいうと「南西諸島」は行政上の（官製の）地名であり，琉球列島という名称は地学上の学術用語あるいは実質地域名である（目崎，1983）．どちらの用語も種子島から与論島にいたる薩南諸島と沖縄諸島＋先島諸島（宮古諸島と八重山諸島）からなる琉球諸島をふくんでいることに変わりはない．本章では琉球列島を採用したが，本書のほかの章では南西諸島を用いている場合もある．ただし，尖閣諸島や大東諸島は琉球列島から除いたほうがよいだろう．尖閣諸島は大陸棚上に位置しており，大東諸島は大陸と地つづきになったことがない海洋島である．つまり，これらの島々は地学上の島弧に相当する琉球列島とはあきらかにことなる．

　南西諸島という名称は明治20年（1887）頃に水路部によってつくられたものであり，昭和初期に一般的となり，戦時中に多用されるようになった（目崎，1983；角南，2004）．大東諸島や尖閣諸島を含めて鹿児島県南部や沖縄県の島々全体を表現するときには便利な用語ではある．しかし，琉球の人々は「南西諸島」という地名を好んでいない．琉球大学の教授であった木崎（1980: 272）は「……南西諸島というよびかたがある．東京からみれば南西かもしれないが，琉球列島の住民が自分で自分の島々を南西諸島などと名づけることはあり得ない．……南西諸島などという名称は，廃止すべきだと考えている．」と述べている．

引用文献

木崎甲子郎（編著）．1980．琉球の自然史．築地書館，東京．282 pp.
目崎茂和．1983．南島・琉球弧の地名と地域．南島地名研究センター（編），pp. 19-25．南島の地名第1集．琉球大学教，沖縄県．
角南聡一郎．2004．琉球・台湾考古学は国際政治の犠牲者か？－民俗（族）問題から見た考古学方法論変遷の検討－．「社会制度の持続性に関する学融的研究」チーム「琉球・台湾における社会制度」発表資料．4 pp.

Box 2

浅海性魚類の分布とプレート

　海流は浅海性魚類の分布に大きな影響を与えている．暖流の影響を受ける海域と寒流の影響を受ける海域を比較すると，魚類相がおおいにことなる．また，暖流と寒流が出会う海域には好漁場がみられる．さらに，海底の地形や底質によって，そこに生息する魚の種類はことなる．では，そのほかに魚類の分布に影響を与えているものはないのだろうか．インド・西太平洋の浅海性魚類の分布に関して，従来の常識を覆すような論文が1982年に出版された．Springer (1982) は全世界の浅海性魚類の分布記録を網羅的に収集し，それを地図上にプロットして，浅海性魚類の分布と海底のプレートの分布に関係があることを示した．

　とくに興味深いのは，太平洋プレートと浅海性魚類の分布の関係である．彼の研究によると，ガマアンコウ科やスギ科，ニベ科，ミシマオコゼ科などは太平洋プレート上に分布しない（縁辺部に分布する場合はあるが）．一方，アブラヤッコ属（キンチャクダイ科）の6種や *Crystallodytes* 属（トビギンポ科），*Medusablennius* 属（イソギンポ科）などは太平洋プレート上にのみ分布する．また，太平洋プレートのほかの部分には分布しないが，太平洋プレート西部に回廊のように連なるカロリン諸島にはみられるという，興味深い分布パターンを示すグループがある．たとえば，クロホシマンジュウダイ科やタカサゴイシモチ科，ヘコアユ科，ヒイラギ科，ヒメツバメウオ科などがこのような分布を示す．当然ながら，このような興味深い分布パターンは，これらの魚類の系統関係や地史的イベントと関係がある．しかし，これらの魚類の系統関係は残念なことにわかっていない．系統関係に関する堅固な仮説がなければ，系統地理学的研究を深めることはできない．太平洋プレート上に分布する浅海性魚類の興味深い分布パターンがなぜ成立したのかを解明するためには，多くの浅海性魚類をふくむスズキ目という，最大の魚類分類群の系統関係が解明される日を待たねばならないのである．

引用文献

Springer, V. G. 1982. Pacific Plate biogeography, with special reference to shorefishes. Smithsonian Contributions to Zoology, (367): 1-182.

第2章

黒潮が育む鹿児島県の魚類多様性

本村浩之

はじめに

　鹿児島県に生息する魚類の種多様性の高さは日本一である．この種多様性は，旧北区と東洋区の2つの生物地理区にまたがって南北600 kmに広がる県土と，黒潮を中心としたそれを取り巻く複雑な海流によって支えられている．そのため，鹿児島県の魚類相を解明することは，南日本における魚類の多様性と黒潮が魚類の分布におよぼす影響を知る上できわめて重要である．しかし，この広大な県土と膨大な数の島嶼を包括的に調査するには並々ならぬ決意と情熱が必要だ．これまで誰にも成し遂げられなかった包括的な「鹿児島県の魚類多様性調査」が2006年から本格的にはじまった．研究はまだはじまったばかりであるが，本章では最新の研究成果にもとづき，具体例をあげながら鹿児島県における魚類と黒潮の関係を解説し，鹿児島県を6つの海域に分けて各海域でみられる魚類相の特徴を紹介する．

鹿児島県の地理

(1) 発達した島嶼

　鹿児島県は九州南部に位置し，県本土（九州島の部分）北西沖の八代海に浮かぶ獅子島（北緯32°）から沖縄島辺戸岬北方沖の与論島（北緯27°）まで南北約600 kmに広がる（図2.1）．鹿児島県本土は薩摩半島と大隅半島を有し，薩摩半島西側は東シナ海，大隅半島東側は太平洋に面している．両半島に挟まれた半閉鎖海域が鹿児島湾である．鹿児島県には605もの島嶼があり，同県の総海岸線は2722 kmにおよぶ．おもな島嶼群として，北から南へ甑島列島，宇治群島，草垣群島，大隅諸島，トカラ列島，奄美群島などがあり，大隅諸島の種子島から奄美群島の与論島までを薩南諸島（図2.1），薩南諸島と沖縄県に属する島嶼をあわせて南西諸島とよぶ．種子島，屋久島，口永良部島，馬毛島から構成さ

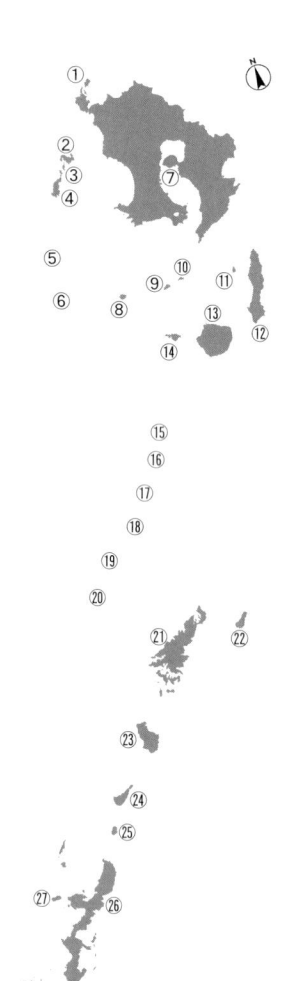

図2.1 鹿児島県と沖縄県北部のおもな島嶼. ①獅子島, ②上甑島, ③中甑島, ④下甑島, ⑤宇治群島, ⑥草垣群島, ⑦桜島, ⑧黒島, ⑨硫黄島, ⑩竹島, ⑪馬毛島, ⑫種子島, ⑬屋久島, ⑭口永良部島, ⑮口之島, ⑯中之島, ⑰諏訪之瀬島, ⑱悪石島, ⑲宝島, ⑳横当島, ㉑奄美大島, ㉒喜界島, ㉓徳之島, ㉔沖永良部島, ㉕与論島, ㉖沖縄島, ㉗伊江島. 甑島列島＝②～④, 大隅諸島＝⑧～⑭, トカラ列島＝⑮～⑳, 奄美群島＝㉑～㉕, 薩南諸島＝⑧～㉕.

れる大隅諸島には，屋久島と県本土の間に位置する鹿児島県三島村の竹島，硫黄島，黒島をふくめる場合もある．

(2) 複雑な海流

鹿児島県を取り巻く海流は複雑であり，まだ完全には解明されていない．しかし，トカラ海峡を通過する幅約100 km，最大流速毎秒2 m以上の強大な暖流である黒潮が鹿児島の魚類相形成に大きな影響を与えているのはまちがいない．黒潮は，赤道の北方を西向きに流れる北赤道海流を起源とし，フィリピンの東

図2.2 鹿児島県を取り巻くおもな海流．①黒潮，②大隅分枝流，③南下流．

方で北に流路を変え，台湾と八重山諸島の間を抜け，東シナ海の陸棚斜面上を北上する．その後，黒潮はトカラ海峡を横切って太平洋に抜け，ふたたび流路を北に向けて宮崎県南部沖，高知県沖を通過する．トカラ海峡を西から東へ横切る際，黒潮は大きく分けて南北２つの流路をとり，それらは30日から50日の周期で変わることが知られている．北方流路は，屋久島の西方海域まで達し，そこで流向を東南東あるいは南東に変える．南方流路はトカラ列島の中之島周辺で東に向かい，屋久島近海には達しない（図2.2）．

　大隅半島先端と種子島・屋久島の間を流れる海流を大隅分枝流という（図2.2）．この海流の流量は黒潮の５％程度であるが，後述する屋久島の特異的な魚類相が形成される要因の１つになっていると考えられる．大隅分枝流はふつう北東へ向かって流れているが，その逆の南西流もしばしば観測される（茶圓・市川，2001）．また，大隅分枝流の流向や強さは黒潮流軸位置の変動（トカラ海域における南北２流路の変動）と関連があることが示唆されているが，詳しいことはわかっていない．

　鹿児島県本土の薩摩半島西岸沖海域には長崎県の五島列島から鹿児島県の甑島列島沿いに南下する流れがある．この南下流が薩摩半島の沿岸水を引き込み，結果として薩摩半島西岸近海にも南下する流れが卓越する（茶圓・市川，2001；

図2.2）．南下流の流速は季節によって変化することが知られているが，季節風や黒潮流軸変動との関連性は発見されていない．一方，南下流の西側200 m以深の海域には，大隅諸島海域から張り出した黒潮系暖水塊が存在する．

　このように鹿児島県の海は，トカラ海峡を横断する黒潮を中心として，鹿児島県西岸に南下流，大隅諸島と県本土の間に大隅分枝流，県東岸に北上する黒潮が流れるなどさまざまな海流によって洗われており，それらが鹿児島県の魚類多様性に影響をおよぼしている．なお，最近，奄美大島東方に北東に向かう流れが確認されたが（Ichikawa et al., 2004），この北東流以外には奄美群島海域で際立った海流は知られていない．

(3) 生物地理区

　鹿児島県は旧北区と東洋区の2つの生物地理区にまたがって南北に広がっている．前者は南アジアと東南アジアを除くユーラシア大陸全域とアフリカ北部に広がる地域で，後者は南アジアから東南アジア，中国南部にいたる地域がふくまれる．日本における両地理区の境界線はトカラ海峡に位置し，ここを渡瀬線とよぶ．つまり，鹿児島県本土や大隅諸島などは旧北区，奄美群島は東洋区に属し，鹿児島は両地理区を抱える日本で唯一の県なのだ．昆虫の分野では，三宅線という分布の境界線が九州島と屋久島の間におかれることが広く認められている．

　トカラ海峡は，更新世前期の約150万年前に南西諸島と大陸が陸橋としてつながった時代でも海峡のままであった．そのため，陸上動物がトカラ海峡（渡瀬線）を境に南北に移動できなかったと考えられている．渡瀬線を南限とする陸上動物にはニホンザル *Macaca fuscata* やニホンマムシ *Gloydius blomhoffii*，北限とする動物にはアマミノクロウサギ *Pentalagus furnessi* やホンハブ *Protobothrops flavoviridis* など多くの種が知られている．魚類の場合も，屋久島を南限とするアユ *Plecoglossus altivelis altivelis* や奄美大島を北限とするリュウキュウアユ *Plecoglossus altivelis ryukyuensis*（沖縄本島では絶滅）などが知られているが，これらは両側回遊魚（川と海で生活）であり，トカラ海峡が陸つづきにならなかったことが分布の拡大を妨げたとは考えられない．むしろトカラ海峡を横断する黒潮が分布拡大の障壁および種分化を誘発する遺伝的交流の障壁となったものと考えられる．この仮説は，アユの仔稚魚が流れが著しく速い黒潮帯を横断することができないことに加え，20℃を超える海水温では生残率が著しく低

下するため（岸野ほか，2008）温暖な黒潮流域へ分散できないことからも支持される．いずれにせよ，トカラ海峡の水深1000mにおよぶ"深さ"が更新世の海水面低下時にも同所を海峡のままにさせ，かつ現在の黒潮の通り道とさせており，陸上生物と海洋生物の両方の分布に大きな影響を与えている．

鹿児島県の魚類多様性と黒潮の役割

(1) 日本一の魚類種数

　これまで紹介してきたように，鹿児島県の海産魚類相における高い種の多様性は，黒潮を主とする複雑な海流と南北に長く広がる県土に支えられている．鹿児島県の包括的な魚類相の調査は，筆者が鹿児島大学に赴任した2006年からはじめられたばかりであり，まだ同県の魚類相の全体像を把握しきれてはいない．しかし，これまでの調査から鹿児島県に分布する魚類の種数は，1つの県としてはまちがいなく日本でもっとも多く，将来は2500種程度が確認されるであろう．現在，日本産魚類として報告されているのは約4000種であることから，鹿児島県だけで日本の魚類総種数の半分以上をみることができるのである．多くの人は，色鮮やかな熱帯魚が乱舞する沖縄の海のほうが鹿児島よりも魚の種数が多いと思うかもしれない．しかし，鹿児島には沖縄に生息する魚とほぼ同じ種が奄美群島に分布し，さらに沖縄には出現しない温帯系の魚が県本土に生息しているため，鹿児島県は沖縄県より魚類の種多様性が高いといえる．

(2) 黒潮による運搬

　「鹿児島県の地理」で述べたように，黒潮は台湾の東側を陸棚沿いに北上し，トカラ海峡を東に抜け太平洋に達する．黒潮は膨大な海水とともにさまざまなものや海洋生物を南から北へと運んでいる．魚類について注目すると，黒潮による「死滅回遊」という現象が有名だ．熱帯系のカラフルな魚が夏から初冬にのみ千葉県以南の太平洋岸あるいは日本海で目撃されることがあるが，これらの魚は冬の低水温期になると死んでしまうため，死滅回遊魚とよばれる．また，黒潮によって南方から運ばれてきた魚が辿り着いた海域でたとえ冬を越したとしても，低水温のため生殖腺を発達させることができず，同海域で繁殖することができない場合がある．これを「無効分散」という．つまり，無効分散は個体の生死にかかわらず再生産できない状況であるため，死滅回遊も無効分散の現象の1つといえる．

鹿児島県におけるここ数年間で発見された黒潮による無効分散の例をいくつか紹介しよう．鹿児島県の魚類相を調査しはじめて間もない2006年10月28日に体長42 cmのミナミコノシロ *Eleutheronema rhadinum*（図2.3）が薩摩半島西側の笠沙町沖で採集された（Motomura et al., 2007b）．ミナミコノシロは体長1.5 mに達する大型魚で，台湾では養殖されているほどの水産重要魚種である．日本では1999年に青森県の日本海側で体長74 cmの1個体が記録されているにすぎず，笠沙町の個体は日本で実に7年ぶり，2番目の記録である．本種は，ベトナム北部から台湾にかけての大陸棚上に分布しており，南西諸島には出現しない．つまり，台湾近海から黒潮によって偶発的に日本に運ばれてきたと考えられる．発見場所の笠沙町と青森県の日本海側は黒潮の分流とされている対馬暖流とその支流の流路にあたることから，両個体とも黒潮によって運ばれてきたと考えられる．本種の日本への回遊はまちがいなく無効分散であるが，回遊個体の捕獲数が少なすぎるため死滅回遊か越冬可能かは不明である．

　2006年から2008年にかけて，それまで日本からは未記録のアジ科魚類の2種イトウオニヒラアジ *Caranx heberi*（図2.3）とヒシカイワリ *Ulua mentalis*（図2.3）が鹿児島県の笠沙町沖で多く漁獲された（Motomura et al., 2007c）．両種とも体長20 cm前後の幼魚（成魚は1 m以上）で，イトウオニヒラアジは11月から4月にかけて，ヒシカイワリでは10月から1月にかけてのみ採集された．また，2006年の10月から11月にかけて，それまで日本からは3個体しか報告がなかったアジ科のマテアジ *Atule mate*（図2.3）が笠沙沖で14個体漁獲された（伊東ほか，2007）．アジ科ではほかにも日本本土からは山口県産の1個体のみが記録されていたミナミギンガメアジ *Caranx tille*（図2.3）が2006年11月と2007年11月に笠沙町沖から14個体も採集された（北，2007）．これらアジ科4種は，台湾には生息するものの，沖縄諸島や奄美群島からの記録がないことや，鹿児島県では薩摩半島西岸沖で秋から冬にかけてのみ漁獲されることなどの共通性がある．これらのことから，鹿児島県における出現は黒潮による台湾周辺海域からの運搬による結果であると考えられる．小型種であるマテアジを除く大型の3種は幼魚のみが確認されている．遊泳能力が比較的弱い幼魚が黒潮によって流されてきたことが示唆される．

　2009年12月には体長95 cmの巨大なカンムリブダイ *Bolbometopon muricatum*（図2.3）が笠沙町沖で1個体採集された（荻原ほか，2010）．カンムリブダイは熱帯のサンゴ礁域に広く分布しているが，国内では八重山諸島を中心に僅かな

図2.3 黒潮によって鹿児島近海に運ばれてきた魚．
(a) ミナミコノシロ *Eleutheronema rhadinum*（KAUM-I. 956，体長42 cm，南さつま市沖）；(b) イトウオニヒラアジ *Caranx heberi*（KAUM-I. 1098，体長23 cm，南さつま市沖）；(c) ヒシカイワリ *Ulua mentalis*（KAUM-I. 1120，体長19 cm，南さつま市沖）；(d) マテアジ *Atule mate*（KAUM-I. 974，体長18 cm，南さつま市沖）；(e) ミナミギンガメアジ *Caranx tille*（KAUM-I. 1099，体長18 cm，南さつま市沖）；(f) カンムリブダイ *Bolbometopon muricatum*（KAUM-I. 25448，体長95 cm，南さつま市沖）；(g) コクテンアオハタ *Epinephelus amblycephalus*（KAUM-I. 821，体長28 cm，南さつま市沖）；(h) カボチャフサカサゴ *Scorpaena pepo*（KAUM-I. 13246，体長24 cm，南九州市沖）．KAUM番号は鹿児島大学総合研究博物館の標本登録番号を示す．

個体数が生息するのみで，沖縄県の絶滅危惧種II類（VU）に指定されている．本種は本来の生息地では群泳し，生きたサンゴを摂餌するが，鹿児島県の個体は岩礁域に設置された定置網に単独で掛かった．鹿児島県産のカンムリブダイは本種の分布の北限を約1000 km更新したことになるが，群れからはぐれた個体が台湾あるいは八重山諸島から黒潮で運ばれてきたと考えられる．

一方，2000年4月と2006年10月に鹿児島県本土からコクテンアオハタ *Epinephelus amblycephalus*（図2.3）が採集された．これを機に国内におけるコクテンアオハタの記録を調べてみたところ，記録が残っている過去50年間に8個体のみが和歌山県，高知県，鹿児島県から採集されていることがわかった．浅海域に生息し，大型で色彩にも特徴がある本種が見落とされる可能性は低く，さらに過去の記録が黒潮流域であることに加え，沖縄県からの記録がないことから，本種の日本における記録は黒潮による無効分散の結果であると考えられる（Motomura et al., 2007a）．コクテンアオハタは先述のアジ科やミナミコノシ

ロ，カンムリブダイのように遊泳能力が高いわけではないため，黒潮による運搬は着定前の仔魚期であったと推測される．

最近，薩摩半島南端周辺海域の水深100 m以深からカボチャフサカサゴ *Scorpaena pepo*（図2.3）の成魚が3個体採集された（Motomura et al., 2009a）．本種はこれまで台湾周辺海域の固有種であると考えられてきたが，黒潮の影響によって鹿児島県に出現したのであろう．カボチャフサカサゴは鹿児島県の海で再生産しているのであろうか？　今後の調査に期待したい．

(3) 黒潮による障壁

先述のように黒潮は南から北へ魚類を運ぶことのほかに，魚類に対する物理的な障壁としての機能も確認されている．一見この2つの現象は相反することのように思えるが，後者は黒潮が流向を変換するトカラ海峡で大きく機能している．強大な流れである黒潮がトカラ海峡を西から東に横断することによって，黒潮を挟んで南北に生息する魚が往来できないのだ．この黒潮による魚類相の南北分断によって，実際にどんなことが起こっているのだろうか．長い時間スケールでみると，トカラ海峡を通過する黒潮を境に南北で遺伝的交流が起こらず，結果として，南北の魚類の個体群間で遺伝的な相違が生じ，種分化が起きると考えられる．この種分化が黒潮によって分断された結果によるものだとすると，共通の祖先種から分化した2種がトカラ海峡を挟んで南北に異所的に分布すると推察するのが合理的である．このように共通の祖先種から種分化した2種を姉妹種という．

実際にトカラ海峡を挟んで南北に異所的に分布する姉妹種の存在は多数確認されている．たとえば，トカラ海峡以北に分布するクロダイ *Acanthopagrus schlegelii* と海峡以南に分布するミナミクロダイ *Acanthopagrus sivicolus*，クロサギ *Gerres equulus* とミナミクロサギ *Gerres oyena*，アベハゼ *Mugilogobius abei* とイズミハゼ *Mugilogobius* sp.，ヌマチチブ *Tridentiger obscurus* とナガノゴリ *Tridentiger kuroiwae*，ハコフグ *Ostracion immaculatus* とミナミハコフグ *Ostracion cubicus* などの姉妹種の組み合わせだ．これらの姉妹種の多くは共通の分布パターンを示し，各姉妹種の前者はふつう日本本土から中国沿岸と台湾に分布し，後者は概ね奄美群島や沖縄諸島でみられる．これらの姉妹種の存在は黒潮が障壁となって個体群や種群間の移動を妨げていることを証明している．

鹿児島県の海産魚類相

(1) 海域ごとにことなる鹿児島県の魚類相

　鹿児島県では，強大な黒潮とそれを取り巻く複雑な海流と南北に長い県土が海域ごとに固有の魚類相を創りだしている．ここでは，魚類の種組成から県内の海域を鹿児島県北西部，薩摩半島西岸，鹿児島湾，大隅半島東岸，大隅諸島，奄美群島の6区に分けて，これまでの調査を踏まえて各区域の魚類相の特徴をみていくことにしよう．

(2) 鹿児島県北西部の魚類

　ここまで，鹿児島県には黒潮によってトカラ海峡で分断された南北2つの魚類相があり，そのため魚類の種多様性がきわめて高いことを紹介した．しかし，鹿児島にはもう1カ所，魚類における生物地理区がある．八代海に面した鹿児島県北西部に位置する長島町，出水市，阿久根市だ．同海域の調査はまだ十分ではないが，八代海とその南の薩摩半島西側をふくむ県本土の魚類の種組成は大きくことなる．鹿児島県北西部に生息する魚類のうち，シロメバル *Sebastes cheni*，クジメ *Hexagrammos agrammus*，アナハゼ *Pseudoblennius percoides*（図2.4），マコガレイ *Pleuronectes yokohamae* などは鹿児島県北東部以外ではみられない．これらは温帯～亜寒帯に適応した魚類で，北日本まで広く分布するが，日本海側（東シナ海側）における分布の南限は鹿児島県北西部である．最近では鹿児島県北西部の獅子島沖から体長40 cmのクサウオ *Liparis tanakae*（図2.4）が採集された（目黒，2007）．クサウオはこれまで九州では長崎県以北に分布するとされていたが，先述の魚種と同様に鹿児島県北西部が南限であることがわかった．このように，比較的北方に適応した種の多くは八代海を南限とすることが最近あきらかになってきたが，ごく稀に薩摩半島の西岸沖を流れる南下流に乗って鹿児島湾に流されてくる北方系の魚もいる．たとえば，ムラソイ *Sebastes pachycephalus* は鹿児島県北西部とそれ以北の日本海側ではごく普通にみられ，薩摩半島西岸からの記録はないが，2007年5月に鹿児島湾から幼魚が1個体発見された（本村，2007）．鹿児島湾ではムラソイの成魚の記録もないことから，採集された幼個体は南下流によって八代海方面から運ばれてきたと考えられる．

　八代海は天草諸島と九州本島に囲まれた内湾であり，九州西岸沖を流れる暖

図2.4 鹿児島県北西部に生息する魚.
(a) アナハゼ *Pseudoblennius percoides*（KAUM-I. 21142, 体長7 cm, 長島町沖）; (b) クサウオ *Liparis tanakae*（KAUM-I. 1078, 体長70 cm, 獅子島沖）.

流の影響を受けにくい．同海域の冬の最低水温は10℃を下回ることもあり，鹿児島県南部に生息する魚の多くは，八代海では越冬あるいは再生産できないであろう．逆に，北方系の魚は鹿児島県南部では水温が高すぎて定着できないのである．つまり，八代海と薩摩半島西岸の間にある生物地理学的な境界線の存在要因は水温によるものだと考えられる．ちなみに，九州東岸における同様の境界線は宮崎県日向市周辺に位置する．八代海よりもだいぶ高緯度だが，それは宮崎県沖を流れる黒潮が境界線を北へ押しやっているためだと考えられる．

(3) 薩摩半島西岸の魚類

「黒潮による運搬」で紹介したツバメコノシロ科やアジ科，ブダイ科など，台湾近海から回遊する魚類が多く漁獲されるのが薩摩半島西岸海域だ．鹿児島大学総合研究博物館では地元の漁師らと共同で2006年から現在まで同海域の魚類相調査を継続しておこなっているが，まだ種数を把握することも困難なほど種の多様性が高い．同海域に位置する漁業が盛んな笠沙町はサメやエイなどの軟骨魚類を中心に多くの魚を全国の水族館に提供していることでも有名だ．黒潮によって運ばれてくる世界最大の魚類ジンベエザメ *Rhincodon typus* も頻繁に定置網に入網し，水族館へと運ばれている．2005年には全長136 cm という日本で捕獲されたジンベエザメの中で最も小さい個体が入網した（財団法人鹿児島市水族館公社，2008）．台湾周辺海域ではジンベエザメの幼魚が多獲されており，日本最小個体の入網は，台湾周辺海域から薩摩半島西岸沖への黒潮による魚類の運搬を裏づけている．

薩摩半島西岸の中央に位置する南北約50 km におよぶ吹上浜は，ウミガメの産卵地として全国的に有名だが，アオギス *Sillago parvisquamis* の南九州における唯一の生息地としてもよく知られている．しかし，同所でのアオギスの生息

数はきわめて少なく，近年は採集された記録がほとんどない．本種は鹿児島県レッドデータブックの絶滅危惧I類に指定されている．

薩摩半島西岸沖にある甑島列島は，五島列島経由の南下流にさらされ温帯性の魚類が多くみられる．海産魚類の調査はまだほとんどおこなわれていないが，甑島列島上甑島の甑四湖とよばれる汽水湖群（海鼠池，貝池，鍬崎池，須口池）からはこれまでに17種の魚類が報告されている（松沼ほか，2010）．そのうちのニクハゼ *Gymnogobius heptacanthus* は現在のところ甑島列島が分布の南限である．最終氷期時に甑島列島は九州本島と陸つづきであったと考えられており，汽水湖群に分布する淡水魚類の一部は九州本島に由来すると考えられる（松沼ほか，2010）．上甑島のメダカ（汽水湖群では甑四湖すべてに生息）が九州南部に分布する薩摩型に帰属する（酒泉，1997）こともこの仮説を裏づけているが，当然ながら九州南部からの人為的な導入の可能性もある．汽水湖群のうち，海産魚が生息するのは海鼠池と貝池であり，両池では磯洲内部を通じてあるいは暴浪時に磯洲を超えて海水と湖水が交換している（荒巻ほか，1976）．両池に共通してみられる海産魚はカタクチイワシ *Engraulis japonicus* やシロギス *Sillago japonica*，シマイサキ *Rhynchopelates oxyrhynchus* などである（松沼ほか，2010）．

(4) 鹿児島湾の魚類

鹿児島湾は南北に約70 km，東西に約25 kmほどの南に開いた湾で，面積は東京湾（三浦半島の観音崎と房総半島の富津岬より内側）とほぼ同じであるが，水深がおおむね20〜30 m（一部50 m以深）の東京湾と比べて，鹿児島湾の最深部は230 mに達することで両湾は大きくことなる．鹿児島湾では20 mより浅い場所が全体の16％にすぎないのだ．しかも鹿児島湾は，湾口部の幅が約10 km，水深が約100 mと狭く浅いことから，典型的な半閉鎖的内湾であるといえる．このように半閉鎖的で急深な地形は同湾における特異的な魚類相の形成に一役買っている．また，湾中央部に注ぐ鈴川や米倉川，岩崎川の河口には世界最北端のマングローブ林が繁茂する．環境省レッドリストで絶滅危惧IB類に指定されているクボハゼ *Gymnogobius scrobiculatus* が最近鈴川河口で発見された（松沼ほか，2009b）ように，周辺部に85万人が暮らす鹿児島湾にもまだ多くの自然が残されている．

鹿児島湾内の海況はよく知られている（仁科ほか，2009）．黒潮の一部である温暖な外洋水は，湾口部から大隅半島西岸を北上し，淡水の影響を受けて冷却

された湾内水は薩摩半島東岸を南下して湾外へと流出する．桜島以北の湾奥部や水深150 m以深の水塊はあまり動かず，安定しており，年間をとおして14〜18℃である（大木，2000）．また，湾奥部の海底には火山性ガスが噴出する"たぎり"があり，「世界でもっとも浅い海に生息するハオリムシ」であるサツマハオリムシ *Lamellibrachia satsuma* の生息場所としても有名である．

　鹿児島湾の底棲魚類相は長年に渡り調査されており，水深80〜220 mの底曳網調査によって現在78科161種が確認されている（大富ほか，2009）．出現個体数の上位優占8種は，上位から順にキュウシュウヒゲ *Coelorinchus jordani*（図2.5），コモチジャコ *Amblychaeturichthys sciistius*（図2.5），イワハダカ *Benthosema pterotum*（図2.5），オオメハタ *Malakichthys griseus*，テッポウイシモチ *Apogon kiensis*，ワニギス *Champsodon snyderi*，マルヒウチダイ *Hoplostethus crassispinus*（図2.5），ナミアイトラギス *Chrionema furunoi*（図2.5）である（大富ほか，2009）．一方，鹿児島湾の浅海魚類相は，鹿児島大学総合研究博物館によって2006年から本格的に調査されており，現在標本にもとづくデータが取りまとめられているところであるが，水中写真によって少なくとも650種の生息が確認されている（出羽慎一氏，私信）．鹿児島湾に生息する魚類の全種数はおそらく1000ほどであると推測される．ここでは鹿児島湾の魚類を何種かピックアップして紹介しよう．

　鹿児島湾は断面でみると，急勾配なすり鉢状の形をしている．つまり，通常は深海域に到達するためには岸から数百〜数千メートル沖合に行かなければならないが，鹿児島湾では岸からほんの数十メートル先が深海域になっている．このため，多くの魚類はほんのわずかな移動によって深海から浅海，あるいは浅海から深海へと移動してしまうことになる．良い例がカゴカマス *Rexea prometheoides*（図2.5）だ．カゴカマスは，外洋では水深1000 mほどの深海に生息しているが，鹿児島湾では水深15 m程度の浅海でもごく普通に漁獲される．また，最近新種として記載されたオキゲンコ *Cynoglossus ochiaii*（図2.5）は，近縁種のゲンコ *Cynoglossus interruptus*（図2.5）と比べて沖合（深い場所）に生息することから"オキ"ゲンコと名づけられたが（Yokogawa et al., 2008），鹿児島湾では両種が完全に同所的（同水深）に生息する．このような種の生息状況からも鹿児島湾の地形の特殊性を垣間みることができる．

　つぎに鹿児島湾を国内最大の繁殖地としていると考えられている魚を2種紹介しよう．まずは，2007年に鹿児島湾からはじめて発見されたツラナガハギ

Paramonacanthus pusillus（図2.5）である．ツラナガハギはインド・太平洋域に広く分布しているが，日本ではこれまで神奈川県，静岡県，三重県，高知県などの南日本の太平洋岸で散発的に記録されている稀種とされていた．しかし，調査の結果，鹿児島湾では水深2～10 mほどのところに多数生息していることが確認された．これまでの本種の日本における分布は，黒潮によって台湾周辺海域から流されてくる無効分散であると考えられていたが，鹿児島湾産の標本が発達した吸水卵をもっていたこと（増田育司氏，私信），ダイバーによる水中観察で本種がペアで行動していたことなどから，本種が鹿児島湾内で再生産していることはまちがいない．鹿児島湾が日本における本種のおもな繁殖地であるとすると，南日本の太平洋側で記録されたツラナガハギは，台湾から運搬されてきた個体ばかりではなく，鹿児島湾を供給源として黒潮によって運搬された個体が多くふくまれている可能性が高い．もう1種は鹿児島湾産の標本にもとづき2009年に新属新種として記載されたモモイロカグヤハゼ *Navigobius dewa*（図2.5）である（Hoese and Motomura, 2009）．モモイロカグヤハゼは鹿児島湾のほかに奄美大島や伊豆半島からも数個体から数十個体が報告されているが，鹿児島湾では水深45～85 mの海底斜面上で数千個体が観察されている（出羽ほか，2010）．毎年10～11月には幼魚が大量に出現することから，鹿児島湾内で再生産しているのはまちがいない．半閉鎖的で，安定した水域である鹿児島湾は，これらの魚にとって繁殖地として適した環境なのであろう．

　ところで，鹿児島湾を代表する魚はなにかと問われると，漁業従事者は養殖生産量日本一で全国シェア55％を誇るカンパチ *Seriola dumerili*（図2.5），ダイバーは性転換する優美なアカオビハナダイ *Pseudanthias rubrizonatus*（図2.5）をあげるだろう．鹿児島湾には膨大な数のアカオビハナダイが生息しており，その美しい姿を一目みようと全国からアマチュアダイバーが集まる．本種は湾外ではふつう水深40～50 m付近に生息しているが，湾内では10 m付近で群れており，防波堤から覗くと水面直下を泳いでいるところを観察することもできる．鹿児島湾以外ではこのような海域は知られておらず，アカオビハナダイはまさに鹿児島湾を代表する魚といえる．

　鹿児島湾はその半閉鎖性から固有の魚類が生息していそうであるが，実際には固有種は存在しないと考えられる．それは，鹿児島湾形成の歴史の浅さにある．鹿児島湾が現在ある場所に海が侵入してきたのはおよそ70万年前であるが，ウルム氷期の2万年から1万5000年前には海水面が約110 m下降したことによっ

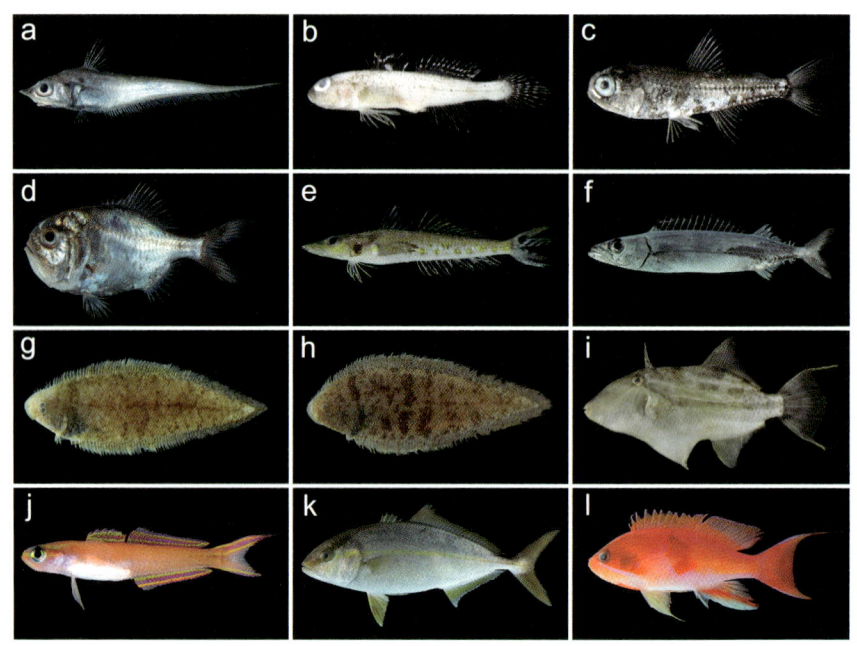

図2.5 鹿児島湾に生息する魚．
(a) キュウシュウヒゲ *Coelorinchus jordani*（KAUM-I. 6075，体長19 cm，垂水市沖）；(b) コモチジャコ *Amblychaeturichthys sciistius*（KAUM-I. 587，体長6 cm，姶良市沖）；(c) イワハダカ *Benthosema pterotum*（KAUM-I. 3590，体長4 cm，桜島沖）；(d) マルヒウチダイ *Hoplostethus crassispinus*（KAUM-I. 6047，体長11 cm，垂水市沖）；(e) ナミアイトラギス *Chrionema furunoi*（KAUM-I. 5173，体長12 cm，桜島沖）；(f) カゴカマス *Rexea prometheoides*（KAUM-I. 4635，体長23 cm，知林ヶ島沖）；(g) オキゲンコ *Cynoglossus ochiaii*（KAUM-I. 6966，体長13 cm，桜島沖）；(h) ゲンコ *Cynoglossus interruptus*（KAUM-I. 5066，体長17 cm，桜島沖）；(i) ツラナガハギ *Paramonacanthus pusillus*（KAUM-I. 1081，体長16 cm，鹿児島市沖）；(j) モモイロカグヤハゼ *Navigobius dewa*（AMS I. 44800-001，体長4 cm，桜島沖）；(k) カンパチ *Seriola dumerili*（KAUM-I. 6091，体長27 cm，知林ヶ島沖）；(l) アカオビハナダイ *Pseudanthias rubrizonatus*（KAUM-I. 6532，体長7 cm，桜島沖）．

て薩摩半島と大隅半島は陸つづきとなり（大木，2000, 2009），湾奥部には淡水湖が形成されていたと考えられている（大木・岡田，1997）．その後，現在の鹿児島湾が形成されたのはおよそ7000年前であり，鹿児島湾固有の魚に種分化するには些か時間が足りない．しかし，最近の調査では，鹿児島湾に生息するヘビギンポ *Enneapterygius etheostoma* は湾外および日本各地の同種個体群と比べて形態的に若干ことなることがわかった．これは鹿児島湾固有の個体群が形成されはじめている可能性を示唆しているのであろうか．

図2.6 鹿児島県大隅半島東岸に生息する魚.
 (a) ホソウケグチヒイラギ *Secutor indicius*（KAUM–I. 24779，体長8 cm，志布志湾）；
 (b) アカメ *Lates japonicus*（KAUM–I. 20658，体長35 cm；内之浦湾）.

このように独特の魚類相を有する鹿児島湾で，2007年に人為的に放流されたと思われる魚が発見された．グアム以南に分布するクマノミ亜科の *Amphiprion melanopus* が2007年9月に桜島沖で5個体みつかったのだ（荻原ほか，2009）．翌年の5月になっても同所で生息が確認され，これらの個体が鹿児島湾で越冬可能であることがわかった．幸い，それ以降の生息は確認されていないが，黒潮に洗われる温暖な鹿児島の海では熱帯性の外来魚が容易に定着できる可能性を示しており，海水魚といえども安易な導入はすべきではない．

(5) 大隅半島東岸の魚類

大隅半島東岸の魚類相は2009年から鹿児島大学総合研究博物館によって調査がおこなわれている．筆者は1997年から2001年までほぼ毎日宮崎県南部の市場調査をおこなったが，これまでのところ大隅半島東岸の魚類相は宮崎県南部のそれとほぼ同じであるといえる．同海域は黒潮の影響を強く受けるという点では薩摩半島西岸と類似するが，前者は志布志湾や内之浦湾など砂泥底の内湾が発達するため，潮通しが良い薩摩半島西岸とは若干ことなる魚類相を形成している．代表的な魚に2008年に大隅半島東岸から日本初記録として報告されたホソウケグチヒイラギ *Secutor indicus*（図2.6）があげられる（木村ほか，2008）．ホソウケグチヒイラギはこれまで台湾以南の西部太平洋に分布するとされていたが，最近では大隅半島東岸や宮崎県南部などの黒潮流域にごく普通に生息することがあきらかになった．鹿児島県の島嶼域や薩摩半島西岸は黒潮の影響を強く受けるにもかかわらず，本種の生息が確認されたことはない．これは，大隅半島東岸は砂泥底の内湾を好む魚類が定着しやすいためと考えられる．

また，日本固有種であるアカメ *Lates japonicus*（図2.6）の九州島における確

かな記録にもとづく南限は内之浦湾である．大隅諸島では漁獲されたと思われる情報があるものの（Iwatsuki et al., 1993），鹿児島湾や薩摩半島西岸からのアカメの記録はない．

(6) 大隅諸島の魚類

　大隅諸島はトカラ海峡と九州島の間に位置し，黒潮による魚類相形成の要因を探る上で重要な海域である．ここでは，2008〜2009年に鹿児島大学総合研究博物館と国立科学博物館をはじめとする国内10研究機関による屋久島の魚類相調査の結果（Motomura and Matsuura, 2010）を紹介しよう．

　大隅諸島の南端，大隅半島の約60 km 南方に位置する屋久島は，面積505 km^2 と同諸島最大の島であり，日本の島では9番目の広さを誇る．しかし，屋久島には，九州最高峰の宮之浦岳をはじめ，急勾配の山々が多く，その斜面がそのまま海底までつづいていることから浅海域の面積が著しく狭い．また，川は多いものの，平野部が狭いことから大河川に発達しづらく，渓流部が直接海岸につながっていることも多い．そのため，島の広さにたいして，砂浜やサンゴ礁域の割合がきわめて低い．このような比較的単調な環境のためか，包括的な屋久島の魚類相調査はこれまでおこなわれていなかった．

　現存する屋久島産魚類の最古の標本は，鳥類を研究していたスタンフォード大学のロバート・アンダーソンによって1904〜1905年に採集された13種であり，これらの標本は現在アメリカ合衆国の国立自然史博物館とカリフォルニア科学アカデミーに所蔵されている．その後，新井・井田（1975）は屋久島の楠川周辺海域の調査をおこない，80種を報告した．彼らが報告した魚の標本の一部は国立科学博物館に所蔵されている．1990年代に入り，スキューバダイビングによる水中調査や漁獲物の市場調査における目視記録が屋久島から相次いで報告されたが，証拠となる標本や写真もなく，同定の正確さを検証する手立てがなかった．そこで，2008〜2009年に屋久島の本格的な魚類調査をおこなったところ，24目112科382属951種の海産魚類（汽水をふくむ）が記録された（Motomura et al., 2010b）．このうち，374種が標本にもとづく屋久島からの初記録である．この調査では，屋久島の魚類相を把握するとともに，各種の分類学的検討もおこなった．屋久島から得られた標本にもとづき本調査中に提唱された新標準和名は，屋久島が北限となるチブルネッタイフサカサゴ *Parascorpaena aurita* (Motomura et al., 2009b），アツヒメサンゴカサゴ *Scorpaenodes quadrispinosus*

表2.1 大隅諸島の屋久島と沖縄諸島の伊江島における優占科とその構成種数.

屋久島 Motomura et al. (2010)			伊江島 Senou et al. (2006)		
科	構成種数	割合(%)	科	構成種数	割合(%)
ハゼ科	110	11.6	ハゼ科	112	12.6
ベラ科	98	10.4	ベラ科	97	10.9
スズメダイ科	66	6.9	スズメダイ科	78	8.8
テンジクダイ科	45	4.7	テンジクダイ科	48	5.4
ハタ科	43	4.5	ハタ科	45	5.1
イソギンポ科	38	4.0	イソギンポ科	37	4.2
チョウチョウウオ科	34	3.6	チョウチョウウオ科	32	3.6
ニザダイ科	28	2.9	ニザダイ科	27	3.0
ウツボ科	24	2.5	ブダイ科	25	2.8
ブダイ科	24	2.5	ヨウジウオ科	21	2.4
アジ科	23	2.4	ウツボ科	19	2.1
そのほかの科	318	33.4	そのほかの科	348	39.2
合計	951	100.0	合計	889	100.0

(Motomura et al., 2010c), シラヌイハタ *Epinephelus bontoides* (栗岩ほか, 2008), 世界最小のフサカサゴ科であるプチフサカサゴ *Sebastapistes fowleri* (Motomura and Senou, 2009), タイドプールに生息するアケゴロモヘビギンポ *Enneapterygius hemimelas* (Meguro and Motomura, 2010), ハクテンヘビギンポ *Enneapterygius leucopunctatus* (Endo et al., 2010), オボロゲタテガミカエルウオ *Cirripectes filamentosus* (村瀬ほか, 2009) など10種にのぼる(図2.7).また,テンジクダイ科の *Apogon chrysotaenia* やイトヨリダイ科の *Scolopsis trilineata* など日本からは未記録の種も確認された (Motomura et al., 2010b;Yoshida et al., 2010).さらにヘビギンポ科などで多くの未記載種がみつかり,現在分類学的研究が進められている.

屋久島において優占する上位8科とその構成種が全体の種数に占める割合は,上位から順にハゼ科110種(11.6%),ベラ科98種(10.3%),スズメダイ科66種(6.9%),テンジクダイ科45種(4.7%),ハタ科43種(4.5%),イソギンポ科38種(4.0%),チョウチョウウオ科34種(3.6%),ニザダイ科28種(2.9%)である(Motomura et al., 2010b).これら優占8科の順位と割合はともに沖縄の魚類相とほぼ一致することがあきらかになった(表2.1).さらに,鹿児島県本土をふくめる日本本土にはごく普通に分布し,沖縄ではほとんどみられないアカエイ *Dasyatis akajei* やホンベラ *Halichoeres tenuispinis*,ヒラメ *Paralichthys olivaceus* なども屋久島には出現しないため,屋久島の魚類相は日本本土より沖

図2.7 2008-2009年の屋久島調査で発見され，新標準和名が提唱された魚．
(a) ハダカリュウキュウイタチウオ *Alionematichthys piger*（KAUM-I. 11482，体長6 cm）；(b) チブルネッタイフサカサゴ *Parascorpaena aurita*（KAUM-I. 20102，体長6 cm）；(c) アツヒメサンゴカサゴ *Scorpaenodes quadrispinosus*（KAUM-I. 11475，体長8 cm）；(d) プチフサカサゴ *Sebastapistes fowleri*（BLIP 36670070，体長3 cm，藍澤正宏撮影）；(e) シラヌイハタ *Epinephelus bontoides*（NSMT-P. 96549，体長29 cm，栗岩　薫撮影）；(f) アカフジテンジクダイ *Apogon crassiceps*（KAUM-I. 20331，体長3 cm）；(g) アケゴロモヘビギンポ *Enneapterygius hemimelas*（KAUM-I. 11353，体長2 cm）；(h) ハクテンヘビギンポ *Enneapterygius leucopunctatus*（KAUM-I. 21838，体長3 cm）；(i) オボロゲタテガミカエルウオ *Cirripectes filamentosus*（KAUM-I. 11586，体長5 cm）．

縄県のそれに類似するといえそうだ．しかし，屋久島には沖縄ではほとんど確認されていないフチドリタナバタウオ *Acanthoplesiops psilogaster* やオキナヒメジ *Parupeneus spilurus*，カモハラトラギス *Parapercis kamoharai* など日本本土にみられる魚も多く生息していることがわかった．また，一般的にトカラ列島を横断する黒潮の南北にそれぞれ異所的に分布するといわれている姉妹種（「黒潮による障壁」を参照）が屋久島では同所的に出現することがあきらかになった．このように屋久島は，日本本土と沖縄の両方の魚類相要素が融合した特異的な島であることがあきらかになったのだ．現在の屋久島の魚類相が形成された要因の1つとして，屋久島近海で前線が30〜50日ごとに定期的に南北にシフトする黒潮とそれに連動して変化する大隅分枝流の影響が考えられる．また，13万年から12万5000年前に大隅半島先端と種子島・屋久島が陸つづきになった歴史的経緯があり（大木，2000），そのときに日本本土から屋久島まで広く分布していた上記のフチドリタナバタウオやオキナヒメジなどが現在も屋久島に遺

図2.8 屋久島を国内最大の繁殖地としている魚.
(a〜c) スジミゾイサキ *Pomadasys quadrilineatus* (a, KAUM-I. 25047, 体長10 cm, 永田川河口；b, 成魚の群れ, 宮之浦川河口, 原崎　森撮影；c, 成魚の群れ, 永田港沖, 原崎　森撮影)；(d〜f) ヤクシマキツネウオ *Pentapodus aureofasciatus* (d, KAUM-I. 285, 体長16 cm, 一湊沖；e, 婚姻色を呈するオス, 一湊沖, 原崎　森撮影；f, 若魚の群れ, 一湊沖, 原崎　森撮影).

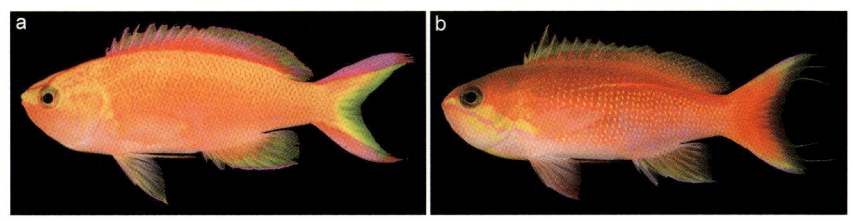

図2.9 2010年に鹿児島県竹島沖から採集されたハタ科の稀種.
(a) イトヒキコハクハナダイ *Pseudanthias rubrolineatus* (KAUM-I. 29771, 体長9 cm)；
(b) コウリンハナダイ *Pseudanthias parvirostris* (KAUM-I. 29776, 体長6 cm).

存的に残っているのかもしれない．なお，同時期に大隅半島中部は水没し，鹿児島湾と志布志湾が海でつながっていたと考えられている．

最後に，屋久島の魚類として特筆すべき2種を紹介しよう．スジミゾイサキ *Pomadasys quadrilineatus* (図2.8) とヤクシマキツネウオ *Pentapodus aureofasciatus* (図2.8) は屋久島周辺海域で数百匹の群れを形成し，無数の群れを1年をとおして観察することができる（Motomura and Harazaki, 2007；松沼ほか，2009a）．両種は南日本の太平洋岸で秋に散発的に観察されており，屋久島を供給源とした無効分散であると考えられる．屋久島と台湾のヤクシマキツネウオは沖縄の同種と比較して形態および婚姻色に相違がみられ（Motomura and Harazaki, 2007），将来は別種として扱われるかもしれない．また，スジミゾイサキは沖縄では稀に出現する程度である．したがって，両種とも屋久島に生息する個体は沖縄ではなく，台湾周辺海域に由来するものと考えられる．

第2章　黒潮が育む鹿児島県の魚類多様性 ● 37

現在，鹿児島大学総合研究博物館と国立科学博物館は共同で鹿児島県三島村の硫黄島と竹島の魚類相調査をおこなっている．両島は屋久島と鹿児島県本土の中間に位置し，屋久島の特異的な魚類相を理解するうえでも両島の調査は重要である．まだ調査半ばであるが，すでにコウリンハナダイ *Pseudanthias parvirostris*（図2.9）やイトヒキコハクハナダイ *Pseudanthias rubrolineatus*（図2.9）などの興味深い種が発見されている．前者はこれまで国内では伊豆大島から採集された2標本のみが記録（工藤ほか，1997）されているにすぎず，三島村から採集された標本は国内3個体目となる（岩坪ほか，2011）．後者は日本ではじめて報告された標本の記録となった（Motomura et al., 2010a）．一方，種子島の魚類相は，鹿児島大学総合研究博物館によって現在調査が進められている．

(7) 奄美群島の魚類

奄美大島の魚類について古くから日本各地の研究機関によって調べられており，断片的な知見は蓄積されているものの，まだ全体を網羅した魚類相に関する論文は出版されていない．しかし，これまでに報告された分類群ごとの論文などや黒潮による障壁機能から，奄美大島の魚類相は沖縄のそれときわめて良く類似していると思われる．与論島の魚類相は，鹿児島大学総合研究博物館によって現在調査が進められているが，徳之島や沖永良部島の魚類相はまったく調査されておらず，今後の研究に期待したい．

黒潮の影響を受ける鹿児島県の淡水魚

鹿児島県の海水魚の種多様性は日本一高いと紹介したが，同県から記録されている淡水魚はたったの24種であり，日本でもっとも淡水魚の種数が少ない地域の1つであるといえる．一方，およそ30種の外来魚が鹿児島県の河川でみつかっている．鹿児島県では，在来淡水魚類相が貧弱であったため，古くから積極的に淡水魚の導入がおこなわれていたようだ．さらに，鹿児島県は温泉が豊富なため，熱帯性の外来魚が定着しやすかったというのも要因の1つであろう．たとえば，最近発見された中央アメリカ原産のスリコギモーリー *Poecilia mexicana* は，日本では鹿児島県の温泉にのみ定着している（松沼・本村，2009）．

ここでは，黒潮に関係する淡水魚を2種紹介しよう．まずは，日本本土では

温排水が注ぐ河川に定着することで有名なアフリカ原産の外来魚ナイルティラピア *Oreochromis niloticus* である．鹿児島県では春から秋にかけてナイルティラピアが温水が流れ込んでいない河川でも泳いでいるのをみることができる．温泉排水が多く流れている指宿市に近い鹿児島市の非温泉河川では橋の上から本種を観察することができるほどだ．鹿児島県のナイルティラピアは，河川の水温が低下する冬期になると，水温が安定している海に下って越冬すると考えられている．そして河川の水温が上昇する翌春にはまた河川に入り，その分布河川を瞬く間に広げている．黒潮がもたらす温暖な海は彼らにとって寒い冬を凌ぐのに好都合なのであろう．本来の生息地ではみられないこのような行動は，ナイルティラピアの環境への適応能力の高さをあらためて感じさせる．

　2001年2月に屋久島の温水が流れている細流で体長2cmのカキイロヒメボウズハゼ *Stiphodon surrufus* が1個体採集された（米沢・岩田，2001）．カキイロヒメボウズハゼの本来の生息地はフィリピンであり，本種はこれまで日本では屋久島で採集された1個体のみが確認されているにすぎない（Yonezawa et al., 2010）．これは本個体が黒潮によってフィリピンから運ばれてきて，屋久島において生存が可能な温水が流れる河川に辿り着いたという偶然の結果であろう．しかし，このような偶然が実際に起こるということは，黒潮が南方から運んでくる生物の種や数はわれわれが想像しているより遥かに膨大なのかもしれない．

さいごに

　鹿児島県の魚類相調査はまだはじまったばかりである．藻場の消失やサンゴの白化，赤潮の出現など鹿児島県を取り巻く海でもさまざまな問題が発生している．刻一刻と多様性が失われているなか，鹿児島の今日の豊かな魚類相をより深く理解し，それを後世に伝えることが必要だ．そのためにも，今後も残されている多くの謎の解明に挑戦していきたい．

引用文献

新井良一・井田　斉．1975．屋久島・種子島の海産魚類．国立科学博物館専報，8: 183-204.
荒巻　孚・山口雅功・田中好國．1976．鹿児島県，上甑島における甑四湖の水文地形学的研究．専修自然科学紀要，(9): 1-80.
茶圓正明・市川　洋．2001．黒潮．かごしま文庫71．春苑堂出版，鹿児島．227 pp.
出羽慎一・出羽尚子・本村浩之．2010．オオメワラスボ科魚類 *Navigobius dewa* モモ

イロカグヤハゼ（新称）の生息状況．Nature of Kagoshima, 36: 89–92.
Endo, H., E. Katayama, M. Miyake and K. Watase. 2010. New records of a triplefin, *Enneapterygius leucopunctatus*, from southern Japan (Perciformes: Tripterygiidae). pp. 9–16 *in* H. Motomura and K. Matsuura, eds. Fishes of Yaku-shima Island – A World Heritage island in the Osumi Group, Kagoshima Prefecture, southern Japan. National Museum of Nature and Science, Tokyo.
Hoese, D. F. and H. Motomura. 2009. Descriptions of two new genera and species of ptereleotrine fishes from Australia and Japan (Pisces: Gobioidei) with discussion of possible relationships. Zootaxa, 2312: 49–59.
Ichikawa, H., H. Nakamura, A. Nishina and M. Higashi. 2004. Variability of northeastward current southeast of northern Ryukyu Islands. J. Oceanogr., 60: 351–363.
伊東正英・高山真由美・原口百合子・松沼瑞樹・本村浩之．2007．鹿児島県から多獲されたアジ科魚類の稀種マテアジ．南紀生物，49 (2): 117–118.
岩坪洸樹・出羽慎一・﨑向幸和・伊東正英・古田和彦・本村浩之．2011．鹿児島県から得られたハナダイ亜科2種コウリンハナダイ *Pseudanthias parvirostris* とサクラダイ *Sacura margaritacea* の記録．Nature of Kagoshima, 37: 17–22.
Iwatsuki, Y., K. Tashiro and T. Hamasaki. 1993. Distribution and fluctuations in occurrence of the Japanese centropomid fish, *Lates japonicus*. Japan. J. Ichthyol., 40 (3): 327–332.
木村清志・伯耆匠二・山田守彦・本村浩之．2008．鹿児島県で採集された日本初記録のヒイラギ科魚類ホソウケグチヒイラギ（新称）*Secutor indicius*．魚類学雑誌，55 (2): 111–114.
岸野 底・四宮明彦・寿 浩義．2008．リュウキュウアユ仔魚の水温・塩分耐性に関する生残実験．魚類学雑誌，55 (1): 1–8.
北 奈美．2007．ミナミギンガメアジ．本村浩之（編），p. 13．総合研究博物館所蔵魚類標本と魚類ボランティアの活動．鹿児島大学総合研究博物館ニューズレター No 16.
工藤孝治・瀬能 宏・大沼久之．1997．伊豆大島から採集された日本初記録のコウリンハナダイ（新称）．伊豆海洋公園通信，7 (4): 2–4.
栗岩 薫・原崎 森・瀬能 宏．2008．日本初記録のハタ科魚類シラヌイハタ（新称）*Epinephelus bontoides*．魚類学雑誌，55 (1): 37–41.
松沼瑞樹・原崎 森・目黒昌利・荻原豪太・本村浩之．2009a．イサキ科魚類2種クロコショウダイとスジミゾイサキの鹿児島県における記録およびクロコショウダイとコショウダイ幼魚期の形態比較．生物地理学会会報，64: 57–67.
松沼瑞樹・本村浩之．2009．鹿児島県指宿市で自然繁殖しているカダヤシ科スリコギモーリー（新称）．魚類学雑誌，56 (1): 21–30.
松沼瑞樹・荻原豪太・目黒昌利・本村浩之．2009b．鹿児島県における絶滅危惧種クボハゼ *Gymnogobius scrobiculatus*（ハゼ科ウキゴリ属）の記録．Nature of Kagoshima, 35: 9–12.
松沼瑞樹・米沢俊彦・本村浩之．2010．上甑島汽水湖群の魚類相およびニクハゼ *Gymnogobius heptacanthus*（スズキ目ハゼ科）の記録．Nature of Kagoshima, 36: 79–87.

目黒昌利．2007．クサウオ．本村浩之（編），p. 11．総合研究博物館所蔵魚類標本と魚類ボランティアの活動．鹿児島大学総合研究博物館ニューズレター No 16.

Meguro, M. and H. Motomura. 2010. First records of a triplefin (Tripterygiidae), *Enneapterygius hemimelas*, from Japan. pp. 1-8 *in* H. Motomura and K. Matsuura, eds. Fishes of Yaku-shima Island – A World Heritage island in the Osumi Group, Kagoshima Prefecture, southern Japan. National Museum of Nature and Science, Tokyo.

本村浩之．2007．2007年5月に採集された鹿児島湾初記録の魚．鹿児島大学総合研究博物館ニューズレター，(17): 1.

Motomura, H., S. Dewa, K. Furuta and H. Senou. 2010a. Description of *Pseudanthias rubrolineatus* (Serranidae: Anthiinae) collected from Take-shima Island, Kagoshima Prefecture, southern Japan. Biogeography, 12: 119-125.

Motomura, H. and S. Harazaki. 2007. *In situ* ontogenetic color changes of *Pentapodus aureofasciatus* (Perciformes: Nemipteridae) off Yakushima Island, southern Japan and comments on the biology of the species. Biogeography, 9: 23-30.

Motomura, H., M. Ito, H. Ikeda, H. Endo, M. Matsunuma and K. Hatooka. 2007a. Review of Japanese records of a grouper, *Epinephelus amblycephalus* (Perciformes: Serranidae), with new specimens from Kagoshima and Wakayama. Biogeography, 9: 49-56.

Motomura, H., M. Ito, M. Takayama, Y. Haraguchi and M. Matsunuma. 2007b. Second Japanese record of a threadfin, *Eleutheronema rhadinum* (Perciformes: Polynemidae), with distributional implications. Biogeography, 9: 7-11.

Motomura, H., S. Kimura and Y. Haraguchi. 2007c. Two carangid fishes (Actinopterygii: Perciformes), *Caranx heberi* and *Ulua mentalis*, from Kagoshima: the first records from Japan and northernmost records for the species. Species Diversity, 12 (4): 223-235.

Motomura, H., K. Kuriiwa, E. Katayama, H. Senou, G. Ogihara, M. Meguro, M. Matsunuma, Y. Takata, T. Yoshida, M. Yamashita, S. Kimura, H. Endo, A. Murase, Y. Iwatsuki, Y. Sakurai, S. Harazaki, K. Hidaka, H. Izumi and K. Matsuura. 2010b. Annotated checklist of marine and estuarine fishes of Yaku-shima Island, Kagoshima, southern Japan. pp. 65-248 *in* H. Motomura and K. Matsuura, eds. Fishes of Yaku-shima Island – A World Heritage island in the Osumi Group, Kagoshima Prefecture, southern Japan. National Museum of Nature and Science, Tokyo.

Motomura, H. and K. Matsuura (eds.). 2010. Fishes of Yaku-shima Island – A World Heritage island in the Osumi Group, Kagoshima Prefecture, southern Japan. National Museum of Nature and Science, Tokyo. viii + 264 pp., 704 figs.

Motomura, H., G. Ogihara and K. Hagiwara. 2010c. Distributional range extension of a scorpionfish, *Scorpaenodes quadrispinosus*, in the Indo-Pacific, and comments on synonymy of *S. parvipinnis* (Scorpaeniformes: Scorpaenidae). pp. 17-26 *in* H. Motomura and K. Matsuura, eds. Fishes of Yaku-shima Island – A World Heritage island in the Osumi Group, Kagoshima Prefecture, southern Japan. National Museum of Nature and Science, Tokyo.

Motomura, H., G. Ogihara, M. Meguro and M. Matsunuma. 2009a. First records of the Pumpkin Scorpionfish, *Scorpaena pepo* (Scorpaenidae), from Japan. Biogeography,

11: 139–143.

Motomura, H., Y. Sakurai, H. Senou and H.-C. Ho. 2009b. Morphological comparisons of the Indo-West Pacific scorpionfish, *Parascorpaena aurita*, with a closely related species, *P. picta*, with first records of *P. aurita* from East Asia (Scorpaeniformes: Scorpaenidae). Zootaxa, 2191: 41–57.

Motomura, H. and H. Senou. 2009. New records of the dwarf scorpionfish, *Sebastapistes fowleri* (Actinopterygii: Scorpaeniformes: Scorpaenidae), from East Asia, and notes on Australian records of the species. Species Diversity, 14 (1): 1–8.

村瀬敦宣・目黒昌利・本村浩之．2009．屋久島で採集された日本初記録のイソギンポ科魚類オボロゲタテガミカエルウオ（新称）*Cirripectes filamentosus*．魚類学雑誌，56 (2): 145–148.

仁科文子・山中有一・東　政能・幅野明正・中村啓彦．2009．鹿児島湾の海水循環．海洋と生物，31 (1): 6–11.

荻原豪太・出羽慎一・本村浩之．2009．鹿児島湾から採集されたスズメダイ科クマノミ属の外来種 *Amphiprion melanopus*．生物地理学会会報，64: 197–204.

荻原豪太・吉田朋弘・伊東正英・山下真弘・桜井　雄・本村浩之．2010．鹿児島県笠沙沖から得られたカンムリブダイ *Bolbometopon muricatum*（ベラ亜目：ブダイ科）の記録．Nature of Kagoshima, 36: 43–47.

大富　潤・熊谷憲治・明石和貴．2009．鹿児島湾の底棲魚介類．海洋と生物，31 (1): 21–27.

大木公彦．2000．鹿児島湾の謎を追って．かごしま文庫61．春苑堂出版，鹿児島．223 pp.

大木公彦．2009．鹿児島湾の地質学的背景と堆積環境．海洋と生物，31 (1): 12–20.

大木公彦・岡田博有．1997．第四紀における姶良カルデラ周辺地域の構造発達史．月刊地球，19 (4): 247–251.

酒泉　満．1997．淡水魚類地方個体群の遺伝的特性と系統保存．長田芳和・細谷和海（編），pp. 218–227．日本の希少淡水魚の現状と系統保存―よみがえれ日本産淡水魚．緑書房，東京．

Senou, H., H. Kodato, T. Nomura and K. Yunokawa. 2006. Coastal fishes of Ie-jima Island, the Ryukyu Islands, Okinawa, Japan. Bull. Kanagawa Pref. Mus. (Nat. Sci.), (35): 67–92.

Yokogawa, K., H. Endo and H. Sakaji. 2008. *Cynoglossus ochiaii*, a new tongue sole from Japan (Pleuronectiformes: Cynoglossidae). Bull. Natl. Mus. Nat. Sci., Ser. A, Suppl. 2: 115–127.

米沢俊彦・岩田明久．2001．屋久島で採集された日本初記録のカキイロヒメボウズハゼ（新称）．伊豆海洋公園通信，12 (9): 2–4.

Yonezawa, T., A. Shinomiya and H. Motomura. 2010. Freshwater fishes of Yaku-shima Island, Kagoshima Prefecture, southern Japan. pp. 249–261 *in* H. Motomura and K. Matsuura, eds. Fishes of Yaku-shima Island – A World Heritage island in the Osumi Group, Kagoshima Prefecture, southern Japan. National Museum of Nature and Science, Tokyo.

Yoshida, T., S. Harazaki and H. Motomura. 2010. Apogonid fishes (Teleostei: Perciformes) of Yaku-shima Island, Kagoshima Prefecture, southern Japan. pp.

27-64 *in* H. Motomura and K. Matsuura, eds. Fishes of Yaku-shima Island – A World Heritage island in the Osumi Group, Kagoshima Prefecture, southern Japan. National Museum of Nature and Science, Tokyo.

財団法人鹿児島市水族館公社（編著）．2008．かごしま水族館が確認した鹿児島の定置網の魚たち．本村浩之（監修）．財団法人鹿児島市水族館公社，鹿児島市．260 pp.

Box 3

幻の魚，クマソハナダイの謎

　1906年（明治39），アメリカ合衆国漁業局調査船アルバトロスの乗組員は，北太平洋海域調査の一環として，北海道，神奈川，静岡，鹿児島（種子島をふくむ），沖縄に上陸し，魚類の採集をおこなった．乗船員の1人，当時スタンフォード大学の動物学指導員であった John O. Snyder は鹿児島県に立ち寄った際に鹿児島市の市場で1個体のハタ科魚類を採集した．彼はこの標本を本国にもち帰り，アメリカ国立博物館（現在の国立自然史博物館）に登録，保管した．1911年（明治44）5月26日，Snyder はこの標本にもとづき，ハタ科の新種として *Pseudanthias venator* を記載した．原記載には本種の生鮮時の体色として，採集時に現地で書いたと思われるメモにもとづいて「吻端から胸鰭基部までと背鰭中央部基底から肛門まで2本の真珠のような白い線が走る」と書かれている．さらに原記載にはホルマリン固定されておそらく4～5年後の標本の体色にもとづいて，「頭部から尾柄部前部まで3本の黄色みを帯びた縦縞が走る」と書かれている．1911年の原記載には図が掲載されていなかったが，翌年8月30日には，William S. Atkinson と Sekko Shimada が固定標本にもとづいて描いた *P. venator* の線画が出版された．この線画にも上記の白い線や黄色い縦縞がしっかりと描かれている．Snyder が採集した標本は現在も国立自然史博物館に保管されており（登録番号は USNM 68230），採集されてから100年以上たった現在でも線画に描かれているような模様がはっきりと残っている．

　1913年（大正2）3月31日に Snyder の師である David S. Jordan たちは，*P. venator* にたいして和名クマソハナダイを提唱した．「クマソ」とは『記紀』の神話的な物語に登場する，南九州に本拠地を構え，ヤマト王権に抵抗したとされる人々の名だ．その後，1960年以降なると，*P. venator* は分類学的混乱の渦に巻き込まれ，研究者たちによってさまざまな説（シノニムや有効種）が出版された．しかし，現在ではクマソハナダイ *P. venator* は有効種であると考えられている．体側に3本の黄色い縦縞が走る種はほかに知られていないのだ．

　明治39年にクマソハナダイが採集された場所は Kagoshima market と記載さ

図2.10　現存する唯一のクマソハナダイの標本．アメリカ合衆国・国立自然史博物館所蔵（Sandra J. Raredon 撮影）．

れているが，調査船アルバトロスが入港したことを考えると，それはおそらく現在の鹿児島中央魚類市場であると思われる．さらには，Snyderがクマソハナダイと同時に「Kagoshima market」で採集した魚としてカゴカマス *Rexea prometheoides*（Snyderは *Jordanidia raptoria* として報告）やオニカナガシラ *Lepidotrigla kishinouyi*，カスミサクラダイ *Plectranthias japonicus*，ソコイトヨリ *Nemipterus bathybius* などを報告している．これらの魚は，鹿児島湾に優占してみられ，とくにカゴカマスは鹿児島湾外では生息水深があまりに深いため漁獲されることはほとんどない（「鹿児島湾の魚類」を参照）．当時の状況や漁獲魚種，さらには鹿児島中央魚類市場が鹿児島湾岸にあることから，クマソハナダイは鹿児島湾から漁獲されたと考えるのが妥当である．

では，クマソハナダイは明治39年に採集されてから今日までの約100年間，なぜ一度も採集された記録がないのだろうか．それどころか，ダイビング機器の発達にともない，一般の人でも気軽に海に潜れるようになった今日でも水中写真の記録や目撃情報すらないのである．筆者は鹿児島湾の環境変化が湾内におけるクマソハナダイを絶滅させたのではないかと考えている．クマソハナダイが採集された8年後の1914年（大正3）1月12日，桜島が噴火したのだ．桜島大正大噴火とよばれるこの噴火によって桜島が大隅半島とつながり，鹿児島湾の海流が大きく変わったと推測されている．大正大噴火以前の桜島は「島」であり，桜島と大隅半島間の幅360 m，深さ約80 mの水道をとおして湾奥部と湾中央部は膨大な海水を交換していた．噴火後はこの水道が消滅し，湾奥部の海水が停滞してしまったのである．一般的にハナダイの仲間は潮通しが良い場所に生息しているが，クマソハナダイはとくにその傾向が強かったのではないだろうか．

鹿児島湾に固有の種はいないと考えられている（詳しくは「鹿児島湾の魚類」を参照）．これまでクマソハナダイの採集記録も水中写真も記録されていないことから，本種は台湾や大隅諸島の外洋のかなり深い岩場に生息しているのではないだろうか．あるいは，クマソハナダイはいまでも鹿児島湾の深海底でひっそりと暮らしていると考えるのもロマンがある．

図2.11 鹿児島湾と桜島．（a）大正大噴火前，（b）大正大噴火後．鹿児島湾中央部に浮かぶ島が桜島．

第3章

黒潮と高知県の浅海魚類相

遠藤広光

はじめに

　高知県における魚類分類学の研究史は，およそ100年以上前にさかのぼり，その魚類相は古くからよく研究されてきた．しかし，現在も数多くの新種と日本あるいは高知県からの初記録種の発見がつづいている．研究中の種をふくめると，高知県とその沿岸や沖合から記録された魚類は，淡水魚から深海魚まで約2000種に達する見込みである．現在，日本産魚類がおよそ4200種を超えたところであり，高知県での種数はサンゴ礁域がみられる沖縄県を除くときわめて多いといえる．ここでは黒潮に関連する高知県沿岸の魚類の分類学的研究や魚類相の調査について，最近の話題をふくめて紹介する．

高知県の海

　南四国に位置する高知県は，太平洋に面したおよそ700 kmの海岸線をもち，その沿岸は沖合を流れる黒潮の影響を強く受ける（図3.1）．東西に位置する室戸岬と足摺岬の間には土佐湾が広がり，両岬を結ぶ線上の土佐湾中央部では水深1000 mとなる．さらに，その沖に広がる水深4000 mの南海トラフの深海底へとつながる．足摺岬以西の西南地域の沿岸はさらに黒潮の影響が強く，西南端に位置する柏島や沖の島周辺の岩礁域には，造礁サンゴ類の群落がよく発達する（図3.2）．また，土佐湾東部や中央部の沿岸の岩礁域でも，近年になって造礁サンゴ類の群落が次第に発達してきた．そのため，これらの沿岸では，夏から秋にかけて黒潮によって運ばれる南方系魚類の幼魚が高い割合で観察できる．

　高知県の森林率は全国一の84％であり，その山間部を源流とする大小の河川がある．「森は海を育てる」ことは最近よく知られるようになったが，森林からの栄養塩類の流入は，沿岸での植物プランクトンの増殖につながる．実際に，土佐湾はプランクトンが豊富な海域であり，日本の太平洋岸では，マイワシや

図3.1　高知県の地図.

図3.2　高知県大月町柏島周辺の造礁サンゴ類（撮影：遠藤広光）.

カタクチイワシなどイワシ類の産卵場として知られる．これらの仔魚「シラス」漁が盛んである．また，土佐湾西部域にはニタリクジラが生息し，最近になり土佐湾で一生をすごすことが判明した．このことからも土佐湾が豊富なプランクトン類や魚類に支えられた海域であることがわかる．

　四万十川の下流や鏡川などの河川が流入する浦戸湾には，汽水域が広がり，干潟やコアマモ場もみられるため，多くの稚魚や幼魚の成育場となっている．黒潮に運ばれてきた南方系の仔稚魚も，これらの汽水域でみつかる．四万十川で記録された魚類は，2010年10月には200種を超え，下流の汽水域に出現する種が多くを占める（大塚ほか，2010）．これらの種のうち，ナンヨウボウズハゼやヤエヤマノコギリハゼなど，あきらかに黒潮によって運ばれたと考えられる南方系種もふくまれている．高知県の汽水域を代表するアカメは，おもに宮崎県と高知県の沿岸や河口域に分布する日本固有種で，幼魚は河口近くのコアマモ場で成育する．しかし，産卵生態や黒潮との関係など，その生態の多くはまだ解明されていない．

　このように高知県の海には，河口の汽水域から造礁サンゴ群落がみられる岩礁域，土佐湾の砂地や砂泥底，さらに南海トラフの深海域まで，多様な魚類の生息環境がみられる．これまでに高知県で記録された魚類は，現在研究中の種もふくめるとおよそ2000種に達する予想である．

高知県と魚類分類学

　日本人の手による最初の日本の魚類相研究は，1897年に出版された石川千代松と松浦歓一郎による『帝国博物館天産部標本目録』であり，1075種が掲載さ

図3.3 土佐湾のヒメハナダイ（BSKU 94177，体長115 mm，高知市御畳瀬魚市場）．富山湾と南日本太平洋岸から南シナ海にかけて分布し，やや深みの砂泥底に生息する．

れた．このなかには高知県産の魚類標本が9種ふくまれていた．1903年に米国水産局の魚類学者 ヒュー・スミスが来日し，高知県高知市と須崎市をふくむ日本の10カ所で標本の採集と調査をおこなった．このときに採集された標本は，1906年に新種の記載をふくむ186種のリストとして出版された（Smith and Pope, 1906）．この論文には，1903年5月7日から11日にかけて，高知市内（中央市場と浦戸）や須崎市の魚市場で採集された90種がふくまれていた．それまではほとんど情報がなかった高知県の魚類が，はじめてまとまって登場した分類学の論文である．このうち，スミス自身が採集した高知市浦戸産の標本にもとづき，新属のヒメハナダイ *Tosana niwae*（ハタ科），シマセトダイ *Hapalogenys kishinouyei*（イサキ科）と *Insidiator hosokawae*（後にアネサゴチ *Onigocia macrolepis* の同物異名＝シノニムとされた）の3種が新種記載された．これらは高知産の標本にもとづくはじめての新種で，ヒメハナダイの属名 *Tosana* は，「土佐」の名前に因んだ最初の魚である（図3.3）．また，いずれの種小名も当時の大学や水産実験所，県知事などの採集協力者に献名された．

　日本の魚類分類学の開祖といわれる田中茂穂（1878〜1974年）と弟子の蒲原稔治（1901〜1972年）は，ともに高知県高知市に生まれた（図3.4）．1903年に田中は東京帝国大学（東京大学の前進）で魚類分類学の研究を開始し，生涯で約350編の論文を発表した．そのなかには170あまりの新種記載がふくまれる．田中は1913年に米国スタンフォード大学のジョルダンとスナイダーと共著で，『日本産魚類目録（英文）』を出版した．この論文には1236種が掲載されている．ジョルダンは当時の米国魚類分類学の中心人物で，1900年に来日した後，共同研究者とともに日本周辺で採集された標本にもとづき，つぎつぎと新種をふくむ論文を発表した．田中は相模湾を中心に，西は台湾から琉球列島，東は南樺太や千島列島，また朝鮮半島から小笠原諸島まで，当時の日本中から採集されたさまざまな標本を基に研究をおこなった．田中が高知県産の標本を用いて記

図3.4 田中茂穂博士（左）と蒲原稔治博士（右）（高知大学理学部海洋生物学研究室所蔵）.

載した種は，ボウズハゼ *Sicyopterus japonicus*（Tanaka, 1909）やゴイシウミヘビ *Myrichthys aki* Tanaka, 1917 などがあり，1905年以降の8編の論文で約250種の高知県産の標本が使用された（山川武，私信）．

蒲原稔治は1926年に東京帝国大学理学部動物学科を卒業後，1927年9月には故郷の高知で旧制高知高等学校（高知大学の前進）の講師となった．1928年3月末には教授となり，東京帝国大学の田中に師事して魚類分類学の研究を開始した．1973年に出版された蒲原の遺稿集『酒と魚』には，高知へ赴任してから十数年は毎年の夏休みを利用し，高知で採集した標本を持参して東京大学の田中先生を訪ね，文献や標本をみせてもらい指導を受けたと書かれている．その後，高知県沖合の底生性魚類相の論文により，1939年に東京大学から理学博士の学位を得た．

蒲原は土佐湾の沖合底びき網で採集される底生性魚類の分類に力を入れ，これらの魚が水揚げされる高知市の御畳瀬や浦戸の魚市場に通って，多くの標本を収集した．一方では，研究当初から造礁サンゴ群落と熱帯性魚類が数多くみられる高知県西南端の柏島と沖の島にも着目し，毎年夏にはこれらの島や足摺地方沿岸での採集をおこなった（図3.5）．この西南地域から多くの南方系魚類の初記録を報告している．その後，琉球列島や奄美諸島，紀伊半島の魚類についても調査をおこなった．高知県を中心に南日本の黒潮流域各地の魚類相との比較に強い興味をもっていたためであろう．1950年には『土佐及び紀州の魚類』を出版し，高知と紀伊半島の魚類相の高い類似性を指摘した．この本には淡水魚や沖合の魚類もふくめ1060種が掲載され，両海域には約800種が共通するとされた．また，蒲原はおもに高知県での採集標本をもとに52新種を記載し，1964

図3.5　大堂半島展望台から望む柏島（手前）と沖の島（奥）（撮影：遠藤広光）．

年には高知県産魚類目録の改訂版に1233種を掲載した．

　蒲原が研究開始とともに採集した魚類標本は，第二次大戦中の1945年7月4日の空襲ですべて焼失してしまった．これは標本を疎開させる予定日の前日であった．しかし，戦後ふたたび標本を収集し，退官時の1965年3月までには1万1442件の標本を登録した．これらは高知大学理学部の魚類標本コレクション（英語表記の略号BSKU）として管理され，現在の登録標本は10万件を超え，国内外の多くの研究者に利用されている．その後，高知大学における魚類分類学の研究は，岡村收（1933〜2008年，在職は1965年4月〜1996年3月）と町田吉彦（1947年〜，在職は1978年4月〜2010年3月）に引き継がれ，タイプ標本の総数は114種1000個体を超えた．

　高知県沿岸の浅海域の魚類相は，磯採集や釣り，定置網漁，刺し網漁，底曳き網漁の漁獲物，また水産研究所の調査船こたか丸や高知大学調査船豊旗丸でおこなった底曳き網などにより調査されてきた（遠藤，2005）．また，近年はスキューバダイビングの普及により，これまで採集がおこなわれなかった岩礁域での採集や水中写真の撮影により，さらに多くの種が記録されるようになった．

浦戸湾の魚類

　浦戸湾は高知市中央部の南側に位置し，面積は約7平方km，奥行き6 kmで，桂浜のある湾口部は大変狭く閉鎖性の高い汽水域である．高知市中心部まで深く入り込み，鏡川や国分川などおもに7河川が流入し，河口付近や沿岸にはコアマモ場や干潟もみられる．かつての浦戸湾は生物相が豊かで，高知では「ニ

ロギ」とよばれるヒイラギ釣りが名物であった．しかし，1951年から1972年まで，高知市西部のパルプ製紙工場から大量の廃液が江ノ口川から湾内に流入してひどく汚染された．

　蒲原は1934年に浦戸湾から記録された魚類127種を報告し，1958年にはそれまでに記録された194種をリストにまとめた．また，同定できない仔稚魚や幼魚をふくめると，その数は300種に達するだろうと予想した．このことから浦戸湾は種の多様性がきわめて高く，魚類の成育場としても重要な汽水域であることがわかる．しかしながら，1958年の時点で浦戸湾内の環境はパルプ廃液による汚染が進み，蒲原は記録された魚類が，かならずしも今日生息しているとは限らないと論文中に記した．その後の1970年台の公害や港建設に関する環境調査により，浦戸湾の魚類は種数と個体数ともに顕著に減少したことが報告された．

　2003年から2008年まで，町田が中心となり，浦戸湾とその流入河川の河口域で魚類と甲殻類の調査をおこなった．その結果，20目77科187種の魚類が確認され，1958年の蒲原の魚類リストとは17目53科103種が共通していた（阪本ほか，2009）．パルプ製紙工場の廃業から今日までの間に湾内の環境はかなり回復し，汽水域や干潟にすむ魚類や甲殻類の稀少種も多く確認されている（図3.6）．

　おもに宮崎県と高知県沿岸に多く生息するアカメは，1984年に浦戸湾で採集された標本にもとづき，新種 *Lates japonicus* Katayama and Yamaguchi, 1984 として発表された．アカメは黒潮の影響がおよぶ南日本の種子島から静岡県浜名湖まで，各地で散発的に記録されている．2002年の高知県レッドデータブックでは準絶滅危惧種に指定された．しかし，その後浦戸湾内のコアマモ場での調査や釣り人が中心となって標識放流が頻繁におこなわれ，アカメの生息個体数は以前に考えられていたよりも多いと予想されている．2010年はもっとも暑い夏であり，例年よりも海水温が高かった．その影響であろうか，浦戸湾内に新規加入したアカメ幼魚の数も多いようであった．また，宮崎県でも同様に出現個体数が多いという情報が得られた（岩槻幸雄，私信）．近い将来には，黒潮とアカメ仔稚魚の分散の関係など，その生態的な新知見が得られるであろう．

　2010年の秋には，高知県初記録となるヒイラギ科2種が釣り人により相次いで発見された（図3.7, 8）．9月には浦戸湾内でタイワンヒイラギが，10月には土佐湾中央部に位置する物部川河口東側の吉川漁港（香南市）でホソウケグチヒイラギが，それぞれ1個体採集された．両種ともに西太平洋の熱帯域に広く分布し，最近では宮崎県や紀伊半島沿岸でも標本が採集されている．例年より

図3.6 浦戸湾内で採集されたタビラクチ.

図3.7 高知県初記録のタイワンヒイラギ（体長79 mm）.

図3.8 高知県初記録のホソウケグチヒイラギ（体長95 mm）.

図3.9 柏島のナノハナフブキハゼ（撮影：平田智法）.

図3.10 柏島のキザクラハゼ（撮影：平田智法）.

も海水温が高いことが要因であろうか．ホソウケグチヒイラギは，2008年に鹿児島県で採集された標本をもとに，日本初記録として報告された．

西南部の魚類

蒲原は1929年から高知県西南端の大月町柏島や宿毛市沖の島，足摺地方の土佐清水市沿岸において，タイドプールでの採集や釣り，金突き，漁業者による刺し網や定置網などさまざまな方法で魚類の標本を収集した．1930年には『土佐柏島附近採集魚』として151種を報告した．1960年に出版された『高知県沖ノ島及びその附近の沿岸魚類』には，それまでに西南部で採集された約600種のう

ち，高知県が分布の北限または南限となる39科148種が掲載された．その後，高知大学で蒲原の最後の教え子であった山川武（高知市）は，高知高校での教職のかたわら，高知沿岸や御畳瀬魚市場，柏島周辺での標本採集を継続した．これらは高知高校に所蔵される魚類標本コレクション（略号はKSHS）にふくめられ，登録件数は約2万6000を超えている．

　1980年代に入るとスキューバダイビングによる標本採集と水中観察が始まり，西南部沿岸の魚類相調査がさらに進められた．平田智法（愛媛県宇和島市），山川，岩田明久（京都大学大学院）らの研究グループは，1969年から1996年までに柏島周辺で記録された143科884種の魚類を報告した（平田ほか，1996）．また，この種数にふくめなかった未記載種や日本初記録種など，分類学的研究を必要とする42科103種が存在することを述べた．このリストは，漁獲物や釣りにより採集した標本，スキューバダイビングによる採集標本，水中写真や目視観察の記録にもとづくものである．柏島周辺で出現種の多い10科をみると，ベラ科88種，ハゼ科77種，スズメダイ科48種，ハタ科46種，チョウチョウウオ科37種，フサカサゴ科29種，テンジクダイ科29種，フエダイ科22種，アジ科22種，そしてニザダイ科21種の順となる．その後，ハゼ科の知見は急速に増えたので，1位と2位は逆転しているであろうが，これらは南日本の太平洋岸の各地の魚類相の上位分類群とほぼ一致する．

　平田ほか（1996）がリストにふくめなかった未記載種や初記録種のうち，その後ハゼ科を中心に新種が記載されている．たとえば，2007年3月に出版された国立科学博物館の新種記載プロジェクトの第1弾では，柏島でタイプ標本が採集されたサザレハゼ *Grallenia arenicola* Shibukawa and Iwata, 2007，キザクラハゼ *Vanderhorstia kizakura* Iwata, Shibukawa and Ohnishi, 2007，クロエリカノコハゼ *V. hiramatsui* Iwata, Shibukawa and Ohnishi, 2007，そしてナノハナフブキハゼ *V. rapa* Iwata, Shibukawa and Ohnishi, 2007 に学名と和名がつけられた（図3.9, 10）．

　足摺半島つけ根の土佐湾側に位置する土佐清水市以布利（いぶり）では，大阪海遊館の海洋生物研究所以布利センターが設置されたことを機に，1997年11月から2000年10月にかけて，大阪海遊館，高知大学と京都大学が共同で沿岸域の魚類相調査をおこなった（中坊ほか，2001）．定置網（大敷網）の漁獲物，海岸での釣りや磯採集，スキューバダイビングによる潜水調査により，以布利沿岸から136科567種が記録されている．土佐湾沿岸の西端に位置する以布利周辺には，大規

模な造礁サンゴ類の群落はなく，四万十川や下の加江川から流れ出る淡水の影響も受ける．足摺半島西側の浅海域と比較すると，魚類の種数はやや少ない．

　高木ほか（2010）は四国西南部の愛媛県愛南町沿岸の魚類相を図鑑にまとめ，河川と沿岸の潜水調査および深浦港に水揚げされた漁獲物調査により，157科849種を掲載した．その中で，愛南町，柏島（平田ほか，1996），以布利（中坊ほか，2001）および瀬戸内海の魚類相を，各海域に出現した南方系種と温帯性種，広域分布種に分類して比較した．四国西南の3地域をみると，南方系種の割合は，愛南町では65.4％（555/849種），柏島では75.9％（671/884種），そして以布利では66.3％（375/567種）であった．やはり，黒潮と距離の近い柏島での割合が，足摺半島土佐湾側の以布利や豊後水道に入った愛南町よりも10％程度高いことがわかる．また，わたしたちの研究室でおこなった高知県沿岸各地での魚類相調査により，土佐湾内では黒潮分岐流の影響が強い室戸岬東側は，土佐湾中央部に比べるとやや南方系種の割合が高い結果が得られた．また，黒潮により運ばれる南方系種の幼魚の定着には，造礁サンゴ類や人工物など3次元の構造物が必要であることがわかってきた．しかし，土佐湾沿岸の若い造礁サンゴ群落には，コバンハゼ類などの枝の間に生息するグループをほとんどみることがない．また，タツノオトシゴ類やヨウジウオ類の南方系の種数も，土佐湾沿岸ではきわめて少ない．高知県沿岸でも西南端と土佐湾沿岸では，水温などの環境条件のちがいが影響しているようで，浅海域の魚類相がややことなる．

沖の島での採集

　高知県宿毛市の沖の島は，柏島の沖合およそ6kmに位置する周囲約17kmの島で，宿毛市の片島港からは沖の島の母島港と弘瀬港，鵜来島港を巡る1日2便のフェリーが就航している（図3.1）．沖の島周辺には，ほかに姫島，三ノ瀬島，二並島やビロウ島，いくつかの小島や海面上に出る岩礁があり，この海域の地形は変化に富む．潮流の早い箇所が多い点では，柏島周辺とはことなっている．また，沖の島では磯釣りのための渡船が多く，柏島に比べて現地のダイビングサービスの数はきわめて少ない．

　柏島周辺や大月町沿岸の魚類は，平田ほか（1996）の研究や現地の数多くのダイビングサービスのスタッフ，水中カメラマンや一般のダイバーが撮影した多くの水中写真により，よく知られることとなった．水中写真のみからは判断が難しいが，未記載種や日本初記録種もつぎつぎと発見されている．大堂半島

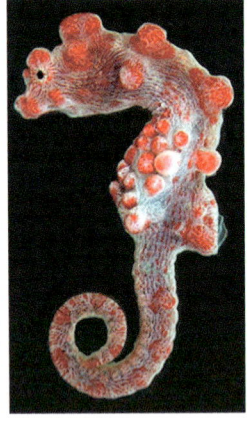

図3.11 沖の島で採集されたピグミーシーホース（全長38 mm）．

図3.12 柏島で採集された"ジャパニーズ・ピグミーシーホース"（全長22 mm）．

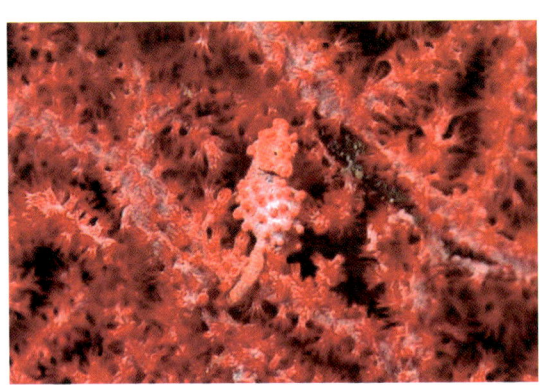

図3.13 柏島のピグミーシーホース（撮影：遠藤広光）．

図3.14 柏島の"ジャパニーズ・ピグミーシーホース"（撮影：松野和志・靖子）．

と2本の橋でつながる柏島とは対照的に，アクセスしにくい沖の島では魚類の情報，採集や調査の回数が少ない．

　わたしたちの研究室では，2001年からほぼ毎年夏に沖の島でスキューバダイビングと釣りによる魚類の採集をおこなってきた．その目的は，BSKUの標本コレクションには蒲原以降の柏島や沖の島産の魚類標本が少ないため，この海域の標本を充実させること，これまでに水中写真のみで確認された未記載種や初記録種を少しでも収集し，標本をもとに報告すること，さらに近年需要が多い分子系統解析用の標本とサンプルを集めることであった．もちろん，野外での採集は学生や院生にとってよい経験となる．しかし，潜水での採集は危険を

図3.15 沖の島で採集したホタテツノハゼ（体長51 mm）.

図3.16 柏島のホタテツノハゼ（撮影：遠藤広光）.

図3.17 ベラギンポ属の1種の雄（体長174 mm）と雌（119 mm）.

図3.18 柏島のイナズマヒカリイシモチ（撮影：遠藤広光）

ともなうし，ベテランでなければ，なかなか貴重な魚をみつけて採集することが難しい．そのため，経験豊富な研究室の卒業生や研究者，職業ダイバーなどに強力な助っ人として参加してもらった．その結果，2009年までに63科約360種を採集し，未記載種や初記録種の標本も多数得ることができた．最近柏島から得られた標本とともに現在研究中である．

　ピグミーシーホース *Hippocampus bargibanti* Whitley, 1970と通称「ジャパニ

ーズ・ピグミーシーホース」とよばれるタツノオトシゴ属の1種 *Hippocampus* sp. は，柏島や沖の島ではダイバーに人気の高いタツノオトシゴ亜科魚類である（図3.11, 12）．しかし，両種ともに標準和名はまだつけられておらず，高知県からは標本が得られていなかった．また，後者は未記載種と考えられている．全長1〜5cm程度のピグミーシーホースの仲間には現在9種が知られ，ほとんどは刺胞動物のヤギ類の枝上にすむ．1970年に新種記載されたピグミーシーホースは，ニューカレドニアで水族館が採集したヤギ類から偶然発見された．本種は水深20〜40mの海底にある赤色から黄色のうちわ状のヤギ類の枝に巻きつく．その体の丸い突起はヤギのポリプ（イソギンチャク様の個虫）が閉じた状態に見事に擬態しているため（図3.13）ちょっと視線を離すと，すぐに見失ってしまう．本種は西太平洋の熱帯から亜熱帯水域に広く分布し，日本では小笠原諸島，八丈島，高知県西南端，屋久島，奄美大島，琉球列島まで広い範囲で確認されている．高知県西南端と八丈島がほぼ同緯度で，日本では北限にあたるようである．

「ジャパニーズ・ピグミーシーホース」は，扁平な体に特徴的な編目模様をもち，ピグミーシーホースよりも小さい（図3.14）．ヤギ類につくほかのピグミーシーホースとはことなり，水深10m前後にある岩肌に付着した短い藻類の茂みの中に潜む．やはり，巧妙に擬態した姿を見破ることはきわめて難しい．日本では，小笠原諸島，伊豆諸島，伊豆半島，串本，高知県西南端で確認され，小笠原諸島と八丈島からは標本が得られていた．しかし，琉球列島や日本以外の海域にも分布するのか不明である．まもなく，標本にもとづいた研究論文で正式に学名や和名がつけられる予定である．

ホタテツノハゼ（*Tomiyamichthys* sp.）は，砂地でテッポウエビ類と共生する小型のハゼ科魚類で，焦茶色の体に網目模様が入った大きな第1背鰭をもつ（図3.15）．このホタテツノハゼもダイバーに人気が高いが，まだ学名がつけられていない．日本では伊豆大島，和歌山県，高知県，屋久島，奄美大島，沖縄諸島で水中写真が多く撮影され，インドネシアやフィリピンなど西太平洋の熱帯域に分布する．ほかの共生ハゼと同様に，本種は周囲に異変を感じるとすぐにテッポウエビ類の巣穴の中へ逃げ込んでしまう．そのため採集が困難で，これまでに標本が得られていなかった．沖の島調査では，水中ハゼ釣りのスペシャリストである大学院生が，水深30m付近で1つの巣穴から2個体を採集した（図3.16）．水中釣りとは，短い竿先に糸と極小の釣り針をつけて，ハゼの入っ

た穴に餌をつけた針を置いて，釣り上げる方法である．これらの標本は，その後すぐにこのグループの分類を専門とする研究者に提供され，現在は新種記載の論文が準備されている．

　ベラギンポ科のベラギンポ属は8種に分類され，インド・西太平洋の熱帯から亜熱帯水域を中心に分布し，沿岸の砂地に生息する小型のスズキ目魚類である（図3.17）．イカナゴ類に似て体は細長く，危険を察知すると砂へ飛び込んで隠れる習性から，英語名では Sand diver とよばれる．また，ベラギンポ類は雌から雄へ性転換をおこなうため，雌雄では体の大きさや模様，鰭の形が大きくことなる．繁殖シーズンになると，大きな雄は複数の小型の雌とともにハーレムを形成し，繁殖行動をおこなう．

　沖の島で採集をはじめた頃，日本にはベラギンポ，クロエリギンポ，リュウグウベラギンポの3種が分布し，さらに柏島と以布利では新種と思われる「ベラギンポ属の1種」の存在が知られていた（中坊ほか，2001）．2004年からわたしたちの研究室では，片山英里が日本産ベラギンポ属の分類学的再検討に着手し，沖の島でも標本採集の優先順位が高くなった．採集地点の1つである母島港北西の水深10〜15 m の砂地には，クロエリギンポを除く日本産3種が生息することがわかった．ベラギンポ類を捕まえるためには，スキューバダイビングで手に網をもち，逃げるベラギンポ類が砂へ飛び込むまで追いかけて，潜ったあたりに網をかぶせる．とにかく体力勝負の採集方法である．採集をはじめてみると，リュウグウベラギンポは逃げ足（泳ぎ）が早く，追いかけてもなかなか砂へ飛び込んでくれない．一方，ベラギンポ属の1種は比較的早く砂へ逃げ込むので捕まえやすい．同じ砂地にすむ3種でも，群れや行動がそれぞれことなっていた．

　その後ベラギンポ属の分類学的研究は，インド・太平洋域で報告されたすべての種に対象を広げて進展し，多くの新知見が得られた．たとえば，日本産のベラギンポには，これまでに *Trichonotus setiger* Bloch and Schneider, 1801の学名が使われてきたが，未記載種であることが判明した．リュウグウベラギンポは，沖縄県八重山諸島の鳩間島で採集された標本をもとに1984年に新種記載され，その後日本周辺では琉球列島以外からは知られていなかった．したがって，沖の島での標本は日本における北限記録となる．ベラギンポは千葉県以南の南日本太平洋岸に分布し，沖縄には出現しない．また，ベラギンポ属の1種は土佐湾から沖縄にかけて分布する．さらに，クロエリギンポは中国沿岸と日本海

側をふくむ南日本沿岸に分布するが，九州以南の奄美諸島や琉球列島には出現しない．リュウグウベラギンポを除き，ほかの3種は土佐湾沿岸での生息を確認した．これら4種はすべて高知県に出現するが，それぞれ南日本における分布パターンがことなる．

　南日本の魚類相と黒潮の役割に関する仮説は，Senou et al.（2006）により詳しく論議され，最新の情報は第1章で紹介されている．最近高知県ではじめて記録された浅海性魚類の分布をみると，ベラギンポ属4種の例が示すように，いくつかのパターンに分けられる．第1番目は，西太平洋の熱帯から亜熱帯水域に広く分布し，日本では琉球列島や奄美諸島から記録されており，高知での標本が北限記録となる分布パターンである．黒潮がベルトコンベヤーとしてその種の出現に関与している可能性があり，紀伊半島南部，伊豆半島や八丈島での出現も予想される．第2番目は，日本では琉球諸島や奄美諸島，八丈島や小笠原諸島から記録があり，高知での記録がその空白域を埋める分布パターンである．南日本の太平洋岸において，ほぼ同緯度に位置する高知西南端と八丈島が分布の北限となる．第3番目は，日本周辺の固有種と思われる分布パターンで，南日本の太平洋岸で散発的な記録があり，高知でもその出現が予想されていた種である．第4番目は，沖縄諸島や奄美諸島での記録がなく，台湾と南日本あるいは日本海沿岸や瀬戸内海をふくむ南日本で記録がある分布パターンである．この場合は温帯性の種で，瀬能・松浦（2007）が論じたように黒潮が琉球列島と南日本を隔てるバリヤーとして働いている可能性がある．第5番目は，東南アジアの熱帯水域に分布し，日本では高知県のみで標本が採集あるいは確認される例で，これは日本周辺での情報が不足しているためと考えられる．今後，日本のほかの海域でも記録されることが予想される．たとえば，テンジクダイ科のイナズマヒカリイシモチ *Siphamia tubulata* (Weber, 1909) はニューギニアやオーストラリア，日本では高知県の柏島のみで記録されていたが，最近になり屋久島や愛媛県南東部の愛南町沿岸でも確認された（Motomura et al., 2010；高木ほか，2010）（図3.18）．

おわりに

　海産魚類の正確な分布を知ることは難しい．また，分類学的研究が進めば，従来同一種と考えられていたものが2種以上に分けられることもよくある．さらに，近年の異常気象が要因であるのか，南方系の魚が従来の分布の北限を大

きく更新する場所で発見されることも多くなっている．いずれにせよ，これまで同様に多くの海域で魚類相調査や分類学的研究を継続して行うことが，高知県と日本周辺の魚類の分布やそれらのパターンを解明することにつながるであろう．

引用文献

遠藤広光．2005．土佐の魚と分類学．魚類標本のデータベース化とバーチャル自然史博物館の設立準備．pp. 80-89．高知大学創立50周年記念事業委員会「海洋高知の可能性を探る」高知新聞企業，高知．

平田智法・山川　武・岩田明久・真鍋三郎・平松　亘・大西信弘．1996．高知県柏島の魚類相－行動と生態に関する記述を中心として．高知大学海洋生物教育研究センター研究報告，(16): 1-177.

Jordan, D. S., S. Tanaka and J. O. Snyder. 1913. A catalogue of the fishes of Japan. J. Coll. Sci. Imp. Univ. Tokyo, 33 (art. 1): 1-497.

蒲原稔治．1958．浦戸湾内の魚類．高知大学学術研究報告，7 (13): 1-11.

蒲原稔治．1960．高知県沖ノ島及びその付近の沿岸魚類．高知大学学術研究報告，9 自然科学 I (3): 1-16.

蒲原稔治．1961．高知県の淡水魚について．高知大学学術研究報告，10 (2): 1-17.

Kamohara, T. 1964. Revised catalogue of fishes of Kochi Prefecture, Japan. Repts. Usa Mar. Biol. Sta., 11(1): 1-99.

高知県レッドデータブック［動物編］編集委員会，編．2002．高知県レッドデータブック［動物編］－高知県の絶滅のおそれのある野生動物－．高知県文化環境部環境保全課，高知．470 pp.

Motomura, H., K. Kuriiwa, E. Katayama, H. Senou, G. Ogihara, M. Meguro, M. Matsunuma, Y. Takata, T. Yoshida, M. Yamashita, S. Kimura, H. Endo, A. Murase, Y. Iwatsuki, Y. Sakurai, S. Harazaki, K. Hidaka, H. Izumi and K. Matsuura. 2010. Annotated checklist of marine and estuarine fishes of Yaku-shima Island, Kagoshima, southern Japan. pp. 65-247 *in* H. Motomura and K. Matsuura, eds. Fishes of Yaku-shima Island –A world heritage island in the Osumi Group, Kagoshima Prefecture, southern Japan. National Museum of Nature and Science, Tokyo.

中坊徹次 編．2000．日本産魚類検索 全種の同定．第二版．東海大学出版会，東京．lvi + 1751 pp.

中坊徹次・町田吉彦・山岡耕作・西田清徳 編．2001．以布利黒潮の魚 ジンベエザメからマンボウまで．大阪海遊館，大阪．300 pp.

大塚高雄・野村彩恵・杉村光俊．2010．四万十川の魚図鑑．ミナミヤンマ・クラブ，東京．164 pp.

岡村　収・尼岡邦夫（編・監修）．2001．山渓カラー名鑑 日本の海水魚（第3版）．山と渓谷社，東京．784 pp.

阪本匡祥・町田吉彦・遠藤広光．2009．第18章 浦戸湾とその流入河川河口域の魚類．pp. 415-474．高知市総合調査第1編「地域の自然」高知市総合調査受託研究成果

報告書，高知．

Senou, H., K. Matsuura and G. Shinohara. 2006. Checklist of fishes in the Sagami Sea with zoogeographical comments on shallow water fishes occurring along the coastlines under the influence of the Kuroshio Current. Mem. Natn. Sci. Mus., Tokyo, (41): 389-542.

瀬能　宏・松浦啓一．2007．相模湾の魚と黒潮―ベルトコンベヤーか障壁か―．国立科学博物館（編）．pp. 121-133. 相模湾動物誌．国立科学博物館叢書．東海大学出版会，神奈川．

Shinohara, G., H. Endo, K. Matsuura, Y. Machida and H. Honda. 2001. Annotated checklist of the deepwater fishes from Tosa Bay, Japan. pp. 283-343 *in* T. Fujita, H. Saito and M. Takeda, eds. Deep-sea fauna and pollutants in Tosa Bay, Natl. Sci. Mus. Monogr. (20).

Smith, H. M. and T. E. B. Pope. 1906. List of fishes collected in Japan in 1903, with descriptions of new genera and species. Proc. U. S. Nat. Mus., 31 (1489): 459-499.

高木基裕・平田智法・平田しおり・中田　親（編）．2010．えひめ愛南お魚図鑑．相風社出版，愛媛．250 pp.

ベルトコンベヤーと障壁

第 II 部

第4章

黒潮による分断と移送
―トウゴロウイワシ類と黒潮

木村清志・笹木大地

はじめに

　北赤道海流がフィリピンにぶつかり，北上して台湾の東から東シナ海，トカラ列島を通って南日本の太平洋岸を流れる黒潮は，日本近海ではその幅100 km，流速3～5ノットにもなり，世界でも有数の暖流である．この海流は北西太平洋の海洋・海岸生物の分布や回遊などにきわめて大きな影響を与えていることは周知のとおりである．「黒潮に乗って」という言葉は，「目には青葉」の山口素堂の句とともにおいしい魚を日本にもってきてくれるというようなイメージがあるし，また南の島のカラフルな魚たちをわれわれの足下まで運んでくれるような感じがする．事実，カツオなどの回遊魚は黒潮の流れをうまく利用しているし，黒潮が接岸する四国の足摺岬や紀伊半島の潮岬周辺には，熱帯性の海洋生物が分布している．

　一方，東アジアの陸棚と北西太平洋との境界に沿って流れる巨大な黒潮は，幅100 kmの大河のごとく，両域の生物の自由な交流を妨げることも容易に考えられる．魚類のなかには，広くインド・太平洋の熱帯域に分布する種と形態的によく類似した種が日本や韓国，中国の温帯域に異所的に分布していることがよく知られている．いわゆる東アジア固有種とよばれている魚類にもこのような種がふくまれている．たとえば，高知県の四万十川や宮崎県の大淀川で有名なアカメは，現在のところ種子島周辺から浜名湖付近に限定的に分布している（波戸岡，2000）．これにたいし，この種とよく似た形態を示す *Lates calcarifer* はアラビア海からニューギニア，北部オーストラリアまでのインド・西太平洋に広く分布することが知られている（Larson, 1999）．このような現象は，その昔，現在の西太平洋域に広く分布していた魚が，黒潮の形成にともなって生息域が分断され，自由な交配ができなくなる，いわゆる生殖隔離が成立し種分化

が起こった，というストーリーを想起させる．ここではわたしたちの研究対象であるトウゴロウイワシ科魚類が仮説「かつて広範囲に分布していたインド・西太平洋種が黒潮によって分布域を分断され，東アジア温帯域で異所的に種分化した」に合致しているのではないかという例と，そうではなく，黒潮を利用して分布域を広げたのではないかと考えられる例を紹介する．

トウゴロウイワシ科魚類の分類

　トウゴロウイワシ科 Atherinidae は体長15 cm 以下の小型魚類で，沿岸の表層や淡水域で生活している．体はほぼ円筒型からやや側扁したものまであり，背鰭は2基，胸鰭は高位にある．このような姿はちょうどボラの稚幼魚やメダカに似ている．しかし，トウゴロウイワシ科の体は大きな硬い鱗に覆われ，また英名 Silverside の由来となるほぼ側中線に沿う銀色の縦帯をもつ．本科魚類の大部分はインド・太平洋域の熱帯から温帯に分布しているが，一部は大西洋にも生息している（Nelson, 2006）．

　トウゴロウイワシ科は現在，トウゴロウイワシ亜科，クラテロケパルス亜科，アテリナ亜科，ベレラテリナ亜科の4亜科に分けられている．なお，長く本科にふくまれていたムギイワシやペヘレイは，現在ではそれぞれムギイワシ科（Atherionidae），ペヘレイ科（Atherinopsidae）に属している（Nelson, 2006；Eschmeyer and Fricke, 2010）．

　海産トウゴロウイワシ科の代表はトウゴロウイワシ亜科で，5属25種以上がふくまれる．これらの大部分はインド・太平洋に分布するが，*Alepidomus evermanni*，*Atherinomorus stipes*，*Hypoatherina harringtonensis* の3種は西大西洋に生息する．北西太平洋に分布するトウゴロウイワシ科は本亜科のみである．クラテロケパルス亜科も20数種をふくむが，主としてオーストラリアおよびニューギニアの淡水域に分布する．アテリナ亜科は12種程度をふくみ，東大西洋とオーストラリアに分布する．ベレラテリナ亜科は1属1種で構成され，ニューカレドニアの淡水域に分布する（Nelson, 2006；Aarn and Ivantsoff, 2009；Eschmeyer and Fricke, 2010）．

　トウゴロウイワシ亜科はさらにヤクシマイワシ属 *Atherinomorus*，ギンイソイワシ属 *Hypoatherina*，*Alepidomus*，*Stenatherina*，*Teramulus* の5属に分けられる（Nelson, 2006）．このうちヤクシマイワシ属は現在11種が知られ，最も種数が多く，西大西洋の1種を除いて広くインド・太平洋域に分布する．次いで

種数が多いのはギンイソイワシ属の7種で，内1種は西大西洋に分布している．*Stenatherina* は1種 *S. panatela* のみをふくみ，本種は東南アジアからニューギニア，オーストラリア北部，中部太平洋に分布する．*Alepidomus* と *Teramulus* はともに淡水域のみに分布する種で，前者は中米キューバに分布する *A. evermanni* 1種を，後者はマダガスカルに分布する2種をふくむ．

日本のトウゴロウイワシ科魚類

　前述のように，北西太平洋のトウゴロウイワシ科はすべてトウゴロウイワシ亜科にふくまれ，このうち日本周辺には海産種のヤクシマイワシ属とギンイソイワシ属が分布している．ヤクシマイワシ属は沖縄から四国にかけて分布するヤクシマイワシ *A. lacunosus* とホソオビヤクシマイワシ *A. pinguis*，および国内では沖縄地方にのみ分布するネッタイイソイワシ *A. duodecimalis* の3種が知られている．ギンイソイワシ属ではギンイソイワシ *H. tsurugae* が本州中部から，トウゴロウイワシ *H. valenciennei* が本州北部からともに九州にかけて分布し，ミナミギンイソイワシ *H. temminckii* とオキナワトウゴロウ *H. woodwardi* が沖縄地方にのみ分布している（Kimura et al., 2001, 2007；笹木・木村，2011など）．

　このようなところが，現在のトウゴロウイワシ科の分類体系，および各種の分布状態である．しかし，トウゴロウイワシ科，とくにヤクシマイワシ属やギンイソイワシ属はいまだ分類学的整理が完了しておらず，現在のシノニム関係も問題が多い．また，八重山海域でギンイソイワシ属の未同定種が発見されたり，*S. panatela* も日本近海に分布しているとの未確認情報もある．

ギンイソイワシとミナミギンイソイワシ

　さて，このあたりで話を本筋にもどそう．黒潮とトウゴロウイワシ科の関係である．

　ギンイソイワシ（図4.1A）とミナミギンイソイワシ（図4.1B）はともに細長い体形をし，よく類似した外観を示す．本属内の分類形質の1つである肛門の位置も両種ともに成魚では腹鰭の後方にあり，ちがいはまったくない．そのほか，各鰭の位置関係や体側の銀色縦帯の幅についても差異がない．両種の識別点は，縦列鱗数と脊椎骨数，および胸鰭基部にある腋鱗の形状のみである．ギンイソイワシは縦列鱗数43～46，脊椎骨数43～46，腋鱗が三角形であるのにたいし，ミナミギンイソイワシではそれぞれ，39～42，41～44，腋鱗の後端が伸

図4.1 ギンイソイワシ（A，三重県産）とミナミギンイソイワシ（B，インドネシア，スラウェシ産）.

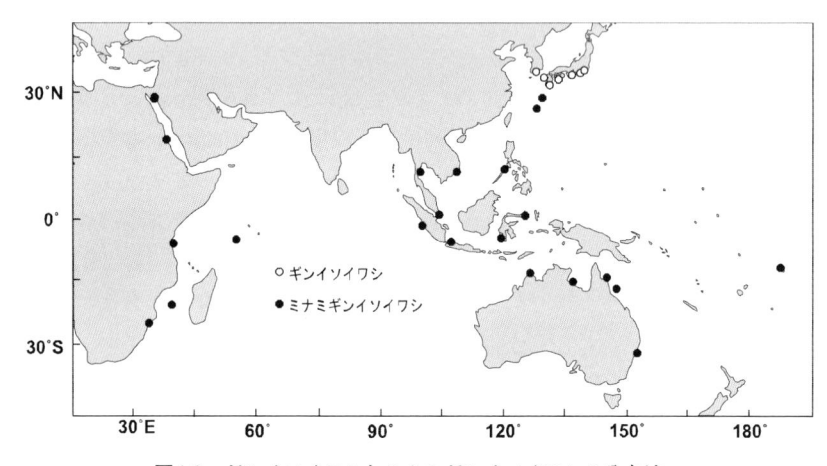

図4.2 ギンイソイワシとミナミギンイソイワシの分布域.

びることによって，両種を区別することができる（笹木・木村，2011）.

　この両種は遺伝的にも近縁であることが認められているが（木村・栗岩，未発表），両種の分布域は明瞭に分かれている（図4.2）．ミナミギンイソイワシはアフリカ東岸のタンザニアやモザンビークから紅海，インド洋上のセーシェル，東南アジアのタイ，ベトナム，フィリピン，インドネシアに広く分布し，東限はサモア周辺の中部太平洋で，日本からは西表島，沖縄島，奄美大島から記録されている（笹木・木村，2011）．一方，ギンイソイワシは東アジア温帯域の九州から本州中部の日本沿岸および韓国中部以南に限定的に分布している．

　このように，ギンイソイワシとミナミギンイソイワシは形態的によく類似し，系統的にも近縁であるが，前者は黒潮の内側にのみ分布するのにたいし，後者

はその外側からインド・西太平洋に広く分布している．このような事実から，筆者はギンイソイワシが「かつて広範囲に分布していたインド・西太平洋種が黒潮によって分布域を分断され，東アジア温帯域で異所的に種分化した」という仮説に当てはまるのではないかと考えている．

トウゴロウイワシ

つぎに同じくギンイソイワシ属のトウゴロウイワシ（図4.3）について考える．トウゴロウイワシは古くは *Atherina breekeri* あるいは *Allanetta breekeri* の学名が用いられ，日本や中国など東アジアにのみ分布する魚と考えられてきた（Jordan et al., 1930；松原，1955）．しかし，Ivantsoff and Kottelat（1988）は，東アジアのトウゴロウイワシとインドネシアやベトナムなどの東南アジア海域で採集された *Hypoatherina valenciennei* の標本を比較し，軽微な差異は地域変異であると考え，これらはすべて同一種であると結論した．

これにたいし現在われわれが進めている研究では，東アジアのトウゴロウイワシ（東アジアタイプ）は東南アジアに生息するトウゴロウイワシ（東南アジアタイプ）とは縦列鱗数（42〜45 vs. 37〜41）や脊椎骨数（43〜47 vs. 39〜43），および体側縦帯の幅などに差異がみられ，これら両タイプのトウゴロウイワシはそれぞれ別種である可能性が高いと考えている．このような形態差にもとづいて，その分布状態を図示すると図4.4のようになる．これをみると，東アジアタイプのトウゴロウイワシは，前述のギンイソイワシよりも分布域が広く，大陸沿いに中国南部まで分布し，一方，東南アジアタイプは広く西太平洋の熱帯域に分布している．ただしギンイソイワシの場合とことなり，黒潮外側の沖縄地方やフィリピンには現在のところ東南アジアタイプのトウゴロウイワシは確認されていない．また沖縄地方にはこの付近のみに分布し，トウゴロウイワシとよく類似するオキナワトウゴロウが生息しているが，現在のところオキナワトウゴロウと東南アジアタイプのトウゴロウイワシとの関係については不明である．

Kimura（2009）はアンダマン海からトウゴロウイワシを記録したが，この標本はいくつかの特徴が，東南アジアタイプおよび東アジアタイプのトウゴロウイワシとことなり，別種の可能性が高い．なお，このような特徴をもつ種はベンガル湾からも採集されている．

図4.3 トウゴロウイワシの2型．A, 東アジアタイプ（三重県産）；B, 東南アジアタイプ（タイ, ソンクラー産）.

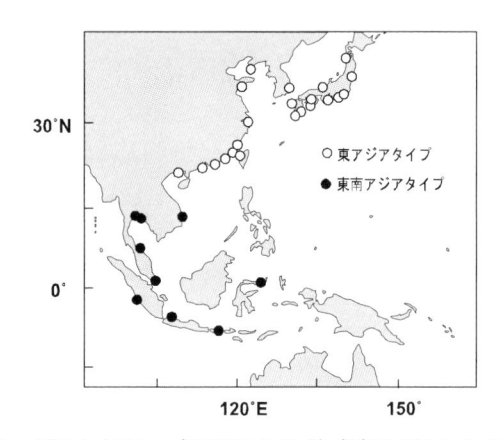

図4.4 トウゴロウイワシ, 東アジアタイプと東南アジアタイプの分布域.

ヤクシマイワシとホソオビヤクシマイワシ

　これまで述べてきたように，ギンイソイワシ属のギンイソイワシやトウゴロウイワシ東アジアタイプは，黒潮の内側のみに分布し，西太平洋の熱帯域に広く分布するそれぞれの近縁種から種分化した可能性が考えられた．それではヤクシマイワシ属ではどうだろうか．

　日本に分布するヤクシマイワシ属の3種（図4.5），ネッタイイソイワシ，ホソオビヤクシマイワシ，ヤクシマイワシの分布は図4.6のようになる．ネッタイイソイワシはスリランカから東南アジア，および沖縄に至る東インド洋から西太平洋の熱帯域，ホソオビヤクシマイワシはアフリカ東岸からインド，東南ア

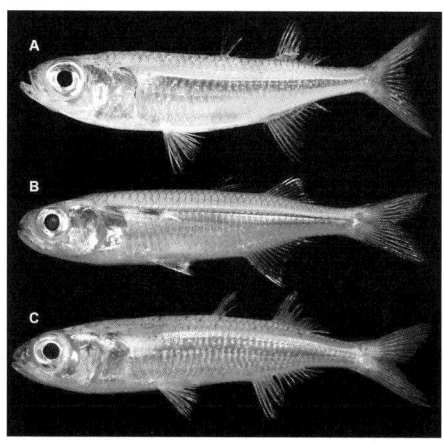

図4.5 ヤクシマイワシ属の3種．A，ネッタイイソイワシ（西表島産）；B，ホソオビヤクシマイワシ（沖縄島産）；C，ヤクシマイワシ（インドネシア，アンボン産）．

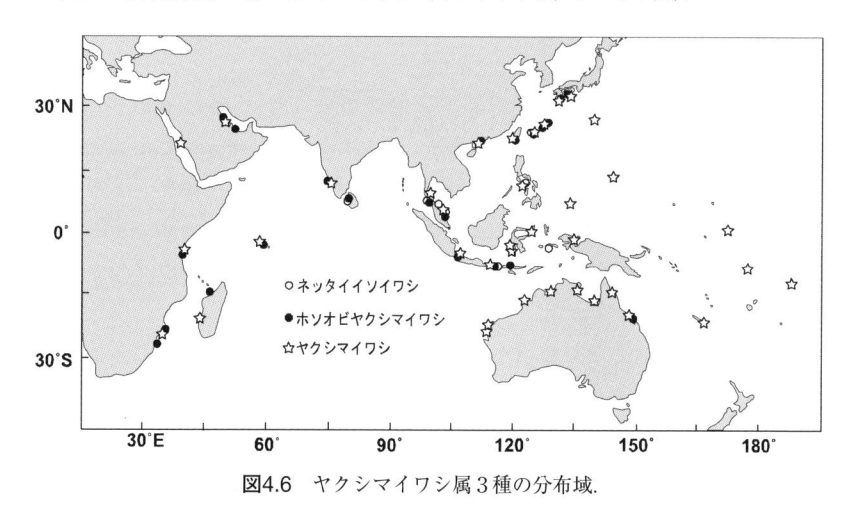

図4.6 ヤクシマイワシ属3種の分布域．

ジアを経て，九州や四国，オーストラリアのインド・西太平洋の全域，さらにヤクシマイワシでは，アフリカ東岸，紅海から，九州，四国，北オーストラリア，トンガに至るインド・太平洋に広く分布がみられる（Kimura et al., 2001, 2007）．黒潮内側の九州や四国沿岸にも分布するヤクシマイワシやホソオビヤクシマイワシは，インド洋や沖縄地方をふくむ西太平洋の熱帯域で採集されたそれぞれの種と形態的に差はみられなかった．このような分布状態から，ホソオビヤクシマイワシとヤクシマイワシについては黒潮による分布域の分断は認

められなかった．また，ヤクシマイワシ（あるいはホソオビヤクシマイワシ）の稚魚は房総半島の太平洋岸でも採集されている（小島，1988）ことから，これらの種は仔稚魚の拡散，分布拡大に黒潮を利用しているのではないかと考えられる．

おわりに

上記のように，トウゴロウイワシ科のなかでもギンイソイワシ属の2種，ギンイソイワシとトウゴロウイワシ（東アジアタイプ）は，黒潮内側海域でインド・太平洋に広く分布する種から分化した可能性があり，黒潮による生息域の分断，およびそれによる種分化の例となる可能性が考えられた．これにたいし，ヤクシマイワシ属のホソオビヤクシマイワシとヤクシマイワシでは，黒潮内側に生息するものとインド・西太平洋の熱帯域で採集されたもので形態差はなく，黒潮による分断は認められなかった．また，これらの魚類は黒潮を利用して分布域を拡大したように思われた．

トウゴロウイワシ科魚類の卵は卵膜に纏絡糸をもち（Takita and Nakamura, 1986；田北，1988；Tsukamoto and Kimura, 1993；Takemura et al., 2004），海藻などの基質に絡んで孵化する．孵化仔魚は比較的大きく，通常全長5 mmあるいはそれ以上である（Takita and Nakamura, 1986；Tsukamoto and Kimura, 1993；Takemura et al., 2004）．このようなことから，トウゴロウイワシ科魚類は，分離浮遊卵を産出し孵化仔魚の体長も小さい魚類に比較して，海流による卵および仔魚の受動的な分散は小規模であると予想される．このことは，トウゴロウイワシ科では生息域の分断によって比較的容易に種分化が起こる1つの要因になっているのではないかと思われる．しかし，これとはまったく逆に，前述のヤクシマイワシ属の2種のように，インド・西太平洋の広い範囲に分布している種も存在する．このような魚種では，その分布拡大に海流を利用していることが予想されるが，具体的にどのように利用しているかはいまだあきらかではない．

トウゴロウイワシ科のように，科内あるいは属内でインド・太平洋の広大な海域に分布する種と東アジア海域のように限定的に分布する種が混在していることがしばしばみられる．このような現象が起こる要因として，その種の初期生活史と海流との関係が大きくかかわっているのではないかと考えられる．

引用文献

Aarn and W. Ivantsoff. 2009. Description of a new subfamily, genus and species of a freshwater atherinid, *Bleheratherina pierucciae* (Pisces: Atherinidae) from New Caledonia. Aqua, 15 (1): 1-24.

Eschmeyer, W. N. and R. Fricke (eds.). 2010. Catalog of fishes, electronic version (updated 25 Oct. 2010). California Academy of Sciences: http://research.calacademy.org/ichthyology/catalog/fishcatsearch.html（参照2010-11-20）.

波戸岡清峰．2000．アカメ科 Latidae．中坊徹次（編），pp. 679, 1537-1538. 日本産魚類検索　全種の同定．東海大学出版会，東京．

Kimura, S. 2009. Atherinidae. Silversides. pp. 46-47 *in* S. Kimura, U. Satapoomin and K. Matsuura, eds. Fishes of Andaman Sea, west coast of southern Thailand. National Museum of Nature and Science, Tokyo.

Kimura, S., D. Golani, M. Tabuchi, and T. Yoshino. 2007. Redescriptions of the Indo-Pacific atherinid fishes *Atherinomorus forskalii*, *Atherinomorus lacunosus*, and *Atherinomorus pinguis*. Ichthyol. Res., 54 (2): 160-167.

Kimura, S., Y. Iwatsuki, and T. Yoshino. 2001. Redescriptions of the Indo-West Pacific atherinid fishes, *Atherinomorus endrachtensis* (Quoy and Gaimard, 1825) and *A. duodecimalis* (Valenciennes in Cuvier and Valenciennes, 1835). Ichthyol. Res., 48 (2): 167-177.

小島純一．1988．ヤクシマイワシ．沖山宗雄（編），pp. 386-387．日本産稚魚図鑑．東海大学出版会，東京．

Larson, H. K. 1999. Centropomidae. Sea perches. pp. 2429-2430 *in* K. E. Carpenter and V. H. Niem, eds. FAO species identification guide for fishery purposes. The living marine resources of the western central Pacific, vol 4. FAO, Rome.

Nelson, J S. 2006. Fishes of the world. Fourth edition. John Wiley & Sons, Hoboken. xix + 601 pp.

笹木大地・木村清志．2011．沖縄県と鹿児島県で採集された日本初記録のトウゴロウイワシ科魚類ミナミギンイソイワシ（新称）*Hypoatherina temminckii*．魚類学雑誌，58(1): 87-91.

田北　徹．1988．トウゴロウイワシ科．Atherinidae．沖山宗雄（編），p. 383．日本産稚魚図鑑．東海大学出版会，東京．

Takemura, I., T. Sado, Y. Maekawa, and S. Kimura. 2004. Descriptive morphology of the reared eggs, larvae, and juveniles of the marine atherinid fish, *Atherinomorus duodecimalis*. Ichthyol. Res., 51: 159-164.

Takita, T. and K. Nakamura. 1986. Embryonic development and prelarva of the atherinid fish, *Hypoatherina bleekeri*. Japan. J. Ichthol., 33: 57-61.

Tsukamoto, Y. and S. Kimura. 1993. Development of laboratory-reared eggs, larvae and juveniles of the atherinid fish, *Hypoatherina tsurugae*, and comparison with related species. Japan. J. Ichthol., 40: 261-267.

第5章

アカハタにおける進化の歴史的変遷

栗岩 薫

はじめに

　黒潮は日本の浅海性魚類相の形成に大きく影響をおよぼしていると考えられている．黒潮が魚類相形成に果たす2つの役割，個体の分散を担うベルトコンベヤーおよび分散を阻むバリアー，を実証するには，生物の時空間分布にたいし統合的なアプローチをおこなう生物地理学的研究が必要である．生物地理学は，ことなる地域の生物相がどのくらいことなっているのか，なぜことなっているのか，そしてどのようにことなってきたのかをあきらかにする学問であり（Helfman et al., 2009），今日では，理論，手法，研究例のすべてにおいて爆発的に発展している（渡辺ほか，2006）．

　一方，魚類を用いた生物地理に目を向けてみると，そのほとんどが淡水魚についてのものであり，海産魚，とくに磯で普通にみられるいわゆる"磯魚"を用いた生物地理学的研究は驚くほど少ない．その理由は，「海はつながっているから」の一言に尽きる．つまり，生息域を分断し，遺伝子流動（gene flow）を妨げる物理的障壁が海域では存在しにくいため明確な集団構造が形成されにくく（Palumbi, 1994 ; Avise, 2000），種あるいは集団のたどってきた歴史的変遷を証明することが難しいからであろう．それにたいし淡水域では，山脈や水系などによって生息域が分断されるなど，集団構造が形成されやすいと思われる．

　黒潮流域の浅海性魚類を対象に，わたしたち"黒潮プロジェクト"がおこなった一連の生物地理学的研究は，以下の3つのアプローチからなる．1つ目は，単一地域における魚種リストの作成や出現する魚類の定性的比較，2つ目は，それらを元にした黒潮流域全体における各地域の魚類相の定量的な比較解析，3つ目は，個々の種について系統関係にもとづく各地域集団間の形態学的な比較解析や集団遺伝学的解析である．本章では，これらのうち3番目のアプローチによりおこなった，ハタ科アカハタを用いた系統地理学的・集団遺伝学的研

究を紹介する．

　なお，小笠原と琉球列島に関する名称についてはやや紛らわしいため，本章における表記をさきにはっきりさせておきたい．前者については，聟島列島，父島列島，母島列島の3つの島嶼群を小笠原「群島」とよび，火山列島，西之島，沖ノ鳥島，南鳥島をふくめて小笠原「諸島」とよぶ．本研究では父島列島と母島列島で採集した個体のみを用いているため，単に「小笠原」と記述したものは小笠原群島を意味する．後者については，大東諸島と尖閣諸島を除いた大隅諸島以南の島嶼群を琉球列島として扱う．

アカハタの系統地理

(1) アカハタについて

　熱帯・亜熱帯から温帯域に広く分布するハタ科の1種アカハタ *Epinephelus fasciatus* は，紅海，インド洋，太平洋の沿岸浅海域において同科でもっとも普通にみられる種である．日本では琉球列島から九州東シナ海側沿岸，本州中部までの太平洋沿岸，伊豆諸島および小笠原諸島に生息し，本種における分布の北限にあたる（Randall and Heemstra, 1991）．ハタ科魚類は水産上きわめて重要な魚種であり，地場漁業としては全魚類のなかでもっとも高値で取引されており（Heemstra and Randall, 1993），日本においても例外ではない．小笠原ではアカハタの種苗生産がおこなわれており，繁殖や発生に関する知見が数多く報告されている（川辺ほか，1997, 2000；川辺，2005；Kawabe and Kohno, 2009）．それらによると，アカハタはハタ科の同属他種と同様に雌性先熟で，分離浮性卵を産む．およそ2カ月の浮遊期を経て全長5 cm程度で着底し，孵化後約1年で全長12〜13 cm，約2年で全長20 cm程度に成長する．孵化後約1年をすぎた時点で成熟して繁殖に参加する個体もあるが，ほとんどの個体は2年をすぎたころからである．その後，約半数が雄に性転換すると考えられている．

　黒潮と日本の魚類相の関係をあきらかにする魚種として，わたしたちがアカハタを選んだ理由の1つに，最大体長および色彩に個体変異のみならず地域変異らしきものがみられることがある．最大体長については，熱帯サンゴ礁域に生息する個体はあまり大きくならず，せいぜい全長30 cm程度までであるのにたいし，温帯岩礁域では大型化してときに全長45 cmを超える．わたしがみたなかでは最大で全長50 cmに達する個体もいた．同様に，色彩についても熱帯域と温帯域でちがいがみられ，前者ではオレンジ色の個体（図5.1b, e, h）や白

図5.1 日本産アカハタにみられるおもな色彩多型．NSMT-Pは国立科学博物館，KAUM-Iは鹿児島大学総合研究博物館に登録されている標本番号を表す．
(a) 神津島，NSMT-P 96600，29.5 cm SL，(b) 下甑島，NSMT-P 95762，31.4 cm SL，(c) 小笠原・西島，NSMT-P 95263，24.6 cm SL，(d) 福江島，NSMT-P 91761，29.0 cm SL，(e) 種子島，KAUM-I 9069，33.5 cm SL，(f) 石垣島，NSMT-P 93854，15.8 cm SL，(g) 小宝島，NSMT-P 91974，18.1 cm SL，(h) 小笠原・父島，NSMT-P 93541，26.0 cm SL，(i) 小笠原・弟島，NSMT-P 95268，23.2 cm SL．

色が目立つ個体（図5.1c, f, i）が，後者では鮮やかな赤い個体（図5.1a, d, g）が多くみられる．ただしこれらの変異は連続的なものであり，中間的な色彩の個体も数多く存在する．こういった変異は環境に応じた可塑的な多型であるのか，それとも何らかの遺伝的基盤をもつのかは，これまで一切あきらかになっていない．一方，約2カ月という長い浮遊期をもつアカハタでは，黒潮の影響を大きく受けて分散距離が長くなり，その結果として集団構造が形成されにくいことも予想される．

　前節で述べたとおり浅海性魚類の集団構造をあきらかにした研究例は少なく，アカハタの研究はまさに手探り状態で始まった．はたしてアカハタに何らかの集団構造がみられるのか？　かりにみられた場合，そこに黒潮との関係性をみいだすことができるのか？　最大体長や色彩にみられる変異との関連はあるのか？　これらの疑問にたいし，わたしたちは当初，単純に熱帯・亜熱帯域と温帯域の個体群あるいは集団の間で最大体長や色彩の変異に相当するような低度の遺伝的分化がある，もしくは逆に黒潮の影響で集団構造はみられない，というごく単純なシナリオを予想していた．しかし，この研究は解析を進めるにつれ予想だにしていなかった展開をみせ，周辺島嶼をふくむ日本列島の成立や黒

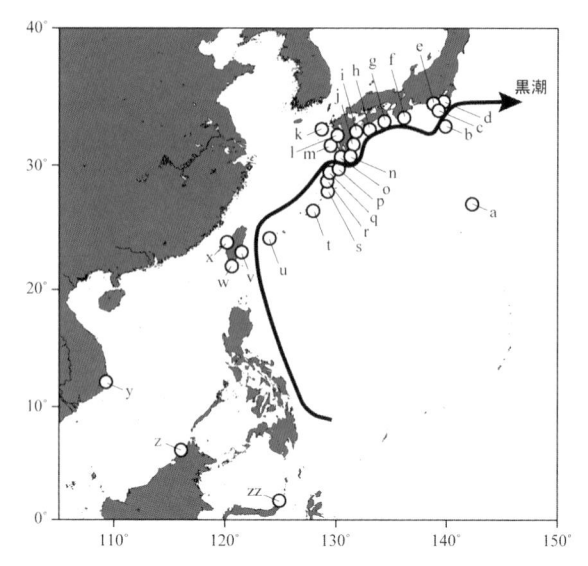

図5.2 アカハタの採集地．括弧内の数字は採集個体数を表す．
a：小笠原（60），b：八丈島（2），c：神津島（32），d：伊豆大島（31），e：伊豆半島（15），f：三重（3），g：徳島（2），h：高知（2），i：宮崎北部（18），j：宮崎南部（22），k：福江島（20），l：鹿児島（1），m：下甑島（9），n：種子島（19），o：屋久島（22），p：口之島（10），q：臥蛇島（20），r：小宝島（16），s：奄美大島（10），t：沖縄島（25），u：八重山諸島（30），v：台湾東部（25），w：台湾南部（20），x：台湾西部（12），y：ベトナム（35），z：マレーシア（26），zz：インドネシア（23）．

潮の流路の変化とあいまって，アカハタにおける複雑な進化の歴史的変遷を白日の下に晒すこととなる．

(2) アカハタの系統地理におけるミトコンドリア DNA の有用性

日本沿岸の魚類相や種の集団構造の特徴をあきらかにする上で，西部太平洋域諸国との比較も重要である．そのため，日本全国21地点から採集した日本産アカハタ369個体に加え，台湾・ベトナム・マレーシア・インドネシアでも採集をおこない，合計510個体を解析に用いた（図5.2）．Craig and Hastings（2007）を参照して外群の選抜をおこない，アカハタと同じ *Epinephelus* 属13種を外群に用いた（図5.3a）．分子マーカーにはミトコンドリア DNA のシトクロム *b*（cytochrome *b*）遺伝子（1053塩基対）および調節領域（866塩基対）の配列を用いた．ミトコンドリア DNA は進化速度が核遺伝子より数倍から十数倍速く，母系遺伝するために組み換えや交雑の影響を受けないため，魚類のみならず多

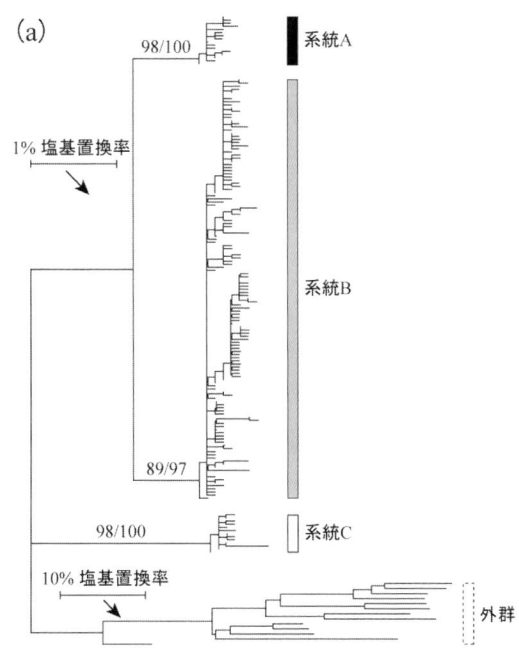

図5.3 アカハタの種内系統とその分布.

(a) ミトコンドリア DNA シトクロム b 遺伝子の部分塩基配列（1,053塩基対）にもとづき，最尤法（AIC にもとづく TrN+I+Γ モデル）によって推定した全164ハプロタイプ間の類縁関係．ベイズ法（BIC にもとづく HKY+I+Γ モデル）によって求められた樹形ともほぼ一致した．各分岐枝上の数値は最尤法におけるブートストラップ確率（50％以上）とベイズ法における事後確率（95％以上）を表す（外群では省略）．スケールバーはアカハタと外群で長さは同じだが縮尺率がことなり，前者は1％，後者は10％塩基置換率．外群は，系統樹上の位置で上からシラヌイハタ，キビレハタ，シモフリハタ，ヒレグロハタ，キジハタ，アオハタ，シロブチハタ，ツチホゼリ，スミツキハタ，ヒトミハタ，イシガキハタ，カンモンハタ，アカハタモドキ．

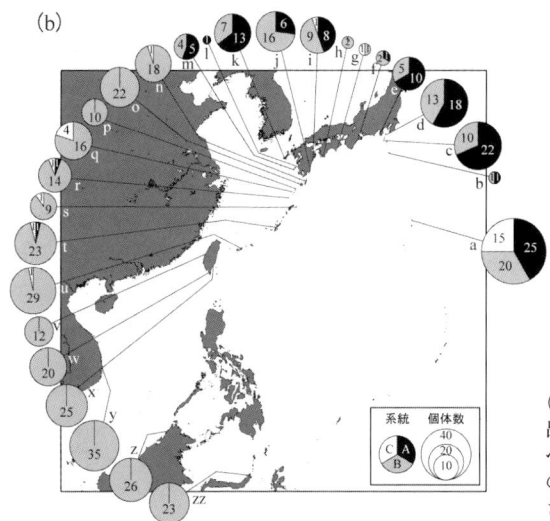

(b) 種内系統の各地域における検出個体数．採集地を表すアルファベットは図5.2に対応する．円内の数値は個体数を表し，円の大きさは個体数に比例する．

第5章　アカハタにおける進化の歴史的変遷 ● 79

くの生物種における系統解析や集団解析に利用されている．わたしたちは，タンパク質コード領域であるシトクロム b 遺伝子配列を系統解析およびネットワーク解析に，最も変異性の高い調節領域配列を集団解析にそれぞれ用いた．異所間での分散個体の雌雄比に差がある場合，つまり性による定住性のちがいが認められる場合には，ミトコンドリア DNA から推定される集団間の分化の扱いには注意が必要である（Frankham et al., 2002）．たとえばヒグマなどでみられるような，雌は生まれた場所にとどまり雄のみが分散するといった場合には，母系遺伝するミトコンドリア DNA から推定される集団間の分化は過大に見積もられる．しかしアカハタは雌性先熟の性転換をおこない，成熟初期はすべての個体が雌として，そのあとに約半数が雄として繁殖に参加する．分散のほとんどは浮遊期によるものであろうから，アカハタにおいてミトコンドリア DNA から推定される集団間の分化は定住性の性差による影響を受けない．

(3) 種内系統と遺伝的多様性

わたしたちの研究でまずあきらかになったのは，アカハタ種内に遺伝的に大きく分化したミトコンドリア DNA の３系統（A, B, C）が存在することである（図5.3a）．物理的障壁の存在しにくい黒潮流域に生息し，かつ浮遊期の比較的長い本種において，このような明確に分化した複数の系統が存在することは驚きであった．そこでまず，これら３系統の遺伝的多様性をあきらかにしていこう．

アカハタ510個体のシトクロム b 遺伝子配列を解析して得られた３つの種内系統の内訳は，系統 A が112個体16ハプロタイプ，系統 B が372個体135ハプロタイプ，系統 C が26個体13ハプロタイプである．系統 B の個体数の多さと，系統 C の個体数の少なさおよび固有ハプロタイプ検出率の高さが目立つ．系統 A-B 間のシトクロム b 遺伝子における未補正の塩基置換率（p-distance）は平均1.9％，A-C 間および B-C 間はともに平均3.8％であった．外群13種間における塩基置換率は平均14.1％，最小で6.0％，最大で16.5％であった．系統 C とほかの２つの系統間の3.8％という値は，種内変異としてはかなり大きいといえる．これは，系統 C は A および B とはかなり古くに分岐したことを示唆している．

調節領域配列から遺伝的多様性の指標であるハプロタイプ多様度と塩基多様度を算出してみると，３系統ともハプロタイプ多様度が非常に高く（$h=0.91$〜0.98），一方で塩基多様度が非常に低かった（$\pi=0.006$）．これは，３系統がそ

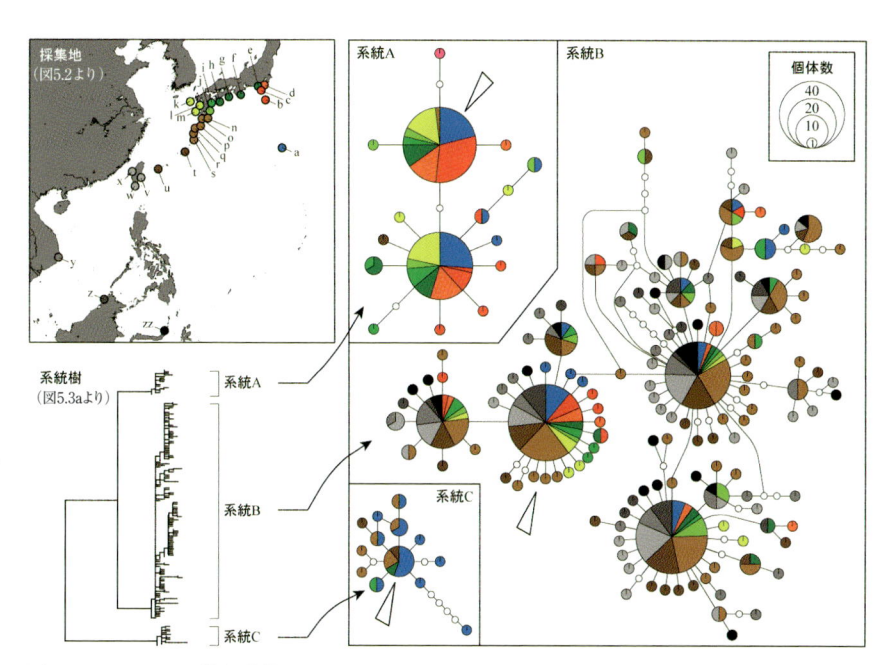

図5.4 アカハタの種内系統におけるハプロタイプネットワーク．シトクロム b 遺伝子の部分塩基配列を用いて推定した．ネットワークにおける円の色は採集地の円の色に対応し，白い円は仮想ハプロタイプを表す．円の大きさは個体数に比例する．三角形の矢印は推定された祖先ハプロタイプを表す．

れぞれボトルネック効果を経たあとに急速な集団の拡大を経験したことを示唆している．同様に，SSD（Sum of Squared Deviation）および Raggedness 指数によるデモグラフィック解析，さらに Tajima's D および Fu's Fs 値を用いた中立性の検定結果からも，急速な集団拡大が示唆された．

(4) 種内系統の構成要素

つづいて，アカハタ種内にみられた3系統がどのような個体によって構成されているのかをみてみよう．3つの種内系統ごとに，シトクロム b 遺伝子ハプロタイプを用いた統計学的最節約ネットワーク図（statistical parsimony network）（図5.4）と，調節領域配列を用いたミスマッチ分布（mismatch distribution: 2個体間の配列差異の頻度分布）図を作成した（図5.5）．わかりやすく説明するため，まず系統Bからみていく．系統Bは3系統でもっとも個体数の多い372個体135ハプロタイプから構成され，すべての採集地から検出された（図5.3b）．ネット

第5章　アカハタにおける進化の歴史的変遷　●　81

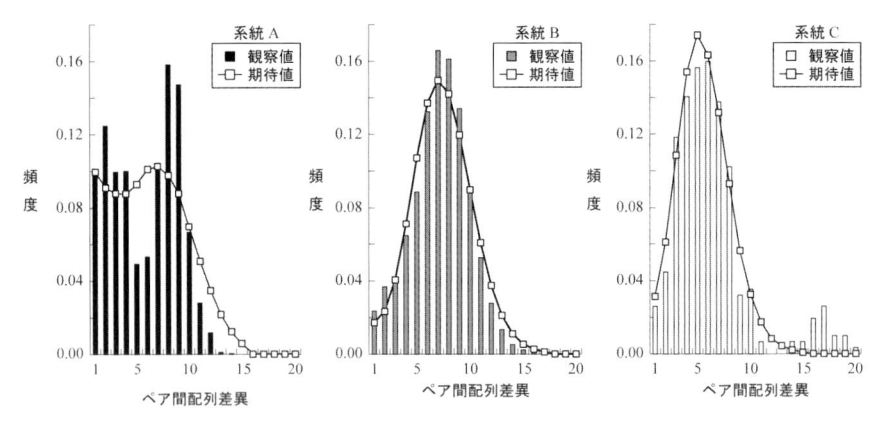

図5.5 アカハタの種内系統におけるミスマッチ分布図．調節領域の全長配列（866塩基対）を用いて推定した．

ワーク図（図5.4）をみると，主要ハプロタイプは祖先ハプロタイプをふくめて4つで，それぞれにほぼすべての地域から検出された個体がふくまれている．4つの主要ハプロタイプは数塩基置換で結ばれ，それぞれから数塩基置換でほかのハプロタイプが出現する．これらは，集団拡大前にすでにすべての主要ハプロタイプが存在し，集団拡大後も分布域全体で遺伝子流動があることを示唆している．ミスマッチ分布は急速な集団拡大を支持する単峰型を示した（図5.5）．

系統Aは112個体16ハプロタイプから構成され，沖縄島と小宝島から検出された2個体を例外とすれば，すべて九州以北〜小笠原から検出された（図5.3b）．主要ハプロタイプは2つで，系統Bと同様，集団拡大前に主要ハプロタイプが出そろい，集団拡大後も分布域全体で遺伝子流動があることが示唆された（図5.4）．一方，ミスマッチ分布は二峰型を示し，二度の集団形成を経験した可能性が示された（図5.5）．ただし，ミスマッチ分布上の2つのピークは連続的であり，これには2つの解釈が考えられる．1つは，二度に分けて形成された集団の二次的接触が起こったというものである．もう1つは，分布域内全体の網羅的サンプリングが不十分で（とくに宮崎県と伊豆半島間の太平洋沿岸），存在するはずのハプロタイプが検出されていないだけであり，一度の集団形成がサンプリングギャップによってみかけ上の二峰型となっているだけ，というものである．どちらの解釈が正しいのか，現時点では，分布域全体の遺伝子流動が示唆されていることから前者である可能性が高いと考えているが，新たなサン

プリングと解析結果を待ってから判断しても遅くはないだろう．

　系統Cは26個体13ハプロタイプと3系統でもっとも個体数が少ないが，固有ハプロタイプの割合はもっとも多い．少数個体が琉球列島と九州および本州太平洋岸から検出されているが，ほとんどは小笠原から検出されている（図5.3b）．祖先ハプロタイプにはほぼすべての地域から検出された個体がふくまれ，数塩基置換でほかのハプロタイプが出現する（図5.4）．1個体のみ，祖先ハプロタイプから6塩基で置換しており，ネットワーク内でやや孤立した印象を与えている．この個体は，調節領域ではさらに多くの箇所で塩基置換を起こしており，そのためミスマッチ分布は二峰型を示した（図5.5）．この1個体を除くとネットワークは星状になり，ミスマッチ分布も典型的な単峰型となる．この1個体の解釈については次項にて後述する．

　今度は3系統の分岐年代，集団拡大の時期や集団サイズなどについてみていこう．一般的な硬骨魚類の，調節領域配列を用いたペアワイズの進化距離にもとづく分子時計として報告されている10%/MY（Bowen et al., 2006）をあてはめると，系統AおよびBの分岐が約19万年前，系統AおよびBの共通祖先と系統Cの分岐が約38万年前の中期更新世であった．つづいて，調節配列から算出されたTau値を基に同様の分子時計をあてはめると，3系統は4.8〜8.9万年前の後期更新世に集団拡大が起こったと推定された．拡大前と拡大後の集団サイズを表すΘ値からは，現在もっとも集団サイズが大きいのは系統Bであることが推察された．これは系統Bの個体がすべての採集地から検出されたこと（図5.3b）と合致する．

(5) 種内系統の正体

　以上から3系統の正体をまとめると，まず系統Aは中期更新世に九州以北の高緯度地域，つまり日本周辺海域で分化した系統と推察される．中期更新世は琉球列島が陸橋となって日本列島と大陸がつながっていた時期であり（小西・吉川，1999；河村，1998），当然，黒潮は琉球列島の南方沖を流れていただろう．その先が日本列島の太平洋岸に沿って北上していたかどうかは諸説あるが，最終氷期に黒潮が琉球列島の南方沖からそのまま東進していたとする報告がある（Ujiie and Ujiie, 1999；Ujiie et al., 2003）．もし中期更新世の黒潮の流路もこのとおりであれば，系統Aは黒潮本流から北（つまり日本列島の太平洋岸）へ外れた個体が集団を形成し，そこで分化した系統と考えることができる．ミスマッ

チ分布からは後期更新世にかけて集団形成・拡大を二度経験した可能性が示唆された（図5.5）が，これは琉球列島の陸橋化と島嶼化の繰り返しにともなう黒潮の流路の変化によるものかもしれない（ただし，前述したとおりサンプリングギャップを埋めるまで判断は待たねばならない）．

　系統Bは，西部太平洋域に広く分布する系統であると推察される．各地域における3系統の出現数から，系統Bのもともとの分布の北限は琉球列島までであったと考えられるが，現在では本州中部の太平洋岸まで分布を広げていることがわかる（図5.3b）．また，日本周辺海域で系統AおよびBの両方がみられることに関して，もともと両系統が分布していたところに，たとえば低温耐性が選択圧となって高緯度地域では系統AがBを駆逐し，低緯度地域では逆に系統Bが優占しているといった可能性も考えられなくはない．しかし，九州の東シナ海側（福江島・下甑島）と太平洋側（宮崎県）や，同じ宮崎県でも北部と南部を比較してみると，ともに黒潮の影響がより強い地域で系統Bの割合が大きくなることや，系統Bが優占する沖縄島とほぼ同緯度にありながら，黒潮本流から離れた位置にある小笠原では両系統が同程度みられること（図5.3b）などから，やはり南方に分布する系統Bの個体が黒潮によって日本周辺海域に分散してきたと考えるのが妥当であろう．

　系統Cはほとんどの個体が小笠原から検出された（図5.3b）．また，3系統のうち検出個体数がもっとも少ないにもかかわらず，拡大後の集団サイズを推定するΘ_1値は非常に大きかった（系統A＝9.513, B＝51.133, C＝45.156）．これは系統Cの分布の中心が今回の採集地以外の地域にある可能性を示している．ハプロタイプネットワークでやや孤立した印象を与える1個体が検出された（図5.4）のも，今回の採集地が分布域の中心から外れたところにあるため，存在するはずのハプロタイプを十分に検出しきれていないからではないだろうか．ここでまた新たな疑問が浮かび上がる．系統Cの分布の中心はどこなのだろうか？　現時点ではまったくの推察であるが，小笠原諸島の南にあるマリアナ諸島以南の海域ではないかと考えている．マリアナ諸島は小笠原諸島とともにフィリピン海プレートの東端，太平洋プレートとの境界に位置し，両諸島間での魚類の分散・移住を示唆する研究もある（Springer, 1982）．系統Cの正体をより詳細に知るためには，同じフィリピン海プレート上に位置するマリアナ諸島だけでなく，隣接する太平洋プレート上に位置するミクロネシア連邦およびマーシャル諸島など，小笠原諸島を中心とした太平洋広域の集団を用いた解析

図5.6　小笠原で生産されているアカハタの種苗個体．NSMT-P 103027，27.4 cm SL．

が必要である．

(6) 種内系統の"いま"

　アカハタの種内3系統がそれぞれどのような歴史的変遷を経てきたかはおよそあきらかになった．しかし，日本周辺海域，とくに九州以北から小笠原にかけての海域では，2つあるいは3つの系統が同所的に検出されており，アカハタの種内3系統が現在どのような関係にあるのかについてもあきらかにする必要がある．また，第1項「アカハタについて」で述べたとおり，わたしたちがアカハタを研究材料で選んだ理由の1つにあげた色彩や最大体長にみられる変異，これらと種内系統の関係はどうなっているのだろうか？

　結論からいうと，3系統は色彩や最大体長などの形態的特徴によって区別することはできない．図5.1は日本産のアカハタにみられるおもな色彩多型を紹介したものであるが，左の縦列（図5.1a〜c）はすべて系統A，真中の縦列（図5.1d〜f）はすべて系統B，右の縦列（図5.1g〜i）は系統Cの個体である．縦列でみれば3系統それぞれにすべての色彩パターンの個体がふくまれること，横列でみれば各色彩に3系統すべてがふくまれることがわかる．一方で，地域ごとにある程度の色彩パターンは決まっているようで，第1項で指摘したとおりに熱帯サンゴ礁域のものはオレンジや白っぽい個体が多く，温帯岩礁域のものは赤が鮮やかなものが多い．おそらく，色彩はミトコンドリアDNAに刻まれた種内系統とは関係なく，生息する環境要因に依存して熱帯域から温帯域にかけて地理的クラインを形成しているのだと思われる．小笠原で生産されている種苗個体（図5.6）は，この推察にたいして明確なヒントを与えてくれる．このサイズになると全体的に少し赤みが出てくるが，もう少し小さいサイズでは全身まさに茶色で，まるでクエ *Epinephelus bruneus* の幼魚のようである．この種苗個

体を野外に放流すると，1年も経つ頃には全身が赤あるいはオレンジなどになり，色彩による野生個体との区別はできなくなるという（小笠原水産センター川辺勝俊氏からの私信）．これは，色彩には採取する餌の影響が非常に大きいことを意味している．ただし，1つの地点，それこそ1つの岩の周りからオレンジと白などことなる色彩の個体が同時に採集されており，この場合は餌をふくめた環境要因はほぼ同じはずである．にもかかわらず，同一地域でことなる色彩パターンがみられるということは，色彩多型が，環境要因とは別の，あるいは相互作用しあう何らかの遺伝的基盤をもつ可能性を示している．色彩多型を形成する分子機構は未解明であり，今後の研究における大きな課題である．

　最大体長も色彩多型と同様，ミトコンドリアDNA系統とは関係なく，生息する環境要因に大きく依存していると思われる．この場合の環境要因は水温であり，それにともなう繁殖期の長さと回数が関係していることが示唆されている．熱帯域の小笠原では年間を通して水温が18〜19℃を下回ることはなく，アカハタは5月をピークに数カ月間，複数回の産卵をおこなう．それにたいし温帯域の九州および本州沿岸では，冬季の水温は場所によっては12〜13℃まで下がり，夏におこなわれる産卵の期間も大幅に短い（川辺ほか，1997, 2000）．また，海産硬骨魚類一般に卵径と産卵水温の間には負の相関関係があり，アカハタでは卵径だけではなく摂餌開始時における仔魚の全長も，産卵水温が高い場合のほうが有意に小さいことがわかっている（川辺ほか，2000；川辺，2005）．温帯域に生息する個体は繁殖の期間と回数が少なく，熱帯域の個体が繁殖に用いる分のエネルギーを成長に用いることができるため，その結果として最大体長が大きくなるのではないだろうか．一方，温帯域では水温の下がる冬季に摂餌や成長が停滞するのにたいし，熱帯域では年間を通してそれらはみられず，また稚魚期の摂餌率は高水温の環境のほうが高いことが報告されている（川辺ほか，1997）．しかし，たとえ冬季に成長が停滞するとしても，繁殖期が短く回数も少ないほうがトータルでみたときの成長率は高いのではないだろうか．

　核DNAの18Sおよび5.8S rRNA遺伝子間にある内部転写領域（ITS region: Internal Transcribed Spacer region）を用いたわたしたちの予備的解析では，ミトコンドリアDNAの3系統はそれぞれ独立のクレードを形成することはなく，同様に色彩によるクレード形成もなかった．また，小笠原で生産されている種苗個体から2004年〜2007年までの各年生まれのものをランダムに8個体ずつ，合計32個体を用いてその種内系統を確認してみたところ，系統A：B：C＝13：

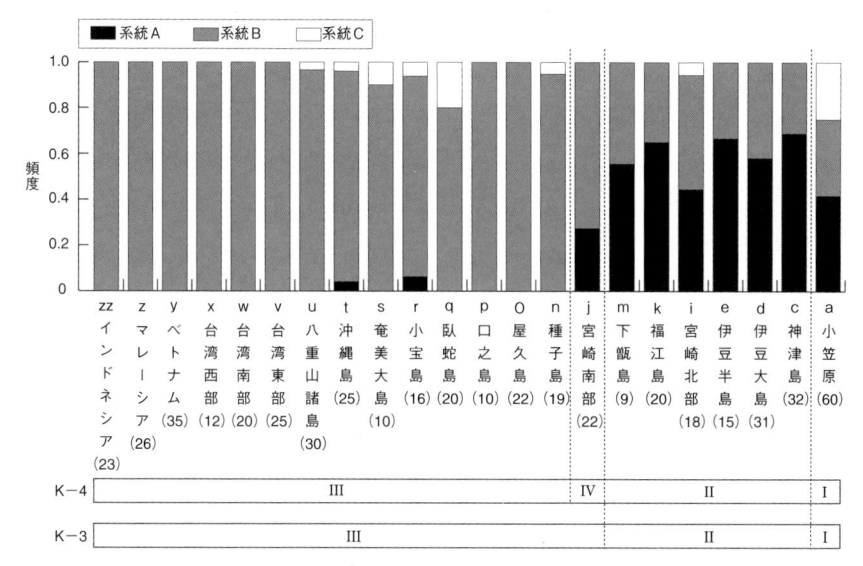

図5.7 アカハタの遺伝的集団構造.各集団における種内系統の出現頻度と,SAMOVA 解析による集団のグルーピング（K=3, $\Phi_{ct}=0.3410$, $\Phi_{sc}=0.028$, $\Phi_{st}=0.359$; K=4, $\Phi_{CT}=0.3408$, $\Phi_{SC}=-0.015$, $\Phi_{ST}=0.331$）.採集地を表すアルファベットと括弧内の個体数は図5.2を参照のこと.

18：1となった（これら種苗個体は一連の解析にはふくめていない）.アカハタの種苗生産は,1つの大型水槽の中に大量の親魚が経年飼育され,その中で産卵したものを拾い上げておこなわれる.これらから,3系統には遺伝的不和合性はなく,現在では互いに区別することなく交雑し合っていることが推察される.

アカハタの遺伝的集団構造

アカハタを用いたわたしたちの研究であきらかになったもう1つの知見は,浮遊期が長く,磯で普通にみられる"磯魚"においても明確な遺伝的集団構造が存在する,ということである.淡水域のように山脈や水系といった物理的障壁が存在せず,"つながっている"海域において,集団を分断し,構造形成の要因となっているものはいったい何なのであろうか？

(1) アカハタのユニークな系統地理パターン

本研究で用いた西部太平洋産のアカハタのうち,個体数が9個体以上の地域

を１つの集団として扱い（＝全22集団），グループ間での分化が最大になるように集団をグルーピングする SAMOVA（Spatial Analysis of Molecular Variance）解析をおこなった結果，３つのグループ（I, II, III）に分かれることが示された（図5.7）．さらに，これら集団遺伝学的な３グループは，同様の全22集団を用いた集団間のペアワイズΦst（集団間分化指数）解析によっても支持された．これまで報告のある海産魚類の系統地理パターンは，ことなる地域でことなる種あるいは種内系統がみられるというものである．しかしアカハタでみられたパターンは，複数の種内系統が同所的に生息し，その出現頻度によって特徴的な集団構造が形成されるという非常に特異的なものであった．

　これら集団遺伝学的な３グループの特徴をあきらかにしていこう（図5.7）．まず，グループIは小笠原集団からのみ構成されている．種内３系統がそれぞれ高い頻度で出現し，ほか２つのグループと比較して系統Cの割合が高いのが特徴的である．グループIIは，伊豆諸島，本州および九州太平洋岸（宮崎県南部を除く），九州東シナ海側の集団から構成されている．種内３系統のうち系統Aの割合が高く，次いで系統Bとなる．グループIIIは，宮崎県南部および琉球列島以南の西部太平洋域の集団から構成されている．系統Bがほぼ優占し，とくに台湾以南ではほかの２つの種内系統は出現しない．宮崎県南部はこのグループIIIにふくまれたものの，系統Aが全体の３割近くを占め，SAMOVA解析ではK＝3に次ぐK＝4のときに独立したグループIVとして扱われ，ペアワイズΦst解析では同じグループIIIにふくまれたほかの集団との間で弱いながらも分化が示された．つまり，グループIIとIIIの中間的な集団構造といえる．

(2) 黒潮による集団構造形成―1

　アカハタにおける遺伝的集団構造は，黒潮の影響と島嶼の位置関係に強く影響を受けて形成されたと考えられる．まず，琉球列島から九州，本州，伊豆諸島に至る海域をみてみよう（図5.8）．沖縄の北西沖を北東方向へ流れる黒潮は，トカラ列島北部で東へ進路を変え，屋久島と種子島を回って北へ進み，宮崎県南部，四国沿岸，紀伊半島をかすめるようにして東へ流れる．九州の東シナ海側２集団（福江島・下甑島）と九州の太平洋側２集団（宮崎県北部・南部）における系統AおよびBの頻度をそれぞれ比較してみる（図5.7および5.8）と，興味深いことがわかる．第２節第５項「種内系統の正体」で述べたとおり，九州では黒潮の影響が強い太平洋側で東シナ海側より系統Bの頻度が高く，黒潮

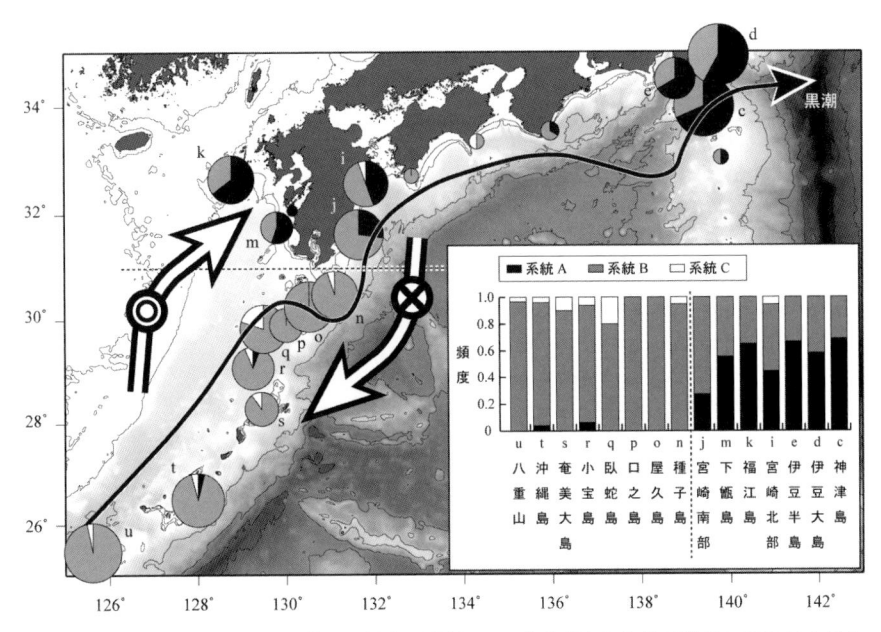

図5.8 アカハタの遺伝的集団構造と黒潮の関係−1. 琉球列島から伊豆諸島に至る日本周辺海域におけるアカハタの遺伝的集団構造と黒潮の流路を示した. 円グラフは図5.3b, 頻度グラフは図5.7を参照のこと.

が沿岸に近接する宮崎県南部で北部より同様に高くなる. さらに本州太平洋岸（伊豆半島）および伊豆諸島（伊豆諸島・神津島）と比較してみると, 系統Bが優占する琉球列島に近い宮崎県南部に比べ, 遠い位置にある伊豆半島や伊豆大島, 神津島ではその頻度が低くなり, 九州東シナ海側集団と同程度になる. つまり, 琉球列島以南に生息する系統Bの個体が, 黒潮のベルトコンベヤー効果で容易に九州以北に分散するのであろう. そして, 九州および本州の太平洋沿岸のうち黒潮が沿岸に近接する地域, さらに琉球列島に近い地域ほど, より多くの個体が南方より分散してくるのだと考えられる. ここで紹介した解析では宮崎県と伊豆半島の間（高知県, 徳島県, 三重県）のサンプリングが不十分で集団解析には加えていないが, 個体数が少ないながらも同様の傾向がうかがえる. 宮崎県南部はSAMOVA解析で琉球列島以南のグループIIIにふくまれたものの, グループIIとIIIの中間的な特徴を示すこと, さらに独立して新たな4番目のグループIVとなる可能性もあることを前項で述べた. 今後の解析で本州の太平洋岸の集団を加えたとき, 宮崎県南部が, 四国沿岸や紀伊半島など黒

第5章　アカハタにおける進化の歴史的変遷　● 89

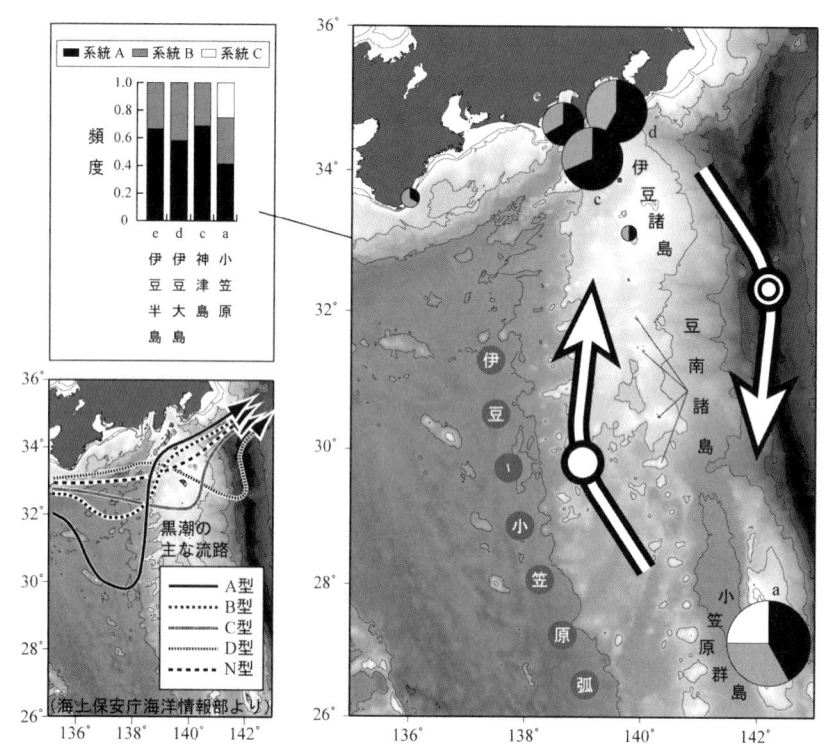

図5.9 アカハタの遺伝的集団構造と黒潮の関係－2. 伊豆半島，伊豆諸島，小笠原諸島における アカハタの遺伝的集団構造と黒潮の流路を示した．円グラフは図5.3b，頻度グラフは図 5.7を参照のこと．

潮が沿岸に近接する地域の集団とともにグループⅣを形成する可能性は十分考えられる．

一方，九州以北に生息する系統Aの個体は，黒潮が強大な障壁（バリアー）となって種子島・屋久島以南の琉球列島へは分散できないのだと思われる．このように，一方では個体の分散を促進させ，同時に他方では分散の障壁となっている黒潮のような例は，海産魚のみにみられる現象といえるかもしれない．

(3) 黒潮による集団構造形成－2

つづいて，本州太平洋岸集団（伊豆半島），伊豆諸島2集団（伊豆大島・神津島），小笠原集団（小笠原）における遺伝的集団構造を比較してみよう（図5.9）．本州太平洋岸を流れる黒潮は，紀伊半島まで達したあとにやや沖へ進路を変え，

本州中部南方沖，つまり伊豆諸島を横断する形で東進する．その際，この海域において南北に大きく蛇行する．黒潮の蛇行パターンは5つに大別されており（図5.9），それらのうちC型はさらに3つに分けられている．伊豆諸島の魚類相には熱帯および温帯性の双方の魚種がみられること，小笠原は独自の生物相・魚類相をもちながらも伊豆諸島と共通性があることが知られており，これらは黒潮の蛇行に起因する個体の分散が原因であると考えられている（Senou et al., 2002, 2006）．つまり，黒潮が南下するときに本州沿岸の個体が伊豆諸島へ，あるいは伊豆諸島の個体が小笠原へ，逆に黒潮が北上するときに小笠原の個体が伊豆諸島へ，あるいは伊豆諸島の個体が本州沿岸へと，それぞれ分散するわけである．

　黒潮の蛇行に加え，わたしたちは，伊豆諸島と小笠原諸島が伊豆−小笠原弧（図5.9）とよばれる島弧（island arc）を形成していることも分散を可能にしている原因の1つではないかと考えている．浅海性魚類は，浮遊期を経たのち浅海域に着底することが生存に必要である．そのため，とくに浮遊期の分散距離が長い場合，分散個体が生き延びるには浅海域か島嶼が間にあることが条件となる（飛び石理論: steppingstone theory）．伊豆諸島と小笠原諸島は同じ島弧上に存在し，両諸島間には豆南諸島とよばれる無人島群（広義の伊豆諸島にふくまれる）も存在する．おそらく，黒潮の蛇行と島弧の存在，これら2つが大きな要因となってこの海域における魚類の分散が起こっているのだろう．

　アカハタを用いたわたしたちの研究結果は，少なくとも本州沿岸（伊豆半島）と伊豆諸島北部（伊豆大島・神津島）間の個体の分散について支持している．同様に，本州沿岸および伊豆諸島北部から小笠原へという，北から南への分散についても支持している．しかし，小笠原で多く検出された系統Cの個体は前二者では検出されず，南から北への分散は支持されなかった．小笠原に固有であるブダイ科オビシメが伊豆諸島南部の八丈島で稀に観察される例や，小笠原から八丈島にかけての海域にのみ分布するチョウチョウウオ科ユウゼンの存在など，小笠原から伊豆諸島南部への個体の分散が起こっているのはまずまちがいないだろう．にもかかわらず，アカハタの集団解析ではそれを支持する結果が出ていないことには2つの理由が考えられる．1つは，アカハタの集団解析では伊豆諸島北部の伊豆大島と神津島集団しか用いておらず，伊豆諸島南部から豆南諸島にかけての海域が大きなサンプリングギャップになってしまっていることである．もう1つは，北から南への分散の大きさと，南から北へのそれ

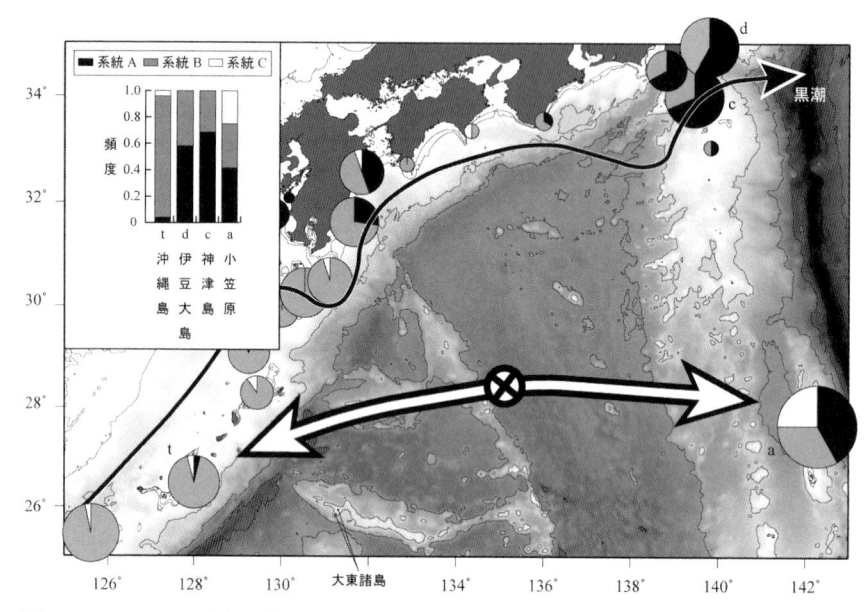

図5.10 アカハタの遺伝的集団構造と黒潮の関係−3．小笠原諸島，伊豆諸島，沖縄島におけるアカハタの遺伝的集団構造の比較．円グラフは図5.3b，頻度グラフは図5.7を参照のこと．

がことなる．つまり伊豆諸島から小笠原への分散は起こりやすいがその逆は非常に頻度が低い，という可能性である．この問題もまた今後の課題であるが，すでにわたしたちは伊豆諸島南部の八丈島と豆南諸島全域でのサンプリングを終えており，近い将来，何らかの解答を導き出すことができるだろう．

(4) 黒潮による集団構造形成―3

つぎに，小笠原集団と沖縄集団についてみていきたい（図5.10）．小笠原と沖縄島はほぼ同緯度に位置するものの，前者は大洋上にある海洋島，後者は大陸棚上にある島嶼である．そこにみられる魚類相には大きなちがいがあり，小笠原は同緯度にある沖縄よりも伊豆諸島との共通性が示されている（Senou et al., 2006）．アカハタの集団構造もこれを支持している（図5.7）．小笠原と，沖縄島をふくむ琉球列島の間には強い海流がなく，島嶼もほとんど存在しないことから，両海域間での個体の直接の分散は難しいのだと考えられる．黒潮のベルトコンベヤー効果により，琉球列島から本州沿岸，さらに伊豆諸島を介して小笠原へ到達する長距離分散は理論的には可能だろうが，現実的には2カ月の浮遊

92 ● 第Ⅱ部　ベルトコンベヤーと障壁

期で琉球列島から小笠原まで一気に到達するかどうかは非常に疑わしい．ただし，琉球列島から分散した卵あるいは仔魚が途中どこかの浅海域に着底し，何世代かを経て小笠原へと到達するという大きな時間スケールでの遺伝子流動は十分考えられる．ここでも，黒潮と島嶼の位置関係が個体の分散に影響しているといえるだろう．

最後に，琉球列島，九州，および本州沿岸の集団中に低頻度で検出された系統AおよびCの個体について言及したい（図5.3b）．系統Aは沖縄島と小宝島での1個体ずつを除きすべて九州以北で検出されているが，この海域では黒潮が障壁となって北から南への分散は難しい（図5.8）．また，系統Cはほとんどが小笠原から検出されており，多数の個体が生息している海域はほかにはみあたらない（図5.3b）．それでは，これら系統AおよびCの例外個体はどこからやってきたのだろうか？ 推測の域をまったく出ないが，わたしたちは小笠原から分散してきたのではないかと考えている．上述のとおり，小笠原〜琉球列島間には強い海流や島嶼がほとんど存在しないため，個体の分散は難しいだろう．しかし，小笠原から琉球列島へ向けて黒潮反流という弱い海流が流れており，浮遊期の長いアカハタでは，黒潮反流に乗って両諸島間を渡りきる個体が"ごくまれに"いるのではないだろうか？ この推察にはもう1つ根拠がある．それは，沖縄島の東方392 kmにあり，小笠原諸島〜琉球列島間に唯一存在する島嶼の大東諸島である（図5.10）．大東諸島は小笠原諸島と同様に一度も大陸と繋がったことのない海洋島で，その魚類相は距離的に近い沖縄との共通性をもちながら，小笠原から大東諸島へ分散したと考えられる魚種も見受けられる（たとえば，ユウゼン，トンプソンチョウチョウウオ，アカツキハギなど；吉郷，2004）．今後，大東諸島の集団をふくめた解析ができれば，この疑問に対する答えもあきらかになるかもしれない．

今後の展開

これまで，陸上動物や鳥類，昆虫などを用いた生物地理学的研究から，さまざまな生物群における生物相の分布境界線が提示されてきた．日本周辺地域であげれば，宗谷線（両生類・爬虫類），ブラキストン線（鳥類や陸上哺乳類），三宅線（蝶類），渡瀬線（陸上哺乳類），蜂須賀線（鳥類）などである．淡水魚ではフォッサマグナ地域が該当する（Watanabe, 1998）．海産魚に目を向けると，日本近海の浅海および表層部における生物について7つの帯区分に分けた報告

(西村，1992) がある．しかし，これは魚類のみならず甲殻類や棘皮動物などをもふくめた海産生物全般についての大まかな区分であり，あくまで海産魚のみを対象とした実態の把握が求められてきた．海は"つながっている"ため，とくに黒潮流域では海産魚についてのはっきりとした境界線を提示することは難しかったが，この黒潮プロジェクトにより，日本周辺海域における浅海性魚類相の分布境界線がはじめてあきらかになった (第1章を参照)．それは，種子島と屋久島を境にした九州と琉球列島の間の海域である．アカハタにおける遺伝的集団構造は質的にはユニークなものであるが，集団構造の境界線は，この浅海性魚類相の分布境界線とほぼ一致している．つまり，アカハタの研究結果は，魚類相の比較解析により得られた浅海性魚類の分布境界線を，個々の種においても支持する事例であるといえる．

　ミトコンドリア DNA 解析によってあきらかになった過去の歴史的変遷に加え，今後はマイクロサテライト (SSR, Simple Sequence Repeat: 単純反復配列) や AFLP (Amplified Fragment Length Polymorphism: 増幅制限酵素断片長多型) など核 DNA を用いた解析をおこなうことによって，アカハタの進化プロセスがよりあきらかになっていくことだろう．これら中立性の分子マーカーだけでなく，さまざまな環境要因への適応に直接関与するマーカーを用いることも有用だと思われる．さらに，アカハタ以外にもさまざまな生活様式，あるいは浮遊期の長さをもつ磯魚を用いて生物地理学的解析をおこない，黒潮との関係をあきらかにしていくことで，日本の浅海性魚類の実態，ひいては日本の海の自然史があきらかになっていくだろう．

引用文献

Avise, J. C. 2000. Phylogeography: The history and formation of species. Harvard University Press, Cambridge. 447 pp.
Bowen, B. W., A. Muss, L. A. Rocha and W. S. Grant. 2006. Shallow mtDNA coalescence in Atlantic Pygmy Angelfishes (genus *Centropyge*) indicates a recent invasion from the Indian Ocean. Journal of Heredity, 97: 1-12.
Craig, M. T. and P. A. Hastings. 2007. A molecular phylogeny of the groupers of the subfamily Epiniphelinae (Serranidae) with a revised classification of the Epiniphelini. Ichthyological Research, 54: 1-17.
Frankham, R., J. D. Ballou, and D. A. Briscoe. 2002. Introduction to conservation genetics. Cambridge University Press, Cambridge. 617 pp.
Heemstra, P. C. and J. E. Randall. 1993. Groupers of the world (family Serranidae,

subfamily Epinephelinae). An annotated and illustrated catalogue of the grouper, rockcod, hind, coral grouper and lyretail species. FAO Species Catalogue for Fishery Purposes, vol. 16. FAO, Rome. 382 pp.

Helfman, G. S., B. B. Collette, D. E. Facey and B. W. Bowen. 2009. The diversity of fishes. Wiley-Blackwell Publishing, Oxford. 720 pp.

川辺勝俊．2005．アカハタ卵の発生過程とふ化におよぼす水温の影響．水産増殖，53: 333-342.

川辺勝俊・加藤憲司・木村ジョンソン．2000．小笠原諸島父島におけるアカハタ養成魚からの周年採卵．水産増殖，48: 467-473.

川辺勝俊・加藤憲司・木村ジョンソン・斉藤　実・安藤和人・垣内喜美男．1997．小笠原諸島父島における養成アカハタの成長．水産増殖，45: 207-212.

Kawabe, K. and H. Kohno. 2009. Morphological development of larval and juvenile blacktip grouper, *Epinephelus fasciatus*. Fisheries Science, 75: 1239-1251.

河村善也．1998．第四紀における日本列島への哺乳類の移動．第四紀研究，37: 251-257.

小西省吾・吉川周作．1997．トウヨウゾウ・ナウマンゾウの日本列島への移入時期と陸橋形成．地球科学，53: 125-134.

西村三郎．1992．原色検索日本海岸動物図鑑 I. 保育社，大阪，425 pp.

Palumbi, S. R. 1994. Genetic divergence, reproductive isolation and marine speciation. Annual Review of Ecology and Systematics, 25: 547-572.

Randall, J. E. and P. C. Heemstra. 1991. Revision of Indo-Pacific groupers (Perciformes: Serranidae: Epinephelinae), with descriptions of five new species. Indo-Pacific Fishes, No. 20. Bishop Museum, Honolulu. 332 pp.

Springer, V. G. 1982. Pacific Plate biogeography, with special reference to shorefishes. Smithsonian Contributions to Zoology, 367. 182 pp.

Senou, H., G. Shinohara, K. Matsuura, K. Furuse, S. Kato, and T. Kikuchi. 2002. Fishes of Hachijo-jima Island, Izu Islands Group, Tokyo, Japan. Memories of the National Science Museum, Tokyo, 38: 195-237.

Senou, H., K. Matsuura, and G. Shinohara. 2006. Checklist of fishes in the Sagami Sea with zoologeographical comments on shallow water fishes occurring along the coastlines under the influence of the Kuroshio Current. Memories of the National Science Museum, Tokyo, 41: 389-542.

Ujiie, Y. and H. Ujiie. 1999. Late Quanternary course changes of the Kuroshio Current in the Ryukyu Arc region, northwestern Pacific Ocean. Marine Micropalentology, 37: 23-40.

Ujiie, Y., H. Ujiie, A. Taira, T. Nakamura, and K. Oguri. 2003. Spatial and temporal variability of surface water in the Kuroshio source region, Pacific Ocean, over the past 21,000 years: evidence from planktonic forminifera. Marine Micropalentology, 49: 335-364.

Watanabe, K. 1998. Parsimony analysis of the distribution pattern of Japanese primary freshwater fishes, and its application to the distribution of the bagrid catfishes. Ichthyological Research, 45: 259-270.

渡辺勝敏・高橋　洋・北村晃寿・横山良太・北川忠生・武島弘彦・佐藤俊平・山本

祥一郎・竹花佑介・向井貴彦・大原健一・井口恵二朗．2006．日本産淡水魚類の分布域形成史：系統地理的アプローチとその展望．魚類学雑誌，53: 1-38.

吉郷英範．2004．南大東島で採集されたタイドプールと浅い潮下帯の魚類．比和科学博物館研究報告，43: 1-51.

第6章

東アジアにおける
キチヌの外部形態と遺伝的集団構造

岩槻幸雄・千葉　悟

はじめに

　キチヌは南日本の沿岸で普通にみられるタイ科の魚である．キチヌをふくむクロダイ属魚類は日本をはじめとする東アジアからインド・西太平洋の温帯と熱帯の浅海に生息し，ほかのタイ科魚類から背鰭鰭条数が11棘11〜12軟条，臀鰭鰭条数が3棘8（稀に9）軟条，側線鱗数が43〜55であることによって区別することができる．クロダイ属をはじめとしたタイ科魚類を分類する上で，背鰭の中央と側線の間に位置する鱗の数（横列鱗数）は重要である．キチヌ *Acanthopagrus latus* (Houttuyn, 1782) はほかのクロダイ属魚類から腹鰭と臀鰭が黄色を呈することや背鰭中央下の横列鱗数が3½であることによって識別され，ほかのクロダイ属魚類に比べて寸詰まりで体高が高いという特徴をもつ（図6.1A，6.2A）．

　ところが，1992年（平成4年）秋に宮崎県の加江田川河口で学生たちが釣ってきたキチヌは，横列鱗数が4½で，体高が低く，通常のキチヌとはことなっていた（図6.1B，6.2B）．第1著者が学生時代からみてきた寸詰まりで体高が高いキチヌとは違っていたのである．このときは，キチヌにも種内変異があるのかもしれないと思ったにすぎなかった．その後，研究室に保存されていた標本のなかにも横列鱗数が4½のものがあることに気づいた．その標本は1987年に熊本県の有明海で採集されていた．そして，1990年代の中頃から後半にかけて，熊本県，鹿児島県，宮崎県，高知県および和歌山県において横列鱗数が4½の個体をスーパーマーケットや漁協でみかけるようになった．2000年以降になると，宮崎県の漁協で水揚げされる多数の個体の横列鱗数は4½であった．従来，タイ科では横列鱗数に種内変異がなく種判別に有用な特徴であるとされてきたので（Akazaki, 1962；Carpenter, 2004），横列鱗数が3½とされてきたキ

図6.1 東アジアのキチヌ類似種群の標本写真（鮮時）.
A, 宮崎延岡産，体長351 mm；B, 宮崎一ツ瀬川河口産，体長289 mm；C, 北ベトナム産，体長356 mm.

チヌに4 ½の個体が出現したとすれば，きわめて興味深い研究対象となる．

キチヌ *A. latus* の分類学的再検討と横列鱗数の変化

　キチヌは琉球列島を除くインド・西太平洋の熱帯から温帯にかけて広く分布するとされてきた（Akazaki, 1962；Carpenter, 2004）．しかし，広い海域の標本

図6.2　背鰭中央直下と側線との間の横列鱗数.
　　A．3½タイプ；B．4½タイプ．背鰭基部の小鱗は½と数える．

を調べてみると，従来の報告とはことなるキチヌの分布の実像が浮かびあがってきた．キチヌはベンガル湾北西部のインド沿岸域，アラビア海に面するインドのムンバイ付近からペルシャ湾沿岸には分布するが，インド西南部では確認できなかった．また，フィリピン，ニューギニア，インドネシア，マレーシア（ボルネオ島とマレー半島），マレー半島西側のアンダマン海，およびシンガポールでの調査や，世界の博物館の所蔵標本の調査，および過去の報告でも東南アジアの熱帯域からキチヌに同定されるものはみつからなかった．しかし，オーストラリアの北西岸ではキチヌと同定される種が分布していることがわかった．一方，アラビア半島南部のイエメン，さらに紅海や東アフリカ沿岸においてキチヌ *A. latus* と同定されてきたものは，実際には *A. berda*（インド洋に分布するナンヨウチヌの類似種）であった．つまり，熱帯から温帯のインド・西太平洋に広く分布するキチヌ *A. latus* とされる種（Akazaki, 1962；Carpenter, 2004）の分類には問題があり，再検討を要することがわかったのである．そして，キチヌとされてきた種の分布はかなり不連続であることも判明した（図6.3）．

　上述の過程で得られたインド・西太平洋に分布するキチヌの標本を比較すると，東アジア以外の大部分の標本では背鰭中央直下と側線との間の横列鱗数が4½であった．さらに注意深くそれらの標本を調べると，東アジア以外の標本は，それぞれの海域の個体が形態的特徴と色彩で区別できる．一方，東アジアの標本では，変異が多く，横列鱗数が4½の標本と3½の標本が同所的にみられ，海域ごとの区別は難しい．つまり，インド・西太平洋に広く分布するとされてきたキチヌ *A. latus* は，よく似た複数のことなる種によって異所的または同所的に構成されており，「キチヌ類似種群」を形成している可能性が浮かび上

がった.このことを解決するため,少しずつではあるが標本を集め,キチヌ類似種群の分類学的再検討をおこなうこととなった.

まず,東アジア全体におけるキチヌ類似種群の分布を詳細に調査した.日本列島の太平洋岸では,房総半島,東京湾,神奈川県から東海地方,紀伊半島,四国,九州全域,瀬戸内海などに分布し,日本海側ではほとんど採集されていない.また,稀に韓国南部では採集されているようである(Youn, 2002).さらに南方では,台湾西岸や中国の上海以南の台湾海峡から香港,海南島,さらにベトナムの中部あたりから報告があり,ベトナムから日本までほぼ連続的に分布していることが判明した(Tirant, 1883;Shen, 1984;Chu et al., 1963;Sadovy and Cornish, 2000).しかし,琉球列島や小笠原諸島には分布していない(Akazaki, 1962).

さらに,キチヌ類似種群をめぐる分類学的研究を進めるため,公称種の調査をおこなった.*Acanthopagrus latus* は Houttuyn(1782)が長崎で得られた標本にもとづいて記載した(Houttuyn の原記載では *Sparus latus*).つまり,日本のキチヌはこの学名を背負った本物のキチヌである.この *A. latus* は,背鰭中央直下と側線との間の横列鱗数は 3½ であり,寸詰まりで体高が高い.日本の沿岸で1980年頃までにみられていたのはこのタイプであった(図6.1A, 2A).

Acanthopagrus latus のジュニアシノニム(新参同物異名)ではないかと考えられてきた *Chrysophrys rubroptera* は,Tirant(1883)がベトナム中部のフエ(Hué)の標本にもとづいて記載した.この標本は長く行方不明だったが,Kottelat(1986)が Tirant の模式標本の写真を掲載したので,その特徴を知ることができた.Kottelat(1986)の写真と記載からベトナムの *C. rubroptera* を日本の典型的なキチヌ *A. latus* と比較した.ベトナムの *C. rubroptera* の横列鱗数は 4½ であり,体高は低く,体高の高い *A. latus* とはかなりことなっていた(図6.1C).また,ベトナムの *C. rubroptera* では第2番目の臀鰭棘が強大で比較的長く,臀鰭や腹鰭の黄色が非常に鮮やかである(図6.1C).*A. latus* では第2番目の臀鰭棘がそれほど長くなく,臀鰭がくすんだ黄色を呈する個体が多い(図6.1A).これは並べてみると一目で区別できるほどのちがいであり,両者は別種と考えられた(図6.1).

つぎにキチヌ類似種群が台湾や中国の過去の文献ではどう扱われてきたのか調べてみた.いまから150年以上前に英国の魚類学者である Richardson(1846)が,中国の広東から *Chrysophrys auripes* と *C. xanthopoda* という2種を新種とし

て報告した．この2種は *Acanthopagrus latus* のジュニアシノニムとされていた（Akazaki, 1962）．2種の記載には，臀鰭が黄色を呈するとあるが，模式標本は大英博物館に現存しておらず，Richardson の報告には図がなかったため，その正体は不明であった．実は，このとき一緒に印刷出版する予定であったカラーの精細な図版を Richardson は準備していたが，出版費用が工面できず出版できなかったのである．その原図が大英博物館に保管されていることがわかった．そこで大英博物館に申し入れたところ，これらの図は一度も公開されたことがなく，印刷されたこともないので，図を絶対に公表しないという条件つきであるが，写真撮影の許可が出た（それらのすばらしい原図をおみせできないことはまことに残念である）．それらはあきらかにキチヌ類似種群の特徴を示しており，どちらも精細な図で，Richardson の自筆なのか不明だが，標本のサイズや新種記載の出版ページ数が原図の横に書き込まれていた．*C. auripes* の図をみると，横列鱗数は明確に3½であった．しかし，*C. xanthopoda* の図をみると，横列鱗数は3½枚で描かれているが，最上部の小さい鱗がある部分に鱗が描かれていない．画家が鱗を書き落としたと考えると横列鱗数は4½とも読み取れた．また，この図から Richardson が2新種を記載した理由がわかった．*C. auripes*（標準体長147 mm）はやや体高が低く，尾鰭の下葉2/3のところにある鰭条を境に尾鰭上側が黒，下側が鮮やかな黄色に描かれていた．*C. xanthopoda*（148 mm）は，体高がやや高く，尾鰭の下葉後端の半分が黄色に描かれ，下葉後端に行くにしたがって，黄色が強く描かれていた．この図をみた瞬間に *C. auripes* が上述したベトナムの *C. rubroptera* に似ており，*C. xontopoda* が日本の *A. latus* によく似ていることに気づいた．Richardson は150年も前にこの二つの色彩のちがいを種のちがいと認識して，2新種として記載していたのである．

　一方，戦後出版された台湾や中国の文献を調べてみると，東海魚類誌（Chu et al. 1963）では，驚いたことに *A. latus* と学名を付された個体の横列鱗数は4½で描かれていた．1986年に出版された Pearl River Fisheries Research Institute, Chinese Academy of Fisheries Science et al.（1986）における海南島淡水河口魚類誌でも，*A. latus* という学名を付された魚の横列鱗数は4½で描かれていた．さらに，台湾高雄の河口の魚類を扱った本にキチヌ類似種群の幼魚の写真が掲載されており（方ほか，1996；fig. 72），おそらく横列鱗数は4½と判断される．実際1990年代前半から2000年以降にかけて第1著者が台湾を4度，香港を2度訪問したが，現地の市場では横列鱗数4½の個体が圧倒的に多く見受けられた．

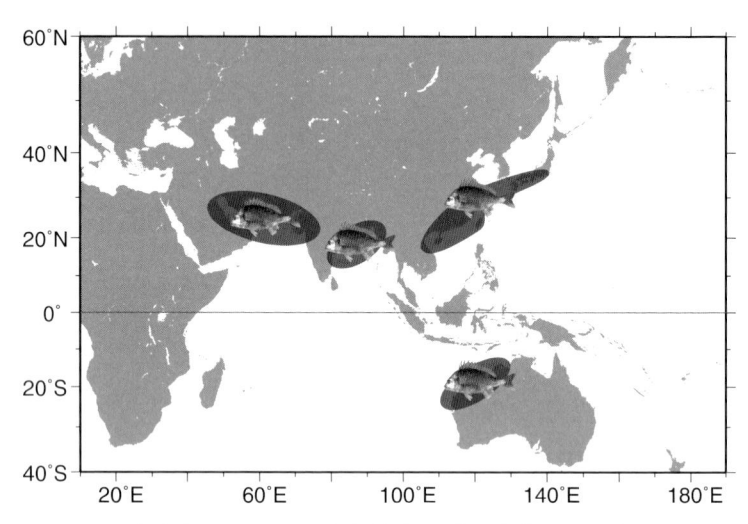

図6.3　インド・西太平洋におけるキチヌ類似種群の分布．半透明帯は分布の不連続を示す．

しかし，台湾や中国のそのほかの文献をみると，記載や写真など（Burgess and Axelrod, 1974；Shen, 1984；Sadovy and Cornish, 2000）では横列鱗数は3½であった．

　以上から概観すると，香港周辺の広東から福建省および海南島，さらに南のベトナムでは，昔から横列鱗数4½の個体が多くみられていた状況がわかってきた．それらの個体は鮮やかな黄色の腹鰭，臀鰭および尾鰭をもっているので，日本の *A. latus* とは別種かも知れないと考えていた（図6.1）．一方，台湾では1996年にはじめて横列鱗数4½の幼魚の標本写真が掲載されているが（方ほか，1996），そのほかの過去の文献では横列鱗数は3½であった．台湾では上述の状況から判断して，1990年代はじめには横列鱗数4½の個体がみられるようになったのであろう．また，前述のとおり宮崎県においても1980年代半ばから横列鱗数4½の個体がみられるようになり，現在では横列鱗数4½の個体が多くなっている．この変化の時期はアジ科魚類の南方種が日本初記録として宮崎県の沿岸から多く発見された時期と一致していた（Box 4）．

　キチヌ類似種群の分類は当初予想していたよりも複雑であることがわかってきたのである．そこで，研究のスピードアップを図るため，第2著者が2008年から共同研究者として参加することになった．そして，2008年の秋にベトナム北部のハイフォンと世界自然遺産の一つであるハロン湾へキチヌ類似種群を求

めて採集に出かけた．ベトナムの個体は予想どおり香港周辺から採集されている標本に似ており，ほぼ同じ特徴をもっていた．全体的に体高が低く，第2臀鰭棘が強大で長い，また臀鰭や腹鰭は非常に鮮やかな黄色を呈する（図6.1C）．そして，尾鰭下葉には黒色と黄色の部分が明瞭に認められる．昔から知られていた日本のキチヌ *A. latus* と比べるとやはり別種にまちがいないという印象だった．ところがベトナムの標本は色彩や形態的特徴は同一であるにもかかわらず，横列鱗数を調べてみると，意外なことに4½よりも3½の個体が多いのである．これらは，同じときに同じ場所で同じ漁獲法で採集されているので同所的に生息していると考えられた．そのため，横列鱗数のちがいは同種内の変異である可能性も出てきたのである．

また，同時期に集めていた香港や台湾の横列鱗数が4½の標本のなかに，体高や色彩，臀鰭棘の特徴がベトナムの標本によく似るものや，日本の標本によく似るものが認められた．つまり，香港と台湾では形態と色彩に大きな相違がある個体群がいることが判明した．

東アジアのキチヌ類似種群を概観すると，日本の個体群は色彩や形態においてベトナムの個体群とかなりことなるが，台湾と中国南部では日本とベトナムの両者の特徴をもつ個体群が同所的にみられる．さらに最近では，日本でも体高が低く，横列鱗数が4½といった中国の個体群と同じ特徴をもつ個体が多くなってきた（図6.1B）．東アジアのキチヌ類似種群にみられる変異は単なる同種内の地理的変異である可能性が大きいと判断せざるを得なくなった．

東アジアのキチヌ類似種群における遺伝的集団構造

2009年に Xia et al. が，非常におもしろい論文を発表した．彼らは，中国南部に分布する *A. latus* のミトコンドリア DNA の調節領域を分析した．その結果，明確に分化した2つのハプロタイプグループ（α と β）の存在があきらかとなった．つまり，中国南部の海南島と大陸との海峡を境に，西にはハプロタイプグループ α が，東にはハプロタイプグループ β が分布していたのである．しかし，彼等は外部形質については言及していなかった．

この論文が出たことにより，著者らは日本の個体群はさらにことなるハプロタイプグループをもち遺伝的集団構造がことなるのではないかと考えた．そこで，2009年より本格的に DNA 解析用の標本を日本各地から集め，DNA を抽出しミトコンドリア DNA 調節領域の塩基配列を決定した．Xia et al. (2009) のデ

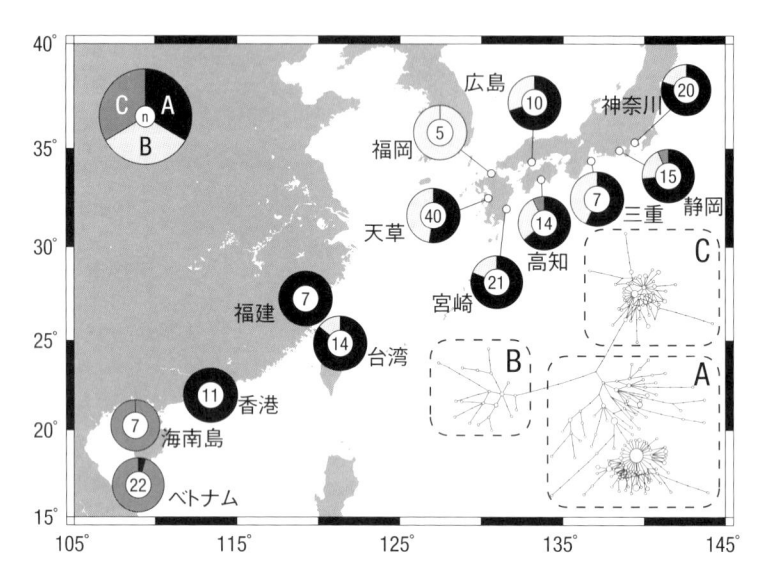

図6.4 キチヌ類似種群のミトコンドリアDNA調節領域にもとづくハプロタイプネットワーク（右下）と東アジアにおける各ハプロタイプグループの頻度（地図）．ハプロタイプネットワーク中の円がハプロタイプ（遺伝子型）を，円の大きさは頻度，黒い小円は検出されなかったハプロタイプ，円と円を結ぶ線は一塩基置換をそれぞれ示している．ハプロタイプグループ（A，B，C）は6から11塩基置換によって隔てられている．地図中の円グラフは各地でのハプロタイプグループの頻度を示している．Aの頻度は中国沿岸で非常に高く，日本の太平洋側でも高い．

ータとともにハプロタイプネットワークを作成し（図6.4），東アジア広域におけるキチヌ類似種群の遺伝的集団構造をあきらかにしようと試みた．予想どおりXia et al.（2009）のハプロタイプグループαとハプロタイプグループβとはあきらかにことなる新たなハプロタイプグループBが浮かび上がった．ハプロタイプグループAは，さらに分けられる可能性もあるが，東アジアには少なくとも3つのハプロタイプグループが存在する．ハプロタイプグループの地理的な分布をみてみると，Xia et al.（2009）のハプロタイプグループβに相当するハプロタイプグループAは，日本から中国沿岸にかけての広範囲から検出され，ベトナムでは1個体からのみ検出された．新たに発見されたハプロタイプグループBは，おもに日本から検出され，台湾でも2個体から検出された．Xia et al.（2009）のハプロタイプグループαに相当するハプロタイプグループCは，おもに中国の海南島とベトナムで検出され，そこから遠く離れた高知県と静岡県のそれぞれ1個体から検出された．日本の集団構造をさらに詳しくみてみる

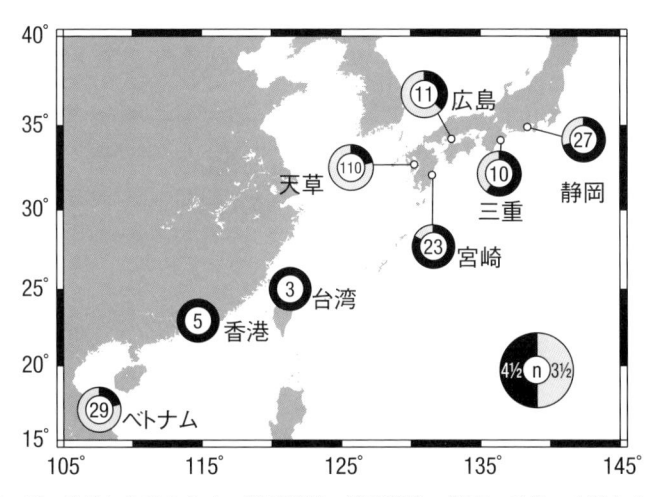

図6.5 東アジア各地におけるキチヌ類似種群の横列鱗数の頻度．香港，台湾および日本の太平洋側で4½の頻度が高く，天草と広島では3½の頻度が高い．

と，日本の太平洋側ではハプロタイプグループAの頻度が高く，天草諸島や福岡県，広島県ではハプロタイプグループBの頻度が比較的高い．このことから，東アジアに分布していた祖先集団は過去に中国，日本，ベトナムの沿岸に何らかの要因によって個体群が隔離され，それぞれの個体群でハプロタイプグループA，ハプロタイプグループBそしてハプロタイプグループCが分化し，そのあとに隔離が解けることによって個体群間の交流が再開し現在の集団構造が形成されたと考察された．

これに平行して，東アジア広域のキチヌ類似種群の横列鱗数のデータが得られたので同様に図6.5に示した．調査個体数は多くないものの日本の太平洋側では，驚くことに横列鱗数が4½の個体が多く，日本の天草諸島や広島県では3½が多い．さらに中国や台湾では，すべての個体で横列鱗数は4½であった．ベトナムでは，前述したように，予想に反して横列鱗数3½の個体が多かった．

このふたつのデータ（図6.4～5）を比較すると，中国と日本の太平洋側の個体群では共通して，ハプロタイプグループAと横列鱗数4½の頻度が高く，天草諸島や広島県の個体群では共通して，ハプロタイプグループBと横列鱗数3½の頻度が高い．ハプロタイプグループと横列鱗数はそれぞれ関連しているようにみえる．そこで，ハプロタイプグループと横列鱗数の出現頻度の分割表を作成しフィッシャーの正確確立検定によって独立性の検定をおこなった．その結

第6章　東アジアにおけるキチヌの外部形態と遺伝的集団構造 ● 105

果，帰無仮説は棄却されなかったため，これらに関連性がないことが示された（横列鱗数のような形態形質とミトコンドリアDNAの多型は，一般的に独立して進化しているため不思議なことではない）．以上のことから，解析した東アジアのキチヌ類似種群は，横列鱗数やハプロタイプグループの頻度にちがいはあるものの，ひとつの大きな繁殖集団を形成していると考えられた．つまり，予想に反して東アジアのキチヌ類似種群はひとつの種キチヌ（*A. latus*）として扱って問題ないという結論に至った．

黒潮と温暖化がもたらすキチヌの集団構造の変化

一般的に，魚類の卵や仔稚魚は遊泳力に乏しく，その移動や分散には海流が大きな影響をおよぼす．赤道の北側を西向きに流れる北赤道海流を起源にもつ黒潮は，フィリピン東方で北向きに進路を変え，台湾と与那国島の間を通って東シナ海に入り，大陸棚の斜面に沿って北東に進み，トカラ海峡を通って太平洋にもどり，南日本沿岸を北東に進む．この流域に生息する魚類は，その移動や分散の際に黒潮の影響を強く受けると考えられている．第1章で述べられているように熱帯域に生息する魚類が，晩夏から初冬にかけて南日本の沿岸で観察される．しかし，これらのほとんどは冬期の海水温の低下によって死滅してしまう．いわゆる「死滅回遊」とよばれる現象である．これは黒潮が南方系の魚類を運搬する代表的な例だと考えられている．

キチヌは水温が19度前後で産卵することが従来の研究であきらかになっている（Huang and Chiu, 1997）．日本では秋の9〜11月（Fujita et al., 2002），台湾では11〜3月に産卵していることがわかった（Leua and Choub, 1999；Chang et al., 2002）．キチヌの卵は分離浮遊性で，ふ化後の浮遊期間は19.5〜25.9日（23日前後のものが多く採集される）とされ，この浮遊期間が終了すると砕波帯に接岸・着底する（木下，1993；木下，私信）．すなわち，ふ化後23日程度で生息に適した環境に到達し，着底と摂餌を開始するのである．上述のように，キチヌは東アジアではベトナムから本州まで分布しているが，琉球列島には分布していない．このため，中国や台湾の個体群と日本の個体群が交流するためには，台湾と九州間の約1,000 kmにも渡る生息不適地を越える必要がある．黒潮流軸は時速2〜5ノット（秒速1.0〜2.6 m）で流れているため，黒潮流軸に取り込まれた卵や仔稚魚は台湾から九州沿岸まで，早ければ4日半程度で到達が可能である．しかし，黒潮流軸の水塊は水温や塩分濃度が沿岸水塊とはこと

なるために，卵や仔稚魚の初期減耗が激しい．一方，黒潮北縁（黒潮前線）には時速0.3～0.9ノット（秒速0.15～0.46 m）程度の流速をもつ黒潮と平行する海流が存在する．マアジの卵と仔稚魚の輸送シミュレーションの結果，この黒潮北縁の水塊に取り込まれた浮遊性の卵と仔稚魚の生存率は，黒潮流軸の水塊に取り込まれたものよりも有意に高くなることが示されている（金，2004）．黒潮北縁の海流の流速から計算すると，台湾から九州沿岸まで早ければ13.9日で到達が可能である．キチヌの浮遊生活期が短くても約20日であることから，この黒潮北縁の海流が中国や台湾から卵と仔稚魚を日本へ輸送していると考えても矛盾はない．

それでは最後に，黒潮と温暖化が集団構造の形成に与えた影響とはなんだったのかを考察してみる．

クロダイ属ではクロダイ *A. schlegelii* が最も高緯度地方の低水温に適応しているが，キチヌの日本の個体群はそれに次いで低水温への適応をはたしていると考えられる．上述のとおり中国沿岸の個体群はハプロタイプグループAをもち横列鱗数が4½という特徴をもつ．そして，中国沿岸の個体群は日本の個体群ほど低水温には適応していなかったと推察される．黒潮が現在の流路をとるようになった更新世以降，中国沿岸の個体群の卵と仔稚魚は，黒潮北縁の海流によって日本沿岸へ輸送されていたと考えられる．しかし，その多くは輸送中に，また日本沿岸に到達したとしても冬期の低水温によって死滅する無効分散を繰り返していたと推察される．しかし，地球規模の温暖化によって，沖縄，九州，日本南方海域における2009年までのおよそ100年間にわたる海域平均海水面水温は，100年で+0.7～+1.3℃上昇している（気象庁，2010）．温暖化は日本本土の海水温を中国沿岸の個体群が生存可能な水温まで上昇させた．台湾と九州南岸の水温差は1～2℃程度であるため，この海域の生物にとって100年で+0.7～+1.3℃という水温の上昇は大きな環境変動であったことは疑う余地もない．この結果，黒潮の影響が強い日本の太平洋側では，ハプロタイプグループAをもち横列鱗数が4½という中国の個体群の特徴をもつ個体が多くなった．一方，黒潮の影響がそれほど強くない天草諸島や福岡県，広島県では，元来の日本のキチヌの個体群の特徴（ハプロタイプグループBをもち横列鱗数が3½）が多く残されている．さらに，ハプロタイプグループと横列鱗数の多型の間には関連がないという検定結果から，現在は両個体群の間で交配がおこなわれ，大規模な個体群の混合が起こっていると推察される．いずれにせよ，日本の沿岸域

のキチヌの外部形態は，この20年ぐらいで横列鱗数が3½から4½に変わってきているということは事実である．どのようにしてこのような変化が起こるのかきわめて興味深く，今後さらに検討を加えたい．

引用文献

Akazaki, M. 1962. Studies on the spariform fishes: anatomy, phylogeny, ecology and taxonomy. Misaki Mar. Biol. Inst. Kyoto Univ., Spec. Rep. 1: 1-368.

Burgess, W. and H. R. Axelrod. 1974. Pacific Marine Fishes Book 5. Fishes of Taiwan and adjacent waters Vol. 5. Hong Kong and Neptune City, N.J. T.F.H. Publications. pp. 1112-1381.

Carpenter, K. E. 2004. Sparidae. pp. 1554-1557 in K. E. Carpenter (ed.), The living marine resources of the Western Central Atlantic. Volume 3: Bony fishes part 2 (Opistognathida to Molidae). FAO species identification guide for fishery purposes. aAmerican Soc. Ichthyol. Herpetl.Spel. Pub. No. 5. FAO, Rome.

Chang, C.-W., C.-C. Hsu, Y.-T. Wang, and W.-N. Tzeng. 2002. Early life history of *Acanthopagrus latus* and *A. schlegeli* (Sparidae) on the western coast of Taiwan: temporal and spatial partitioning of recruitment. Mar. Freshw. Res. 53: 411-417.

Chu, Y. T., C.-L. Chan and C.-T. Cheng.1963. The fishes of the East China Sea. Vol. 2. Science Press, Beijing. pp. 300-642.

Fujita, S., I. Kinoshita., I. Takahashi and K. Azuma. 2002. Species composition and seasonal occurrence of fish larvae and juveniles in the Shimanto Estuary, Japan. Fish. Sci. 68: 364-370.

Gushiken, S. 1983. Revision of the carangoid fishes of Japan. Galaxea, 2: 135-264.

方力行・陳義雄・韓僑權．1996．高雄県生態保育叢書2 高雄県河川魚類誌．高雄政府・国立海洋生物博物館．高雄．216 pp.

Houttuyn, M. 1782. Beschryving van eenige Japanese visschen, en andere zee-schepzelen. Verh. Holland.Maats. Haarl. 20, 1-213.

Huang, W.-B. and T.-S. Chiu. 1997. Environmental factors associated with the occurrence and abundance of larval porgies, *Acanthopagrus latus* and *Acanthopagrus schlegeli* in the coastal waters of western Taiwan. Acta Zool. Taiwan. 8: 19-32.

木下 泉．1993．砂浜海岸砕波帯に出現するヘダイ亜科仔稚魚の生態学的研究．Bull. Mar. Sci. Fish. Kochi Univ., 13: 21-99.

金 熙容．2004．マアジの卵・稚仔輸送過程．pp. 112-119 *in* 杉本隆成編，海流と生物資源．成山堂書店，東京．

気象庁．2010．海面水温の長期変化傾向（日本近海）．気象庁ホームページ：http://www.data.kishou.go.jp/shindan/a_1/japan_warm/japan_warm.html.

Kottelat, M. 1986. A review of the nominal species of fishes described by G. Tirant. Nouvelles Archives du Muséum d'Histoire Naturelle, Lyon Fasc., 24: 5-24.

Leua, M.-Y. and Y.-H. Choub. 1999. Induced spawning and larval rearing of captive yellowfin porgy, *Acanthopagrus latus* (Houttuyn). Aquaculture, 143: 155-166.

Pearl River Fisheries Research Institute, Chinese Academy of Fisheries Science,

Shanghai Fisheries University, East China Sea Fisheries Research Institute, Chinese Academy of Fisheries Science, Fisheries School of Guangdong Province (eds.). 1986. The freshwater and estuaries. Fishes of Hainan Island.Guangdong Science and Technology Press, Gauangzhou. 372 pp.

Richardson, J. 1846. Report on the ichthyology of the Seas of China and Japan. Report of the British Association for Advancement of Science 1845: 187-320.

Sadovy, Y. and A. S. Cornish. 2000. Reef fishes of Hong Kong. Hong Kong University Press, Hong Kong. 321 pp.

Shen, S. C. 1984. Coastal Fishes of Taiwan. Department of Zoology, National Taiwan University,Taipei. 609 pp.

Tirant, G. 1883. Bulletin de la Société des Études Indo-chinoises. Saigon. Mémoire sur les poissons de la rivière de Hué. 1883: 80-101.

Xia, J.-H., Huang, J.-H., Gong, J.-B. and Jiang, S.-G. 2008. Significant population genetic structure of yellowfin seabream *Acanthopagrus latus* in China. Journal of Fish Biology, 73: 1979-1992.

Youn, C.-H. 2002. Fishes of Korea, with pictorial key and systematic list. Ishisha Seoul. 747 pp.

Box 4

中国大陸沿岸から宮崎県にやってきたアジ科魚類

　1990年代半ば以降，アジ科の魚類において日本初記録種が宮崎県で非常に多く発見されていた．Gushiken (1983) が生涯かけて日本産アジ科魚類の分類学的再検討をおこない，もう新しいアジ科魚類は日本ではみつからないだろうといわれていた．にもかかわらず宮崎をふくむ九州南部では，1990年代以降，過去に国内から報告がない種類が発見されるようになっていた．アジ科だけでもオオクチイケカツオ *Scomberoides commersonnianus*，クロボシヒラアジ *Alepes djedaba*，コガネマルコバン *Trachinotus mookalee*，イトウオニヒラアジ *Caranx heberi*，およびヒシカイワリ *Ulua mentalis* の5種が新しく報告されている（Iwatsuki and Kimura, 1996；本村ほか，1998；岩槻ほか，2000；Motomura et al., 2007）．イトウオニヒラアジを除く4種は，琉球列島からの報告は無く，南九州から報告される以前は台湾や中国南部の大陸沿岸を北限とする南方系魚類である（Smith-Vaniz, 2004；Iwatsuki and Kimura, 1996；本村ら，1998；岩槻ほか，2000；Motomura et al., 2007）．したがって，琉球列島を起源として輸送されてきたというより，台湾・中国本土から黒潮により卵・仔稚魚期に輸送されてきた可能性が強く推測される．もともと九州南岸は黒潮の影響を強く受ける温暖な海域であり，同じく黒潮の影響を受ける台湾周辺海域との海水温の差は1℃から2℃程度である（気象庁，2010）．黒潮は中国大陸や台湾沖合，琉球列島との間を北上し，南日本に流れており，上記の種が琉球列島ではなく南九州で記録されたという事実からも，これらの種が大陸側から黒潮によって輸送されてきたことが強く推測される．

引用文献

Iwatsuki, Y. and S. Kimura. 1996. First Record of the Carangid Fish, *Alepes djedaba* (Forsskål) from Japanese Waters. Ichthyol. Res. 43: 182-185.

岩槻幸雄・本村浩之・戸田　実・吉野哲夫・木村清志．2000．日本初記録のコガネマルコバン（新称）*Trachinotus mookalee*．魚類学雑誌，47: 135-138.

気象庁．2010．海面水温の長期変化傾向（日本近海）．気象庁ホームページ：http://www.data.kishou.go.jp/shindan/a_1/japan_warm/japan_warm.html.

Motomura, H., S. Kimura, and Y. Haraguchi. 2007. Two carangid fishes (Actinopterygii: Perciformes), *Caranx heberi* and *Ulua mentalis*, from Kagoshima: the first records from Japan and northern record for the species. Species Diversity, 12: 223-235.

本村浩之・岩槻幸雄・吉野哲夫・木村清志・稲村　修．1998．オクチイケカツオ *Scomberoides commersonnianus* の日本からの初記録．魚類学雑誌，45: 101-

105.
Smith-Vaniz, W. 2004. Carangidae. pp. 1554-1557 in K. E. Carpenter (ed.), The living marine resources of the Western Central Atlantic. Volume 3: Bony fishes part 2 (Opistognathida to Molidae). FAO species identification guide for fishery purposes. FAO, Rome.

第7章

黒潮が運ぶボウズハゼ
—熱帯淡水性魚類の両側回遊

渡邊　俊

はじめに

　河川で普通にみられるボウズハゼが「黒潮の魚たち」に紛れ込んでいることに違和感をもつ人がいるかもしれない．しかし，本種は淡水性両側回遊魚であり，仔魚の成育には海が必須である．また，仔魚の分散には黒潮が密接にかかわっていることがあきらかになってきた．そこでこの章では，ボウズハゼの生活史において黒潮が果たす役割を考察し，本種が「黒潮の魚たち」の立派な仲間であることを強調してみたい．さらには，本種をふくむボウズハゼ亜科魚類とアユ，ヨシノボリ属，淡水性カジカ属など淡水性両側回遊魚の生活史特性や回遊生態を比較することにより，熱帯と温帯における淡水性両側回遊の進化過程や程度のちがいを検討する．

研究の背景と着眼点

(1) ボウズハゼ

　ボウズハゼ *Sicyopterus japonicus* は，ハゼ科 Gobiidae のボウズハゼ亜科 Sicydiinae に属する淡水性両側回遊魚である（道津・水戸，1955，Box 5参照）．本種は河川において付着藻類を専食し，遡上の際に岩面匍行をおこなうことが報告されている（福井，1979）．ボウズハゼの名前は，頭部が丸みを帯び，さらに藻の専食が精進料理を連想させることに由来する．本種の分布は福島県の太平洋岸から，琉球列島を経て台湾にまで至る（図7.1a）．この分布域は黒潮との関連を予想させる．青柳（1957）は日本列島の淡水魚類の生物地理区として，九州，四国の太平洋沿岸，紀伊半島南部，伊豆半島ならびに房総半島南部を黒潮地方と分類し，その標徴種に，ボウズハゼ，オオウナギ *Anguilla marmorata*，カワアナゴ *Eleotris oxycephala* をあげている．このように，ボウズハゼと黒潮に

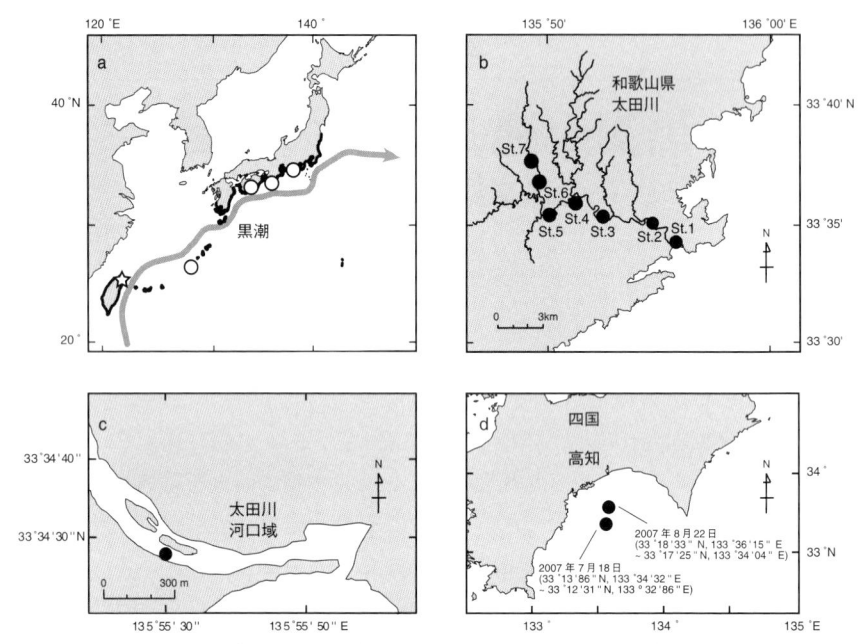

図7.1 ボウズハゼの分布域と黒潮（a），和歌山県太田川の採集定点（b），太田川河口域における仔魚採集のための定置網の設置地点（c），高知沖でのボウズハゼ仔魚の採集点（d）．（a）における○は集団解析で使用した標本の採集地であり，☆はアルビノ個体を採集した地点を示す．

ついての関連性はいくつかの文献で指摘されているが，両者の関係について詳細な調査研究がおこなわれたことはなかった．

これまで本種は，淡水生活期の生態（道津・水戸，1955），上顎歯の発達（Mochizuki and Fukui, 1983；Moriyama et al., 2010），仔魚の流下生態（Iguchi and Mizuno, 1990），回遊履歴（Shen et al., 1998；Shen and Tzeng, 2002, 2008）などについて研究されてきた．しかし，これらの研究はボウズハゼの生活史の一部に着目したもので，本種の生活史の根幹をなす両側回遊行動についての研究はない．

(2) ボウズハゼ亜科魚類

ボウズハゼ亜科魚類は8属（*Akihito, Cotylopus, Lentipes, Sicydium, Sicyopterus, Sicyopus, Stiphodon, Parasicydium*）からなり（Keith et al., 2011），これまでに約110種が報告されている（Froese and Pauly, 2010. FishBase. World Wide Web electronic publication. www.fishbase.org, version 11/2010). 本亜科に属する魚類は，レユニオン島やハワイ諸島など熱帯・亜熱帯の島嶼域に広く分布するが，ボウズハゼのみ温帯域に分布する．ボウズハゼ亜科魚類は島嶼域における魚類相のなかで，最も優占するグループである（McDowall, 2003, 2004）．本亜科のなかにはルリボウズハゼ *Sicyopterus lagocephalus* のように，インド洋西部のレユニオン島から太平洋東部のマルケサス諸島まで広く分布する種もいる（Watson et al., 2000）．一方で，特定の島嶼のみに生息する固有種も少なくない．たとえば，ハワイ諸島には純淡水魚が存在せず，河川に出現する5種の魚類（*Awaous guamensis, Eleotris sandwicensis, Lentipes concolor, Sicyopterus stimpsoni, Stenogobius hawaiiensis*）は，すべて淡水性両側回遊をおこなうハゼ亜目 Gobioidei 魚類であり（*L. concolor* と *S. stimpsoni* はボウズウハゼ亜科，*A. guamensis* と *S. hawaiiensis* はゴビオネルス亜科，*E. sandwicensis* はカワアナゴ亜科に属する），*A. guamensis* 以外の4種はハワイ諸島に固有である．

(3) 研究目的

　ボウズハゼ亜科魚類の大半の種は熱帯域で淡水性両側回遊をおこなうが，ボウズハゼは唯一，温帯に生息し，本亜科のなかで最も高緯度に適応した種といえる．つまり，ボウズハゼは熱帯と温帯の淡水性両側回遊魚の特徴を併せもつと考えた．これらの生態学的特徴は，ボウズハゼ亜科魚類の分布域拡大と進化を理解する上で重要である．そこで著者が所属する研究室では，孵化から繁殖に至るボウズハゼの全生活史をあきらかにすることを目的とし，和歌山県太田川において2003年から2008年までの計6年間，本種の生態調査をおこなった．この章では，まずはじめにボウズハゼの野外調査や室内実験で得られた知見を紹介し，ボウズハゼの淡水性両側回遊を浮き彫りにする．つぎに，ボウズハゼと熱帯に生息するボウズハゼ亜科魚類の生活史特性を比較し，これらの共通点と相違点をあきらかにする．さらには，ボウズハゼ亜科魚類の生活史特性と回遊生態を，アユ *Plecoglossus altivelis altivelis*，ヨシノボリ属 *Rhinogobius* 魚類，淡水性カジカ属 *Cottus* 魚類などの温帯域に出現するほかの淡水性両側回遊性魚類と比較し，魚類の淡水性両側回遊現象およびその進化過程や程度について考察する．

河川生態

(1) 分布

　ボウズハゼの河川内分布とその季節変化をあきらかにするため，流程27 kmの和歌山県太田川に河口（St.1）から上流22 km（St.7）にかけて7つの調査地点を設け（図7.1b），2003年6月から2006年3月までの約3年間にわたって本種の採集・観察をおこなった．採集で得られた計1273個体のボウズハゼの標準体長は24.0～120.0 mm，体重は0.17～25.02 gの範囲にあった．全体の性比は概ね1：1であり，雄は雌より体長と体重が有意に大きかった．また，体長は上流ほど大きくなる傾向が認められた．

　本種の分布密度を求めるため，St.1, 2, 4, 6の瀬で潜水観察をおこなったところ，中流のSt.2とSt.4で高く（平均2.1個体/m^2），河口（St.1: 0.5個体/m^2）と上流（St.6: 0.1個体/m^2）では低かった．季節的な変化として，河口のSt.1では春に体長が小さい個体（稚魚）のみ出現し，冬には全調査地点でボウズハゼを確認することができなかった．また低水温の冬には，少なくとも春から秋に分布していた瀬や淵でも観察できなかった．したがって，本種は冬には活動を停止し，岩や石の下で越冬するものと考えられる．

(2) 加入・変態

　ボウズハゼの河川加入時の生態をあきらかにするため，2006年から2008年の3～9月にかけて，河口汽水域で小型定置網による仔魚の採集（図7.1c）と岸からの目視および潜水観察をおこなった．仔魚は4～8月に採集され，盛期は4～6月であった．加入の大部分は水温20℃以下の6月末までに終了し，夏季の加入は散発的で個体数も少なかった（図7.2）．熱帯に生息するほかのボウズハゼ亜科魚類はほぼ周年加入する（Bell et al., 1995；Nishimoto and Kuamo'o, 1997）のにたいし，ボウズハゼの加入期間は春のわずか約3カ月に限定されていることが特徴である．

　採集個体数は2006年には1万2766個体，2007年には372個体，2008年には942個体と年によって大きく変動した（図7.2）．いずれの年も1日で20～200個体以上採集されるピークが年に2～6回あった．干潮・満潮に合わせて1日4回の採集を6日間おこなったところ，夜間（平均9個体）に比べ，昼間（266個体）に多く加入することがわかった（Iida et al., 2008）．なお，採集された仔魚の体

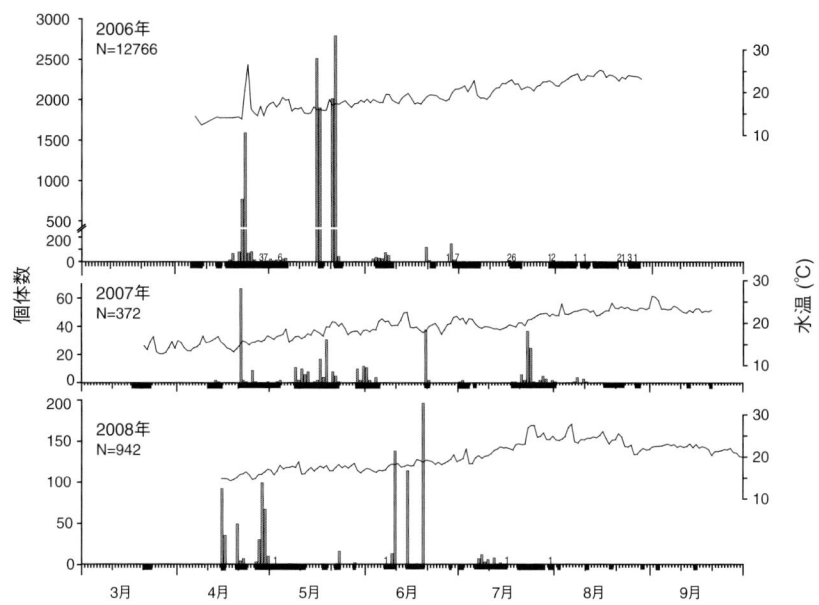

図7.2　2006年から2008年までの太田川河口域におけるボウズハゼ仔魚の加入量と水温の変動．黒いバーは採集日を示す．

長と体重の範囲は22.5〜34.0 mm と0.11〜0.53 g であった．

　2006年と2008年に川岸から計63時間にわたり目視観察をおこなったところ，2〜300個体で構成された群れの遡上が計183例（2006年：平均3.3例/時間，2008年：2.4例/時間）観察された．その約半数は20個体以上の群れであったが，単独で遡上する場合も計43例観察された．群れの出現ピークは干潮から4〜6時間前後にみられ，上げ潮に同期していることがわかった．また，河口汽水域における潜水観察から，仔魚は流れの速い流心部では確認されず，岸よりの流れの緩やかな場所に出現することが確認できた．2005年から2008年までの毎年，潜水観察中に仔魚が頭を下にし，胸鰭を頻繁に動かし，中層に定位する逆立ち行動（図7.3）を確認した．遊泳中は通常の水平姿勢であるが，停止するとこの行動をとった．紀伊半島南部の河川にて，内山（2008）は同様の行動を報告している．

　仔魚の加入調査と河川内の分布の調査によって，春に河川へ加入した後期仔魚は，河口域で稚魚へ変態した後（図7.4），その場にはほとんど定着せず上流へ移動し，潮汐の影響を受けない中流域から上流に向かって順次定着していく

第7章　黒潮が運ぶボウズハゼ ● 117

図7.3 仔魚の逆立ち行動．(a) 群れのほとんどの仔魚が立ち泳ぎをしているとき，また (b) 単独でおこなっているときの様子．

図7.4 仔魚の変態過程．i の河川加入初期の浮遊性から vi の底生性へ変化する．（撮影：福井正二郎）

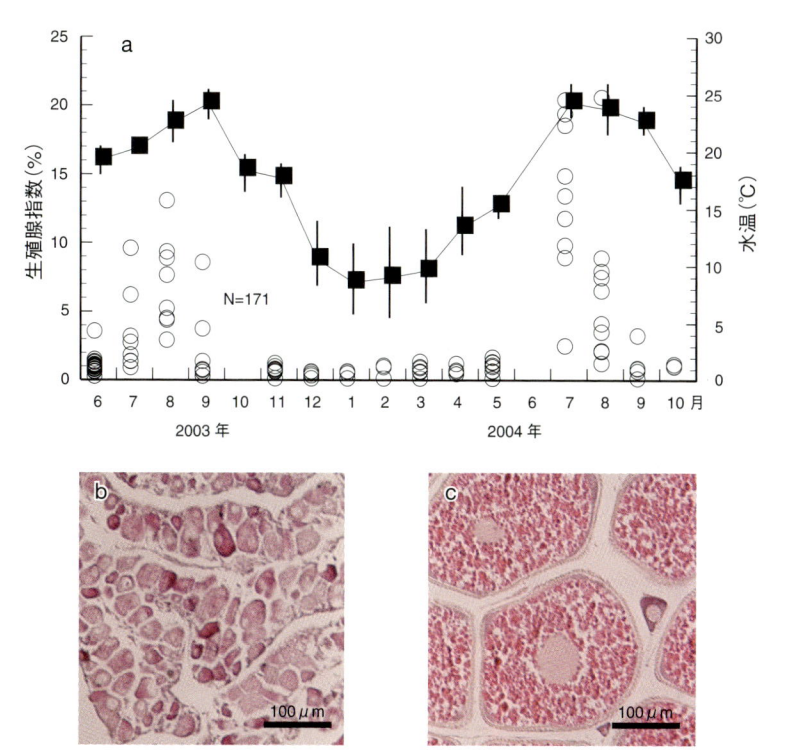

図7.5 2003年6月から2004年10月までの太田川における雌の生殖腺指数と水温の経月変化（a）．卵巣の組織切片による未成熟な卵細胞（b, 小型卵）と成熟した卵細胞（c, 大型卵）の写真（スケールは100 μm）．生殖腺指数はつぎの式にもとづき算出した：生殖腺指数＝生殖腺重量(g)/体重(g)×100．(a) における○は生殖腺指数，■は平均水温，またバーは各定点での水温範囲を示す．

ことがあきらかとなった．したがって，中流域では高密度となり，上流域へ向かうほど密度が低下するものと考えられる．同様の遡上と定着様式がカンキョウカジカでも報告されている（後藤，1994）．カンキョウカジカでは下流に住む高密度集団が低成長で小型・若齢成熟の生活史特性を，一方で上流の低密度集団がそれと逆の特徴を示す．ボウズハゼにおいても上流ほど大きな体サイズが認められることは，カンキョウカジカと同様の生活史特性といえるかもしれない．しかし，ボウズハゼの河川内分布の形成には，稚魚の遡上と定着以外に，成魚の夏の岩登り（福井，1979）にみられるような年周期の移動も関係するので，さらなる研究を要する．

(3) 成熟・産卵

　本種の産卵生態をあきらかにするため，2003年6月から2004年10月までの雌の生殖腺指数と，2003年11月から2004年10月までの雌の卵巣組織の経月変化を調べた．その結果，雌の生殖腺指数（171個体，範囲0.0～20.8）は夏（7～9月）に高く（平均6.5），秋から春（10～6月）にかけては低かった（平均0.7，図7.5a）．また，卵巣には周年卵径100 μm 以下の小型の卵巣卵（小型卵，図7.5b）が観察され，産卵期の7月と8月には小型卵に加えて200 μm 以上の大型の卵巣卵（大型卵，図7.5c）が観察された．卵巣の組織観察をおこなったところ，7月と8月の個体はすべて大型卵をもち，成熟が進んでいた（Iida et al. in press）．以上の結果よりボウズハゼは高水温（20～26℃）の夏（7～9月）に年1回産卵することがわかった．

　耳石解析により年齢が推定された2～6歳個体の生殖腺指数をみると，2歳魚には生殖腺指数20.8と高い値を示す個体がいた．したがって，少なくとも2歳からは繁殖に参加できると考えられる．

　孕卵数（10個体）は2万2500～10万9300粒（平均5万6000粒）で，そのうち大型卵数は1万800～5万2500粒（平均2万6900粒）と推定された．また野外で卵塊を採集し（8卵塊），産着卵数を推定したところ，1万1700～7万6300粒であった．本種の孕卵数と産着卵数はほかのボウズハゼ亜科魚類とほぼ同等であるが，ハゼ亜目魚類のなかでは多く，ほかの両側回遊魚と比較すると1桁から2桁多い値であった（Iida et al., 2009）．

　ボウズハゼの産卵期は，台湾では冬を除く10カ月（3～12月）である（Shen and Tzeng, 2008）．また，沖縄では少なくとも5～8月の4カ月（Yamasaki et al., in press）である．つまり，低緯度の地域では，産卵期は和歌山における約2カ月よりも長い．さらに，ほかのボウズハゼ亜科魚類の産卵期に着目してみると，フィリピンのルリボウズハゼ（Manacop, 1953），ハワイの *S. stimpsoni*（Fitzsimons et al., 1993），ドミニカの *Sicydium punctatum*（Bell et al., 1995）では周年，レユニオンのルリボウズハゼでは11～5月の7カ月（Bielsa et al., 2003），ハワイの *Lentipes concolor* では10～6月の9カ月（Kinzie, 1993），沖縄のナンヨウボウズハゼ *Stiphodon percnopterygionus* では5～12月の8カ月（Yamasaki and Tachihara, 2006）という報告があり，ボウズハゼの産卵期間は，熱帯と亜熱帯に生息するボウズハゼ亜科の産卵期（7～12カ月）よりあきらかに短い（Iida et al., 2009）．

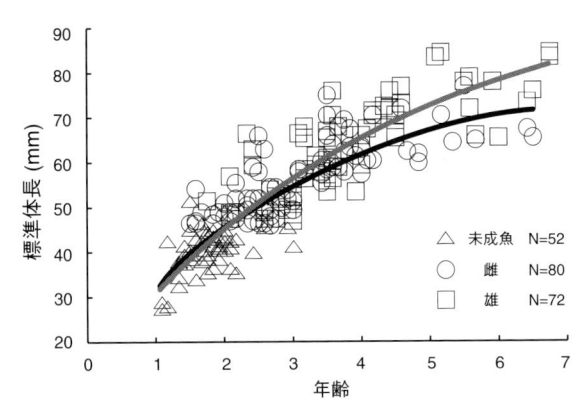

図7.6 耳石解析により推定された太田川におけるボウズハゼの雌雄の年令と体長の関係と推定された成長．黒とグレーで表した曲線はそれぞれ雌雄の成長曲線を示す．

(4) 成長

　耳石の輪紋が年輪であることを確認した上で，河川の採集で得た204個体（未成魚：52個体，雌：80個体，雄：72個体）の年齢査定をおこなったところ，その範囲は1〜6歳となった．これを基にベルタランフィーの式により成長曲線を求めたところ，雌は体長60〜70 mm，年齢3〜4歳で成長が停滞したのにたいし，雄には成長の停滞はみられなかった（図7.6）．成長の季節変化をみるため，雌雄別に年級群解析をおこなったところ，雌雄とも4〜10月にかけて成長速度は0.3〜3.2 mm/月と大きく，10〜2月の間は0〜0.7 mm/月とほとんど成長がみられなかった．

　肥満度は，雌雄とも5〜7月にかけて増大し，7月に最大（平均21.0）となった．その後8月に急減したが，11月にふたたび増大し，冬にはまた減少した（渡邊ほか，2007，図7.7）．8月もしくは9月，雌雄ともに肥満度がいったん低くなった理由は，雌では卵の産出，雄では営巣と卵保護のための絶食もしくは摂餌量の減少であると推察した．実際，卵塊の産みつけられた石の下では，雄がたびたび観察された．同様に，道津・水戸（1955）もボウズハゼの雄による卵保護を観察している．

　水温変動に着目すると9〜12月にかけて急激に水温が低下するが，詳しくみると10〜11月の水温はほぼ17℃と一定であり（図7.5a），11月下旬までは15℃を下回らない．産卵もしくは卵保護終了から晩秋までにボウズハゼの雌雄は活発に摂餌をし，肥満度を増して越冬に備えるらしい（渡邊ほか，2007）．

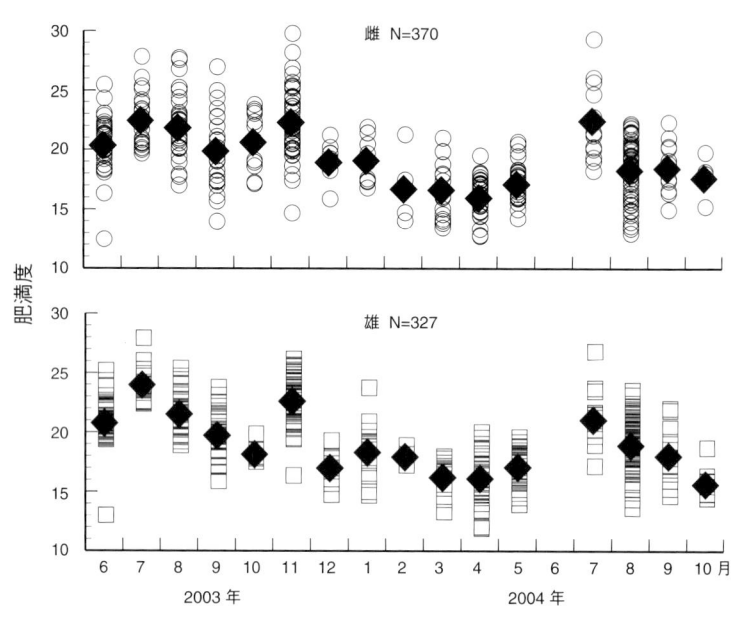

図7.7 2003年6月から2004年10月までの太田川における雌雄の肥満度の経月変化.肥満度はつぎの式にもとづき算出した:肥満度＝体重(g)/標準体長(cm)^3×1000.

ボウズハゼの回遊履歴を推定するため，2003年9月から2005年10月に太田川の上流から下流までの広範囲でボウズハゼ成魚15個体（雌：8個体，標準体長57〜76.5 mm，雄：7個体，標準体長75.5〜120 mm）を採集した．採集個体の耳石を用いて微量元素分析をおこなったところ，雌雄における Sr：Ca 比の変化パターンには差が認められず，どの個体も耳石の中心部で高く，ある一定の場所で急減し，その外側で低くなった．以上の結果から，本種には河川残留型や河川へ加入後にふたたび汽水域へと移動するような生活史多型はなく，どの個体も海で仔魚期をかならずすごし，河川加入後はそのまま河川で生活するという淡水性両側回遊型の生活史をもつものと判断した．

(5) 流下

2005年，2007年，2008年の計3年間において6〜11月に流下仔魚調査をおこなった（St.2，図7.1b）．その結果，7〜9月にのみ仔魚が採集され，各年の仔魚の流下時期は夏の1〜2カ月に限られることがわかった（図7.8）．予備的な実験により，卵期は2〜6日と短いものと考えられた．そのため，産卵と流下

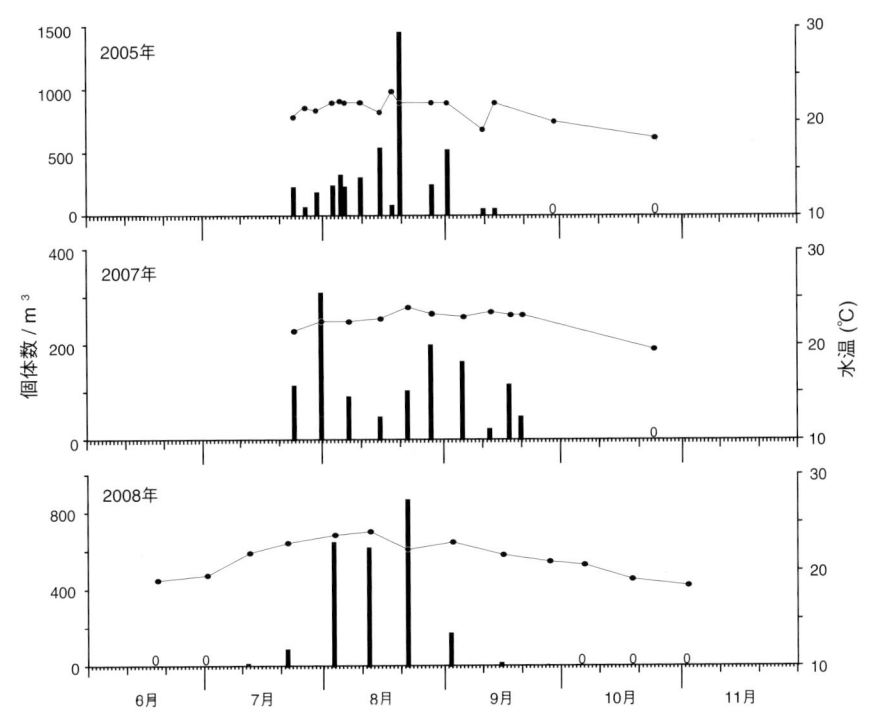

図7.8 太田川における3年間のボウズハゼ孵化仔魚の流下量と水温の変動.

時期はほぼ同一であると推察した．流下仔魚の全長は1.17〜1.59 mmと非常に小さかった．また目は黒化せず，口も開いていなかった．いずれの年も流下仔魚量と水温に明瞭な関係はみられなかった．24時間の調査をおこなったところ，流下仔魚は日中にはほとんど採集されず，夜間に集中した．流下のピークが21〜0時までと比較的長かったことは，日没後に中流域の広範囲で孵化が起こり，時間とともに仔魚が流下し，最終的に中流域の下手であるSt.2で採集されたためだろう．熱帯のボウズハゼ亜科魚類の産卵期が長いことはすでに述べたが，それに同調して起こる流下も当然長いと予想できる．ボウズハゼの流下期間は，ボウズハゼ亜科魚類のなかで最も短いと考えられる．

海洋生態

(1) 海洋生態の推定方法

本種の回遊生態の本質的なおもしろさに迫るためには，仔魚の海洋生態の解

明が不可欠である．そこで，いまだ謎の多い本種の海洋生態をあきらかにするために以下の5つの方法を考えた．まず，i) 成魚の分子遺伝学的集団構造の解析から，海洋における仔魚の分散規模を推察する．つぎに，ii) 加入仔魚の耳石解析により海洋生活期間を推定する．また，iii) ボウズハゼ仔魚の海洋における採集例がないので，海での直接的な仔魚の採集をおこなう．さらに，iv) 仔魚は海流によって受動的に分散すると予想されるため，粒子追跡数値シミュレーションによって仔魚の分散過程を推定する．最後に，v) 水温と塩分による流下仔魚の発達・行動・比重を観察し，海洋における仔魚の振る舞いを推定する．

(2) 集団構造

ボウズハゼの集団構造を把握するため，沖縄，高知，和歌山，静岡の4カ所（図7.1a）から採集した計77個体の成魚（標準体長44〜126 mm）のミトコンドリアDNAにおける調節領域前半部の塩基配列を解析した（Watanabe et al., 2006；渡邊ほか，2008）．その結果，地域間における個体群間に有意な遺伝的分化は認められず，また，近隣結合樹においても地域毎にまとまる傾向を確認することはできなかった．したがって，少なくとも沖縄から静岡までのボウズハゼが単一集団を形成することはあきらかである．

台湾および奄美大島の29河川から得られた計108個体のボウズハゼのミトコンドリアDNAの3領域（調節領域，12Sと16SリボゾームRNA遺伝子領域）における集団解析の結果も，両島の個体群が同一の集団を形成することを示している（Ju, 2001）．以上の研究結果より，台湾から日本の福島県までの約2,500 kmに分布しているボウズハゼの集団構造は単一と考えてよい．

ハワイ諸島に生息するハゼ亜目魚類の集団構造についても興味深い研究がおこなわれている．ハワイ諸島のカウアイ島からハワイ島までの距離は約600 kmであり，西に比べて東の島ほど地史的に新しい．ハワイ諸島に生息するハゼ亜目魚類5種について島毎に遺伝的独立性があるか否かについて，分子遺伝学的手法によって集団構造の解析がおこなわれた．その結果，これら5種すべてがハワイ諸島全体で単一の集団構造を示し，島によるちがいはみられなかった（Zink et al., 1996；Chubb et al., 1998）．この結果とボウズハゼの集団構造解析の結果は，これらのハゼ亜目魚類が広い分布域をもちながらも，単一の集団構造を形成しており，こうした集団構造に海洋における仔魚期の分散が重要な役割をはたしていることを示している．

(3) 海洋生活期間

　ボウズハゼをふくむボウズハゼ亜科魚類の3種において，耳石輪紋に日周性があることが確認されている（Hoareau et al., 2007b；Yamasaki et al., 2007；Iida et al., 2010a）．そこで，2005年4月30日に河口で採集されたボウズハゼ仔魚30個体の耳石日周輪を用いて孵化から河川加入までの海洋生活期間を推定した．その結果，それぞれの仔魚の海洋生活期間は173～253日の範囲（平均208日）であった（Iida et al., 2008；渡邊ほか，2008）．また，海洋生活期間から逆算して推定した孵化日は2004年8月11日から11月9日であった．しかし，この推定孵化日の期間は，2004年の太田川における生態調査からあきらかになった産卵期の7～8月（図7.5）と8月で接してはいるが，後ろに大きくずれていた．

　海に流下した仔魚を採集するため，2003年の12月から2004年の4月まで毎月1回，太田川河口付近の砕波帯および隣接する湾内で，昼にサーフゾーンネット，小型丸稚ネットおよびソリネットを，また夜に湾内で灯火採集を用いたボウズハゼ仔魚の採集調査をおこなった．しかし，本種とほぼ同時期に太田川河口へ加入するアユやヨシノボリ属魚類の仔魚は数多く採集することができたが，ボウズハゼの仔魚は1個体も採集することができなかった．ボウズハゼ仔魚は秋から冬にかけて河口付近の砕波帯および隣接する湾内には生息しないと考えられた．

　2007年7月18日および8月22日に小鷹丸のオッタートロールによって高知沖（図7.1d）で得られた採集物のなかに，それぞれ1個体のボウズハゼ仔魚（標準体長26.8 mm, 27.5 mm）が発見された（図7.9）．この2個体の仔魚の形態は，河川に加入した直後の仔魚（図7.4i）に酷似していた．また，ミトコンドリアDNA（16SリボゾームRNA遺伝子領域）の塩基配列を成魚のそれと比較したところ，ボウズハゼであることが判明した（Watanabe et al., in press）．高知沖で得た仔魚が，河口へ加入する仔魚の形態と類似していたことは，河川へ加入する直前の個体であっても，河口近くに滞留するのではなく沖合に生息し，沖合の海から河口へ速やかに移動することを示している．仔魚の耳石解析から，これらの海洋生活期は278日と286日であり，推定孵化日は2006年10月13日と11月9日であった．この2個体の海洋生活期は太田川に加入する仔魚よりも長く，また推定孵化日も太田川におけるボウズハゼの産卵期（7～9月）とは大きくずれていた．海洋におけるボウズハゼ仔魚に特徴的な形態形質は，頭部後端や背鰭と尾鰭の基底部の赤い色素胞と尾部の中央に位置する黒色素胞の配列である．今

図7.9 高知沖で採集されたボウズハゼ仔魚（標準体長26.8 mm）．（撮影：遠藤広光）

後この形質を用いて仔魚の同定をおこなえば，黒潮流域からさらに本種の仔魚が発見されるのではないかと期待される．

(4) 粒子追跡数値シミュレーションと海洋分散

　粒子追跡数値シミュレーションにより，生息域の南限と考えられる台湾南東部の黒潮域から，水深50 m層と120 m層に粒子を投入したところ，50 m層の粒子が90〜150日で九州南部から紀伊半島沖を経て関東沿岸に接近した．この事実は台湾南部の河川で孵化・流下した仔魚が太田川に加入する可能性を示している（Iida et al., 2010c）．この結果と上述の (2)〜(3) の結果を総合すると，和歌山県太田川に加入する仔魚は，太田川で生まれたものだけではなく，和歌山以南の地域で生まれたものが，黒潮による輸送を経て，太田川へ加入してくると推察できる．

　日本南部に南方系魚類が出現することが黒潮に起因すること，また，サンゴ礁性魚類の幼魚が毎年，本州中部に来遊し越冬できず死亡することは古くから知られている．同様のことがボウズハゼ種内でも起きている．すなわち，分布域における南方の河川で孵化した仔魚は，黒潮による分散を経て北方の河川へ加入する．それぞれの河川に加入した仔魚は，冬までに十分に成長することができれば，越冬に成功し，さらには翌年の夏，産卵にも参加できる．しかし，分布域の最北端であると推測される千葉県以北の河川に加入した仔魚は，秋からの急激な水温低下のため十分な成長ができず，多くは冬に死亡するか，もしくは越冬したとしてもきわめて少数なため，個体群を維持できず，定着には成功していないと考えられている（井口ほか，2005）．河川における冬期の水温は，稚魚と成魚の生残を左右する重要な鍵となっている。また仔魚の分散には，黒潮が強力なベルトコンベヤーとして深くかかわっている．

　近年，分子集団遺伝学的研究にもとづいて，レユニオン島のルリボウズハゼはレユニオン島のみで再生産がなされているのではなく，インドネシア由来の

図7.10　台湾北東部の河川で採集したアルビノ個体と通常のボウズハゼ.

仔魚が海流による大規模な分散を経てインド洋を渡り，本島へ移入しているとの仮説が報告された（Hoareau et al., 2007a）．さらに，レユニオン島へ接岸するボウズハゼ亜科魚類2種の仔魚の耳石解析により，本島の固有種である *Cotylopus acutipinnis* の海洋における浮遊仔魚期間は平均101日であるのにたいし，ルリボウズハゼはその約2倍の平均199日の仔魚期を有することが示された（Hoareau et al., 2007b）．また，バヌアツとニューカレドニアにそれぞれ固有種である *Sicyopterus aiensis* と *S. sarasini* および両島に生息するルリボウズハゼの耳石解析によると，固有種の2種の海洋生活期間は平均79日と77日であるのにたいし，ルリボウズハゼの海洋生活期間は平均131日であった（Lord et al., 2010）．以上の結果より，ボウズハゼ亜科魚類の分布には，海洋における仔魚期の長さと海流構造による分散が関与することが容易に推察できる．しかし，これが地理分布を決めるすべての要因でないことをあとに考察したい．

(5) 仔魚の発達と行動

本種の発生初期の生態をあきらかにするため，野外で採集した卵を飼育して，卵および孵化仔魚の発育過程を観察するとともに，塩分と水温がそれらの発育と生残におよぼす影響を検討した（Iida et al., 2010b）．卵は付着糸を備えた球形で，直径0.4 mm の沈性付着卵であった．孵化仔魚（全長1.5 mm）は野外の流下仔魚採集で得られた個体と同様に，口と肛門は開いておらず，目は黒化していなかった．本種の仔魚はほかのボウズハゼ亜科魚類の孵化仔魚と形態が類

似するが，魚類のなかではもっとも未発達な状態で孵化するといえる．卵の孵化率は，淡水と1/3海水中で平均73.3％と高く，海水中では18.9％と低かった．仔魚の生残と発育をことなる塩分3区（淡水，1/3海水，海水）と水温3区（18，23，28℃）の組み合わせで比較したところ，おおむね1/3海水区，海水区，淡水区の順に生残率が高く，また低温ほど生残率が高かった．淡水では初期発育はまったく進行しなかったが，海水区と1/3海水区では目の黒化，開口，卵黄吸収と進み，高温ほど発育が速かった．塩分3区（淡水，1/2海水，海水）の止水の水槽中で孵化仔魚の行動を観察すると，静止沈降と遊泳上昇の鉛直運動を休みなく繰り返した．1回の上昇距離，下降距離，上昇時間はいずれも，淡水，1/2海水，海水の順で大きかった．低温の淡水中で前期仔魚の発達が進まないことや高温の海水中での急激な形態発達など，同様の結果がレユニオン島におけるルリボウズハゼの飼育実験でも確認されている（Valade et al., 2009）．以上の室内実験と野外の流下仔魚調査の結果を総合すると，夏の夜間に孵化した仔魚は，河床に沈んで流下が遅れることを防ぐため，絶え間なく鉛直運動をおこないながら川を下り，発育と生残に好適な海へ速やかに到達するものと考えられた．

　孵化仔魚の比重を計測したところ，1.034（23℃）～1.036（28℃）と海水（1.023，24℃）より大きかった．このことは，ボウズハゼ仔魚が海洋で受動的に浮遊分散するばかりではなく，海中のある層に留まるために有効であろう．また，比重を大きくすることは生まれた川もしくはその地方の川へもどる確率を増やすための適応とも解釈できる．ボウズハゼ亜科の仔魚期に関する分散と滞留に関する総説は，McDowall（2010）のみである．海洋におけるボウズハゼ亜科仔魚の生態や行動があきらかになれば，分散と滞留の関係を飛躍的に解明することができるのではなかろうか．

　余談ではあるが，台湾北東部（図7.1a）の河川でボウズハゼのアルビノ（図7.10）を採集した（渡邊ほか，2010）．その後，この地域にはアルビノ個体が多数生息するとの報告（林，2007）があったことに気づいた．著者らは，ボウズハゼの分布域の多くの地点で本種の採集や潜水観察をしている．しかし，アルビノ個体を確認できたのは，その河川のみである．この台湾北東部に生息するアルビノ個体に着目し，これらの仔魚の流下，分散，加入などの生態学的研究やそれらについての分子遺伝学的研究をおこなうことは，本種をふくむボウズハゼ亜科魚類の仔魚における分散と滞留の関係を解く鍵となるかもしれない．

熱帯淡水性魚類の両側回遊

(1) ボウズハゼの生活史と回遊生態

　熱帯島嶼における淡水性両側回遊を考察するため，温帯で淡水性両側回遊をおこなうボウズハゼの生活史を簡単にまとめてみよう（図7.11）．魚類全体のなかでも最小の部類に入る卵および孵化サイズ（約1.5 mm）であるボウズハゼ仔魚は，夏の夜間に孵化した後，静止沈降と遊泳上昇という鉛直運動を繰り返しながら，河川を流下する．海へ到達した仔魚は，目の黒化，開口，卵黄吸収と初期発育を進める．その後，半年以上，仔魚は海で成育する．水温の上昇する春に約27 mmまで育った後期仔魚は，海から河口へ加入する．加入後，口器は底生生活と藻類食に適した形態へ変態し，稚魚となる．その後，河川を遡上し，中流域に定着する．稚魚は水温が低下する秋まで摂餌活動をおこない，冬期には石の下で越冬する．水温む春になると，冬を生き延びた稚魚（体長約45 mm）および3歳以上の成魚はふたたび活動を開始し，夏の繁殖に向けて雌は産卵準備をはじめ，雄は成長をつづける．夏に雄は営巣し，雌にたいし求愛行動をおこない，巣に導き産卵を促す．産卵が成功すると雄はその卵を保護する．保護の後，卵が孵化し仔魚が流下する．夏の終わりには雌雄とも繁殖により肥満度が減少するので，それを補うため，秋に活発な摂餌をおこない，越冬に備える．寿命は6年程度と考えられ，おそらく繁殖のコストのちがいにより雄は雌より大型になる．以上のように，本種の生活史は季節ごとに決まった産卵，加入などの生活史イベントがあり，それは温帯域の水温の季節変化により規定されているものと考えられる．

　仔魚の加入は春であった．春に河川へ加入することができれば，水温の上昇する春から水温の低下する晩秋までの期間に成長することができるからであろう．もし仔魚の加入が秋であるとしたら，冬までに充分に成長や栄養の蓄えができず，そのため淡水における最初の越冬は難しくなる．実際，調査中に，当年加入群とみられる痩せた小型のボウズハゼの死体（体長50 mm未満）を冬の間に数回発見した．しかし，春から秋までの期間にはこのような個体は観察されなかった．このことからも，冬の低水温と飢餓に備えるために，仔魚は水温が上昇する春先にいち早く加入し，夏と秋にかけて成長すると考えられる．加入した仔魚は稚魚へと変態した後，その年の繁殖には参加しないため，餌から得たエネルギーはすべて成長へまわすことができる．すなわち春の仔魚の加

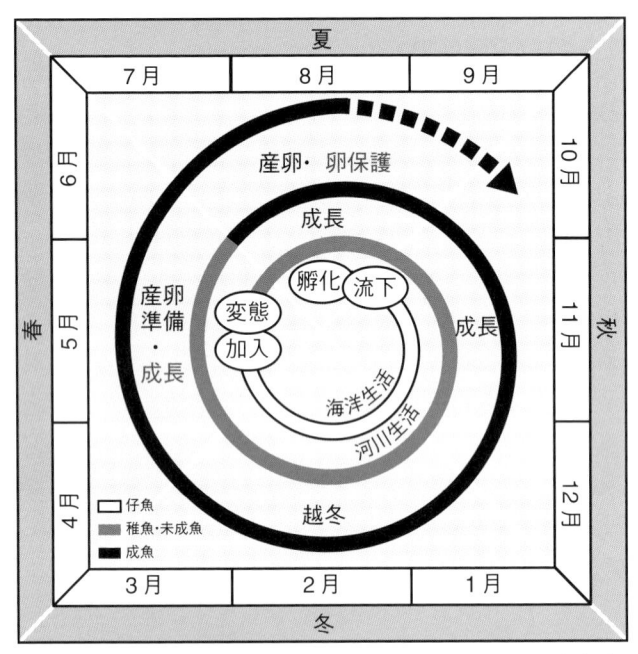

図7.11 ボウズハゼの生活史の概念図．春と夏のグレーで表した成長と卵保護は，雄の生活史特性を示す．

入は生存のための制約と考えられる．

　一方，成魚は冬の間に落ちた肥満度を回復させるため，水温が上昇する春には積極的に摂餌し，夏の繁殖に向けて生殖腺を発達させる．雌では最大で体重の約20％が生殖腺の重量となるため，多量の餌を必要とする．しかし，雄の生殖腺は産卵期の夏であっても0.01 g以下であり，電子天秤で計測できないほど軽量であった．雌では春から夏の成長はおもに生殖腺の発達に向けられ，雄では体成長に向けられると考えられる．すなわち，雌が成長するのはおもに夏から秋であるが，雄は産卵期の夏の一時期を除き，春から秋にかけて成長するものと推測される．この両者のちがいが，雄が雌より大きくなるという体サイズ差に反映されるのであろう．

　冬の間に低下した肥満度を回復させ，さらに成熟へとエネルギーを回すためには，春に産卵することは難しいと考えられる．同じ淡水性両側回遊魚であるアユは秋の終わりに産卵する（塚本，1988）．アユは年魚であるため，産卵を終えるとその生涯を終える．しかしボウズハゼは複数年にわたり成長，繁殖をお

こなうため，越冬に備えて秋にはエネルギーを蓄えなければならないので，秋の終わりに産卵しないのであろう．したがって，本種の産卵は水温の高い夏の短期間に集中するものと推測された．夏の産卵は孵化仔魚の生残や適応というよりはむしろ成魚が越冬するための制約によるものと考えられる．

　ボウズハゼの成魚と仔魚はそれぞれの制約を受け，その結果，産卵は夏に，加入は春におこなわれる．つまり，温帯に分布する多くの淡水性両側回遊魚の仔魚が冬期を暖かい海で過ごす現象とみかけ上，同様になった．ボウズハゼの成熟・産卵とそれにつづく仔魚の流下，さらには仔魚の加入は，温帯の明瞭な季節変化にしたがって，厳密に決まっており，これが本種と熱帯のボウズハゼ亜科魚類の決定的なちがいであると考えられる．

(2) ボウズハゼ亜科魚類の生活史と回遊生態

　ボウズハゼとほかのボウズハゼ亜科魚類の生活史特性を比較すると，以下のような共通点が認められる．すなわち，すべてのボウズハゼ亜科魚類の仔魚は海を必要としており，河川に加入してから死亡するまでは淡水で生活することである．また，孕卵数は一般に1000（ナンヨウボウズハゼ：Yamasaki and Tachihara, 2006）～22万粒（ボウズハゼ：道津・水戸, 1955）と多い．さらに孵化仔魚のサイズは1.2～1.8 mmと小さく（Bell and Brown, 1995；Lindstrom, 1999），いずれも目が黒化せず，開口していない未発達な状態で生まれる（Lindstrom, 1999；Yamasaki and Tachihara, 2006）．ボウズハゼで確認できた仔魚の鉛直運動は，ルリボウズハゼやヨロイボウズハゼ属の *Lentipes concolor* でも報告されている（Kinzie, 1993；Keith, 2003）．小卵多産，孵化仔魚の小さな体サイズ，さらには淡水における仔魚の鉛直運動特性は，仔魚期の海洋への依存性を示す生活史特性と考える．このようにボウズハゼをふくむ本亜種魚類は，仔魚の海洋生活にとって重要で基本的な生態的特性を共有しているといえる．

　一方で，海洋生活期間については亜科内で変異が大きい．すなわち，ボウズハゼでは平均208日（Iida et al., 2008）と長く，レユニオン島のルリボウズハゼも平均199日（Hoareau et al., 2007b）と長い．これらとは対照的に，ほかのボウズハゼ亜科魚類（*Sicydium* 属やヨロイボウズハゼ属など）の海洋生活期間は54～160日間であり（Bell et al., 1995；Radtke et al., 2001），ボウズハゼとルリボウズハゼよりはあきらかに短い．したがって，長い海洋生活期間はボウズハゼ亜科魚類に特有というよりは，ボウズハゼとルリボウズハゼの2種に共通

の特徴と考えられる．しかし，ボウズハゼの秋から春までの長い海洋生活期間は，冬の河川の低水温によって仔魚の加入が制限された結果として生じている可能性があり，このような低水温の心配のない熱帯・亜熱帯に生息するルリボウズハゼの長い海洋生活期間とでは意味合いがことなる可能性もある．一般的に海洋生物の浮遊幼生期の長さと分散規模の関係については正の相関が認められる（Shanks et al., 2003；Siegel et al., 2003；Zatcoff et al., 2004；Rivera et al., 2004；Lester et al., 2007）．これは分布域の広さに関係する１つの要因であり，ボウズハゼ亜科魚類の場合にも当てはまるであろう．しかし反対に，海洋生物の浮遊幼生期の長さと分散規模の関係についての負の相関も認められる場合が報告されつつある（Victor and Wellinton, 2000；Rocha et al., 2002；Nishikawa and Sakai, 2005；Severance and Karl, 2006；Bowen et al., 2006；Teske et al., 2007）．よって，浮遊幼生期の長さのみが分布域の広さを説明できるわけではない．浮遊幼生期の比重や行動などの生態学的特性や海流の強弱などの環境条件も要因として重要であろう．

(3) 熱帯と温帯における淡水性両側回遊

　熱帯をおもな生息域とするボウズハゼ亜科魚類と温帯域に生息する淡水性両側回遊魚を比較すると，両者の決定的なちがいは，仔魚の海への依存性と河川への回遊進化の程度と考えられる．まず，熱帯・亜熱帯に生息するボウズハゼ亜科魚類の卵数（1000～22万粒）は，温帯に生息する淡水性両側回遊魚のそれら（シマヨシノボリ *Rhinogobius* sp. CB：500～5000粒，Tamada and Iwata, 2005，アユ：5000～2万粒，松山・松浦，1983，カンキョウカジカ *Cottus hangiongensis*：400～1700粒，後藤，2001）と比較して著しく多い（Iida et al., 2009）．また，ボウズハゼ亜科魚類の卵サイズおよび孵化仔魚の体サイズも上記の３種と比べると小さい．こうした生活史特性は，孵化後，仔魚を直ちに海へ移動させることと関係がある（McDowall, 2009）と考えられる．

　海洋を通じての分散や分布域の拡大は，淡水性両側回遊魚の共通した進化特性であると考えられる．しかし，淡水性両側回遊魚を包含する同属もしくは同科などの分類群に着目すると，淡水性両側回遊魚を基盤にして，陸封型もしくは河川残留型を示す集団や種が派生している場合と，陸封型もしくは河川残留型を示すものがまったく現れていない場合があることがわかる．前者は温帯に生息するアユ，ヨシノボリ属魚類，淡水性カジカ属魚類，ガラクシアス科

Galaxiidae魚類であり，後者は熱帯に生息するボウズハゼ亜科魚類である．前者に比べ後者は仔魚期における海洋への依存性が高いと考えられる．また，温帯に生息する淡水性両側回遊魚は同じ分類群内に陸封もしくは河川残留の集団あるいは種を形成することから，分類群内での回遊進化の方向は海から淡水へ向っていると考えられる．一方，ボウズハゼ亜科魚類においては，陸封もしくは河川残留の事実はないことから，回遊進化の方向は海から淡水へ向かいつつも，いまだ海からの呪縛が解けていないと考えられる．これは本亜科の際立った特徴といえる．

　ハゼ亜目の淡水性両側回遊魚であるテンジクカワアナゴ *Eleotris fusca* はボウズハゼと同様に，0.35～0.43 mm という小型の卵を2000～40万粒と大量に生む（Maeda et al., 2008）．ハゼ亜目内で河川への回遊進化の方向をもちつつも，海洋への高い依存性をもつボウズハゼ亜科魚類やテンジクカワアナゴのようなグループと，海洋への低い依存性をもつヨシノボリ属魚類のようなグループがどのように派生し進化してきたかを考えることは，今後の興味深い課題であろう．

(4) 熱帯と温帯における淡水性両側回遊の起源と進化

　魚類の生活史で特徴的なことの1つは，仔魚と成魚の生活史戦略のちがいである．仔魚と成魚のことなる生活史戦略の移行期間を変態と捉えることができる．海産魚は成魚期には沿岸から外洋，表層から底層と海のさまざまな場所で生息している．しかし，ほとんどの仔魚は，海洋の表層に滞留し浮遊生活を送る．こうした初期生活史戦略はおもに分散を目的とし，その後の定着期の直前に変態が起こるのである．一方，淡水魚類は直接発達を示すものが多く，仔魚から稚魚への劇的な変態はみられない．河川は2次元的な空間で，海に比べて多様な環境をもたないため，淡水魚は仔魚と親の生活史戦略を大きく変えなくてよいのである．ボウズハゼ亜科の仔魚の生息場所は海であり，成魚の生息場所は河川である．そして，両者の移行期間にボウズハゼは河口域で変態する．両側回遊とは，生殖と無関係な通し回遊と定義されるが，別のいい方をすれば，仔魚と成魚の成長の場を海と淡水域に別々に設定し，さらにはそれぞれ別の生活史戦略をもつといえるだろう．

　ボウズハゼ亜科魚類のような生活史戦略は，熱帯の島嶼においてことさら有利である．火山性島嶼の河川は流程が短く，急流のため環境が安定せず，さらには島の寿命も大陸に比べ一般的に短い場合が多い．その場合，1つの河川

のみに留まることは，生残と繁栄に関して得策ではない．ほかの海洋島への資源の分散は，結果的に種が存続する確率を高めるであろう．

　熱帯の河川の生産力は海よりも高いと考えられているが，小型のボウズハゼ亜科仔魚にとって利用可能な極微小の飼料生物は，島嶼の河川ではなく海洋にしかあり得ない．また河口域やそれに隣接するサンゴ礁域は，小さいボウズハゼ亜科仔魚にとっては捕食者が多く，死亡率の高い危険地域である．そこで，河口域および沿岸域での仔魚の停滞をなくすべく，河川からある程度の外洋まで一気に移動する手段として，ボウズハゼ亜科魚類の卵・孵化サイズの小ささが有利になろう．

　Thacker (2009) が示した分子遺伝学的手法を用いたハゼ亜目魚類の系統類縁関係によると，ボウズハゼ亜科の姉妹群として，オオモンハゼ属 *Gnatholepis* やシノビハゼ属 *Ctenogobius* が示されている．両属魚類はおもに熱帯・亜熱帯のサンゴ礁域の砂底に生息する海水性のハゼである．ボウズハゼ亜科魚類の祖先種であった熱帯の海産性のハゼは安全に産卵できる場所を求めて淡水域に進入した結果，淡水において産卵が可能となり，やがて遡河回遊が生じた．その後，淡水へ進入する時期が若齢化し，淡水域でも摂餌・成長するボウズハゼ亜科魚類のような淡水性両側回遊型が出現したと考えられる．この進化は，海洋の島嶼における河川という新しいニッチへの侵入によって起こったものと推察される．その際，未発達の状態で孵化し，短時間で流下する仔魚にとって淡水に適応することは必要なかったのではなかろうか．

　Gross (1987) が提唱した緯度による海と川との生産性のちがいは，通し回遊の起源と進化過程を合理的に説明する．その進化過程を変形し，円による概念図で示した（図7.12）．Gross (1987) の仮説では高緯度と低緯度において進化の方向性が一方向であったのにたいし，この概念図では，進化過程を円で表現することにより，進化の方向性がどこでも，またどちらにも向くことを想定している．たとえば，ボウズハゼ亜科は上述したように，海産魚から遡河回遊魚を経て，淡水性両側回遊魚へ進化したと考えられる．また，ボウズハゼ亜科魚類と同様にハゼ科魚類に属するヨシノボリ属魚類では，海産魚から遡河回遊，淡水性両側回遊を経て，最終的にカワヨシノボリ *Rhinogobius flumineus* のような淡水魚が派生したと考えられる．さらには，アユの場合，キュウリウオ目 Osmeroidei の姉妹群がニギス上科 Argentinoidea であることから（Ishiguro et al., 2003），海産魚の祖先種から派生し，ヨシノボリ属魚類と同様の進化を辿っ

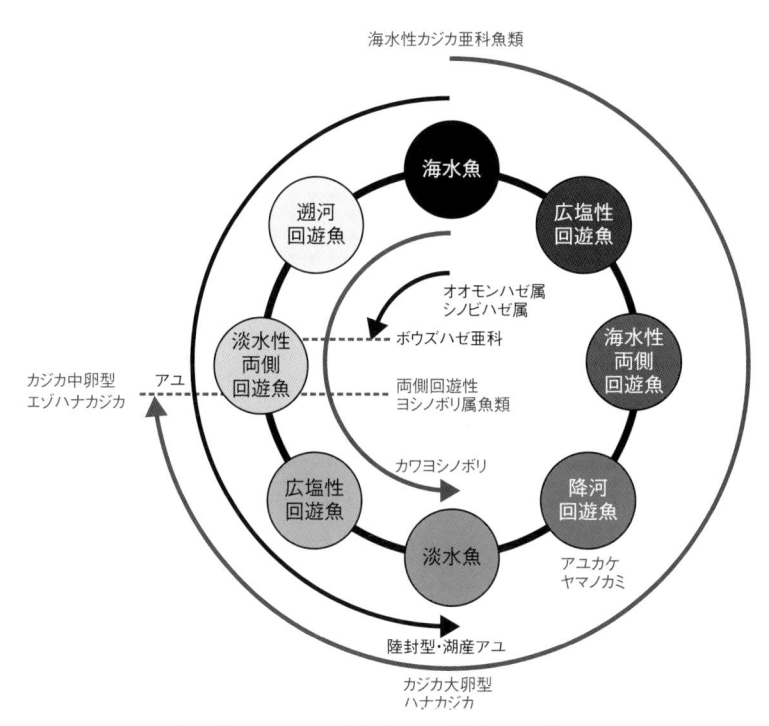

図7.12 Gross (1987) が提唱した海水魚から淡水魚への進化過程を円にまとめた概念図．ボウズハゼ亜科魚類，ヨシノボリ属魚類，アユ，淡水カジカ属魚類の進化の方向をそれぞれ矢印で示した．淡水性両側回遊魚における点線はそれぞれの進化程度を表す．

たと考えた．これらは左回りの方向へ進化した（図7.12）．ボウズハゼ亜科魚類，ヨシノボリ属魚類，アユは，海水魚から淡水性両側回遊魚へ進化したと推定したが，これらの進化の程度はことなると考えた．すなわち，ボウズハゼ亜科魚類の進化の程度は浅く，またヨシノボリ属魚類とアユは深いのではなかろうか．それらは仔魚期の海洋への依存性のちがいをみてもあきらかである．

一方，淡水性カジカ属魚類においては，海水生活（海水性カジカ亜科魚類）を起源として沿岸域で産卵する降河回遊性種（アユカケ *Cottus kazika*，ヤマノカミ *Trachidermus fasciatus*）が進化し，つぎに淡水域で産卵する河川性および湖沼性の種（カジカ大卵型 *C. pollux* large-egg type，ハナカジカ *C. nozawae*）が分化し，さらに，そのなかから淡水性両側回遊魚（カジカ中卵型 *C. pollux* middle-egg type，エゾハナカジカ *C. amblystomopsis*）が派生したという系統類縁関係が示されている（Yokoyama and Goto, 2005）．これは，右回りの進化で

ある（図7.12）．このように，ボウズハゼ亜科魚類，ヨシノボリ属魚類，アユ，淡水性カジカ属魚類は，同じ淡水性両側回遊魚ではあるが，仔魚の海洋への依存性のような生活史特性のちがいだけではなく，進化過程や程度もことなる可能性がある．

　もう一度，淡水性両側回遊魚の分布に着目してみよう．これらの魚類は，島嶼の河川には多数生息する一方で，大陸の河川にはあまり生息しないことも特色の1つである（McDowall, 2010）．この要因は河川勾配と河川規模であると考える．すなわち，仔魚期を海ですごす淡水性両側回遊魚の戦略として，仔魚を速やかに海へと流下させることは非常に重要であり，勾配が急で小規模の河川は最も住みやすい生息場所となるだろう．一方，大規模かつ勾配がなだらかな河川は，淡水性両側回遊魚の流下仔魚にとってはあきらかに不利である．ただし，このような河川では，河川内に孵化仔魚が滞留しやすいという点で，淡水魚への進化を促すのかもしれない．また，アユやボウズハゼを代表とする藻を専食する両側回遊性魚類には，付着藻類の成育に適した濁度の少ない清流が必要不可欠であり，おのずから勾配が急な河川が最適な生息場所となる．Lyons（2005）が示したボウズハゼ亜科魚類の *Sicydium* 属魚類の分布は，以上の仮説を明快に検証している．すなわち，*Sicydium* 属魚類は中米の大陸の東西に生息するが，山から海へ一気に流れる急勾配の川にのみ生息し，平野を流れる川には生息しない．

　本章では，ボウズハゼが台湾，琉球列島から，黒潮流域に面した九州，四国を経て，本州東岸の福島県まで広範囲にわたって分布し，その集団構造は単一であることを示した．また，本種の仔魚は，その長い海洋生活期間のなかで黒潮を利用して大分散する可能性も提示した．さらに，アユや淡水性カジカ属魚類の仔魚とことなり，本種をふくむボウズハゼ亜科仔魚は，海洋への高い依存性をもつことをも指摘した．本種はボウズハゼ亜科魚類のなかで唯一，温帯へと進出することができた．この理由は，仔魚が強大な西岸境界流である黒潮を利用していること，また仔魚および成魚が温帯の河川へ柔軟に適応し，その生活史を亜熱帯循環の一部に築き上げることができたことによるものだろう．ボウズハゼにとって黒潮は，種の分化と維持のどちらにも重要な役割をはたしている．つまり，ボウズハゼは「黒潮の魚たち」の立派な仲間といえるのである．

　魚類の系統類縁関係において，淡水性両側回遊はさまざまな分類群で確認できる．このことは，この現象が何度も平行的に進化したことを示唆している．

本章では，ボウズハゼ亜科魚類，ヨシノボリ属魚類，アユ，淡水性カジカ属魚類を例として，それぞれの生活史特性および進化の過程や程度のちがいを考察した．今後はほかの淡水性両側回遊魚もふくめて，熱帯と温帯における淡水性両側回遊のちがいを，生態，行動，生理，環境，系統，地史など広い視点から総合的に研究し，検証することが必要であろう．

引用文献

青柳兵司．1957．日本列島産淡水魚類総説．大修館書店，東京．272pp.

Bell, K. N. I. and J. A. Brown. 1995. Active salinity choice and enhanced swimming endurance in 0-d-old to 8-d-old larvae of diadromous gobies, including *Sicydium punctatum* (Pisces), in Dominica, West Indies. Mar. Biol., 121: 409-417.

Bell, K. N. I., P. Pepin and J. A. Brown. 1995. Seasonal, inverse cycling of length and age-at-recruitment in the diadromous gobies *Sicydium punctatum* and *Sicydium antillarum* in Dominica, West Indies. Can. J. Fish. Aquat. Sci., 52: 1535-1545.

Bielsa, S., P. Francisco, S. Mastrorillo and J. P. Parent. 2003. Seasonal changes of periphytic nutritive quality for *Sicyopterus lagocephalus* (Pallas, 1770) (gobiidae) in three streams of Reunion Island. Annales De Limnologie-International Journal of Limnology, 39: 115-127.

Bowen, B. W., A. L. Bass, A. Muss, J. Carlin and D. R. Robertson. 2006. Phylogeography of two Atlantic squirrelfishes (Family Holocentridae): exploring links between pelagic larval duration and population connectivity. Mar. Biol., 149: 899-913.

Chubb, A. L., R. M. Zink and J. M. Fitzsimons. 1998. Patterns of mtDNA variation in Hawaiian freshwater fishes: The phylogeographic consequences of amphidromy. J. Hered., 89: 8-16.

道津喜衛・水戸 敏．1955．ボウズハゼの生活史．九州大学農学部学芸雑誌，15: 213-221.

Fitzsimons, J. M., R. T. Nishimoto and A. R. Yuen. 1993. Courtship and territorial behavior in the native Hawaiian stream goby, *Sicyopterus stimpsoni*. Ichthyol. Expl. Freshw., 4: 1-10.

福井正二郎．1979．ボウズハゼの岩面匍行について．魚類学雑誌，26: 84-88.

後藤 晃．1994．カジカ属魚類の繁殖様式と生活史変異―回遊種と非回遊種の比較．後藤晃・塚本勝巳・前川光司（編），pp. 74-85．川と海を回遊する淡水魚―生活史と進化―．東海大学出版会，東京．

後藤 晃．2001．回遊形態の分化様式：カジカ類．後藤晃・井口恵一郎（編），pp. 171-190．水生動物の卵サイズ：生活史の変異・種分化の生物学．海游舎，東京．

Gross, M. R. 1987. Evolution of diadromy in fishes. pp. 14-25 in M. J. Dadswell, R. J. Klauda, C. M. Moffitt, R. L. Saunders, R. A. Rulifson, J. E. Cooper eds. Common strategies of anadromous and catadromous fishes. American Fisheries Society Symposium 1, Bethesda, Maryland.

Hoareau, T. B., P. Bosc, P. Valade and P. Berrebi. 2007a. Gene flow and genetic structure

of *Sicyopterus lagocephalus* in the south-western Indian Ocean, assessed by intron-length polymorphism. J. Exp. Mar. Biol. Ecol., 349: 223-234.
Hoareau, T. B., R. Lecomte-Finiger, H. P. Grondin, C. Conand and P. Berrebi. 2007b. Oceanic larval life of La Reunion 'bichiques', amphidromous gobiid post-larvae. Mar. Ecol. Prog. Ser., 333: 303-308.
Iguchi, K. and N. Mizuno. 1990. Diel changes of larval drift among amphidromous gobies in Japan, especially *Rhinogobius brunneus*. J. Fish Biol., 37: 255-264.
井口恵一郎・阿部信一郎・稲葉　修．2005．北限記録を更新しているボウズハゼ．魚類学雑誌，52: 159-161．
Iida, M., S. Watanabe, A. Shinoda and K. Tsukamoto. 2008. Recruitment of the amphidromous goby *Sicyopterus japonicus* to the estuary of the Ota River, Wakayama, Japan. Environ. Biol. Fish., 83: 331-341.
Iida, M., S. Watanabe and K. Tsukamoto. 2009. Life history characteristics of a Sicydiinae goby in Japan, compared with its relatives and other amphidromous fishes. pp. 355-373 in A. J. Haro, K. L. Smith, R. A. Rulifson, C. M. Moffitt, R. J. Klauda, M. J. Dadswell, R. A. Cunjak, J. E. Cooper, K. L. Beal, T. S. Avery eds. Challenges for diadromous fishes in a dynamic global environment. American Fisheries Society Symposium 69, Bethesda, Maryland.
Iida, M., S. Watanabe and K. Tsukamoto. 2010a. Validation of otolith daily increments in the amphidromous goby *Sicyopterus japonicus*. Coastal Marine Science, 34: 39-41.
Iida, M., S. Watanabe and K. Tsukamoto. In press. Reproductive biology of the amphidromous goby *Sicyopterus japonicus* (Gobiidae: Sicydiinae). Cybium.
Iida, M., S. Watanabe, Y. Yamada, C. Lord, P. Keith and K. Tsukamoto. 2010b. Survival and behavioral characteristics of amphidromous goby larvae of *Sicyopterus japonicus* (Tanaka, 1909) during their downstream migration. J. Exp. Mar. Biol. Ecol., 383: 17-22.
Iida, M., K. Zenimoto, S. Watanabe, S. Kimura and K. Tsukamoto. 2010c. Larval transport of the amphidromous goby *Sicyopterus japonicus* by the Kuroshio Current. Coastal Marine Science, 34: 42-46.
Ishiguro, N. B., M. Miya and M. Nishida. 2003. Basal euteleostean relationships: A mitogenomic perspective on the phylogenetic reality of the "Protacanthopterygii". Mol. Phylogenet. Evol., 27: 476-488.
Ju, Y. M. 2001. The studies of molecular evolution of genera *Sicyopterus* and reproduction biology of *Sicyopterus japonicus* in Taiwan. Master's Thesis. National Sun Yat-Sen University, Kaohsiung.
Keith, P. 2003. Biology and ecology of amphidromous Gobiidae of the Indo-Pacific and the Caribbean regions. J. Fish Biol., 63: 831-847.
Keith, P., C. A. Lord, J. Lorion, S. Watanabe and K. Tsukamoto. 2011. Phylogeny and biogeography of Sicydiinae (Teleostei: Gobioidei) inferred from mitochondrial and nuclear genes. Mar. Biol., 158: 311-326.
Kinzie, R. A. I. 1993. Reproductive biology of an endemic, amphidromous goby *Lentipes concolor* in Hawaiian streams. Environ. Biol. Fish., 37: 257-268.
Lester, S. E., B. I. Ruttenberg, S. D. Gaines and B. P. Kinlan. 2007. The relationship

between dispersal ability and geographic range size. Ecol. Lett., 10: 745-758.
林　春吉. 2007. 台灣淡水魚蝦生態大圖鑑（下）. 天下遠見出版股份有限公司, 台湾. 239 pp.
Lindstrom, D. P. 1999. Molecular species identification of newly hatched Hawaiian amphidromous gobioid larvae. Mar. Biotechnol., 1: 167-174.
Lord, C., C. Brun, M. Hautecoeur and P. Keith. 2010. Insights on endemism: comparison of the duration of the marine larval phase estimated by otolith microstructural analysis of three amphidromous *Sicyopterus* species (Gobioidei: Sicydiinae) from Vanuatu and New Caledonia. Ecol. Freshwat. Fish, 19: 26-38.
Lyons, J. 2005. Distribution of *Sicydium* Valenciennes 1837 (Pisces:Gobiidae) in Mexico and Central America. Hidrobiologica, 15: 239-243.
Maeda, K., N. Yamasaki, M. Kondo and K. Tachihara. 2008. Reproductive biology and early development of two species of sleeper, *Eleotris acanthopoma* and *Eleotris fusca* (Teleostei : Eleotridae). Pacific Sci., 62: 327-340.
Manacop, P. R. 1953 . The life history and habits of the goby, *Sicyopterus extraneus* Herre (Anga) gobiidae with an account of the goby-fry fishery of Cagayan River, Oriental Misamis. Philipp. J. Fish., 2: 1-58.
松山倫也・松浦修平. 1983. 筑後川産両側回遊型アユの成熟・排卵に伴う卵径・卵数の変化. 日本水産学会誌, 49: 561-567.
McDowall, R. M. 1988. Diadromy in fishes: migrations between marine and freshwater environments. Croom Helm, London. 308pp.
McDowall, R. M. 2003. Hawaiian biogeography and the islands' freshwater fish fauna. J. Biogeogr., 30: 703-710.
McDowall, R. M. 2004. Ancestry and amphidromy in island freshwater fish faunas. Fish Fish., 5: 75-85.
McDowall, R. M. 2009. Early hatch: a strategy for safe downstream larval transport in amphidromous fishes. Rev. Fish. Biol. Fish., 19: 1-8.
McDowall, R. M. 2010. Why be amphidromous: expatrial dispersal and the place of source and sink population dynamics? Rev. Fish. Biol. Fish., 20: 87-100.
Mochizuki, K. and S. Fukui. 1983. Development and replacement of upper jaw teeth in gobiid fish, *Sicyopterus japonicus*. Japan. J. Ichthyol., 30: 27-36.
Moriyama, K., S. Watanabe, M. Iida and N. Sahara. 2010. Plate-like permanent dental laminae of upper jaw dentition in adult gobiid fish, *Sicyopterus japonicus*. Cell Tissue Res., 340: 189-200.
Nishikawa, A. and K. Sakai. 2005. Settlement-competency period of planulae and genetic differentiation of the scleractinian coral *Acropora digitifera*. Zoo. Sci., 22: 391-399.
Nishimoto, R. T. and D. G. K. Kuamo'o. 1997. Recruitment of goby postlarvae into Hakalau Stream, Hawai'i Island. Micronesica, 30: 41-49.
Radtke, R. L., R. A. Kinzie and D. J. Shafer. 2001. Temporal and spatial variation in length of larval life and size at settlement of the Hawaiian amphidromous goby *Lentipes concolor*. J. Fish Biol., 59: 928-938.
Rivera, M. A., C. D. Kelley and G. K. Roderick. 2004. Subtle population genetics structure in the Hawaiian grouper, *Epinephelus quernus* (Serranidae) as revealed by

mitochondrial DNA analyses. Biol. J. Linn. Soc., 81: 449-468.
Rocha, L. A., A. L. Bass, D. R. Robertson and B. W. Bowen. 2002. Adult habitat preferences, larval dispersal, and the comparative phylogeography of three Atlantic surgeonfishes (Teleostei: Acanthuridae). Mol. Ecol., 11: 243-251.
Severance, E. G. and S. A. Karl. 2006: Contrasting population genetic structures of sympatric, mass-spawning Caribbean corals. Mar. Biol., 150: 57-68.
Shanks, A. L., B. A. Grantham and M. H. Carr. 2003: Propagule dispersal distance and the size and spacing of marine reserves. Ecol. Appl., 13: S159-S169.
Shen, K. N. and W. N. Tzeng. 2002. Formation of a metamorphosis check in otoliths of the amphidromous goby *Sicyopterus japonicus*. Mar. Ecol. Prog. Ser., 228: 205-211.
Shen, K. N. and W. N. Tzeng. 2008. Reproductive strategy and recruitment dynamics of amphidromous goby *Sicyopterus japonicus* as revealed by otolith microstructure. J. Fish Biol., 73: 2497-2512.
Shen, K. N., Y. C. Lee and W. N. Tzeng. 1998. Use of otolith microchemistry to investigate the life history pattern of gobies in a Taiwanese stream. Zool. Stud., 37: 322-329.
Siegel, D. A., B. P. Kinlan, B. Gaylord and S. D. Gaines. 2003. Lagrangian descriptions of marine larval dispersion. Mar. Ecol. Prog. Ser., 260: 83-96.
Tamada, K. and K. Iwata. 2005. Intra-specific variations of egg size, clutch size and larval survival related to maternal size in amphidromous *Rhinogobius* goby. Environ. Biol. Fish., 73: 379-389.
Teske, P. R., I. Papadopoulos, G. I. Zardi, C. D. McQuaid, M. T. Edkins, C. L. Griffiths and N. P. Barker. 2007: Implications of life history for genetic structure and migration rates of southern African coastal invertebrates: planktonic, abbreviated and direct development. Mar. Biol., 152: 697-711.
Thacker, C. E. 2009. Phylogeny of Gobioidei and placement within Acanthomorpha, with a new classification and investigation of diversification and character evolution. Copeia, 2009: 93-104.
塚本勝巳．1988．アユの回遊メカニズムと行動特性．上野輝彌・沖山宗雄（編），pp. 100-133．現代の魚類学．朝倉書店，東京．
内山りゅう．2008．ボウズハゼ稚魚の変わった行動について．魚類自然史研究会会報「ボテジャコ」，13: 27-29．
Valade, P., C. Lord, H. Grondin, P. Bosc, L. Taillebois, M. Iida, K. Tsukamoto and P. Keith. 2009. Early life history and description of larval stages of an amphidromous goby, *Sicyopterus lagocephalus* (Pallas, 1767) (Teleostei: Gobiidae: Sicydiinae). Cybium, 33: 309-319.
Victor, B.C. and G.M. Wellington. 2000. Endemism and the pelagic larval duration of reef fishes in the eastern Pacific Ocean. Mar. Ecol. Prog. Ser., 205: 241-248.
Watanabe, S., M. Iida, Y. Kimura, E. Feunteun and K. Tsukamoto. 2006. Genetic diversity of *Sicyopterus japonicus* as revealed by mitochondrial DNA sequencing. Coastal Marine Science. 30: 473-479.
渡邊　俊・飯田　碧・福井正二郎・瀧野秀二・塚本勝巳．2007．南紀 3 河川におけるボウズハゼ（*Sicyopterus japonicus*）の生活史に関する一考察．南紀生物，49:

125-130.

渡邊　俊・飯田　碧・福井正二郎・瀧野秀二・塚本勝巳．2008．ボウズハゼ（*Sicyopterus japonicus*）の海洋分散に関する一考察：集団構造と浮遊仔魚期間に着目して．南紀生物，50: 213-221.

渡邊　俊・張廖年鴻・陳　靜怡・葉　信明・阿井文瓶・大竹二雄・飯田　碧・塚本勝巳．2010．台湾から採集されたボウズハゼ（*Sicyopterus japonicus*）のアルビノ個体．南紀生物，52: 33-36.

Watanabe, S., M. Iida, S. Hagihara, H. Endo, K. Matsuura and K. Tsukamoto. In press. First collection of amphidromous goby post-larvae of *Sicyopterus japonicus* in the ocean off Shikoku, Japan. Cybium.

Watson, R. E., G. Marquet and C. Pollabauer. 2000. New Caledonia fish species of the genus *Sicyopterus* (Teleostei: Gobioidei: Sicydiinae). Aqua, 4: 5-34.

Yamasaki, N. and K. Tachihara. 2006. Reproductive biology and morphology of eggs and larvae of *Stiphodon percnopterygionus* (Gobiidae: Sicydiinae) collected from Okinawa Island. Ichthyol. Res., 53: 13-18.

Yamasaki, N., K. Maeda and K. Tachihara. 2007. Pelagic larval duration and morphology at recruitment of *Stiphodon percnopterygionus* (Gobiidae: Sicydiinae). Raffles B. Zool. Suppl., 14: 209-214.

Yamasaki, N., M. Kondo, K. Maeda and K. Tachihara. In press. Reproductive biology of three amphidromous gobies, *Sicyopterus japonicus*, *Awaous melanocephalus*, and *Stenogobius* sp., on Okinawa Island, Cybium.

Yokoyama, R. and A. Goto. 2005. Evolutionary history of freshwater sculpins, genus *Cottus* (Teleostei: Cottidae) and related taxa, as inferred from mitochondrial DNA phylogeny. Mol. Phylogenet. Evol. 36: 654-668.

Zatcoff, M. S., A. O. Ball and G. R. Sedberry. 2004. Population genetic analysis of red grouper, *Epinephelus morio*, and scamp, *Mycteroperca phenax*, from the southeastern U.S. Atlantic and Gulf of Mexico. Mar. Biol., 144: 769-777.

Zink, R. M., J. M. Fitzsimons, D. L. Dittmann, D. R. Reynods and R. T. Nishimoto. 1996. Evolutionary genetics of Hawaiian freshwater fish. Copeia, 1996: 330-335.

Box 5

両側回遊

　海と川を行き来する通し回遊は，遡河回遊 anadromy，降河回遊 catadromy，両側回遊 amphidromy の3つに大別される（図7.13）．遡河回遊魚はサケ科 Salmonidae に代表されるように，その生活史の大部分を海ですごし，産卵のために淡水域へ遡上する．また，降河回遊魚はウナギ属 *Anguilla* に代表されるように，一生の大部分を淡水域ですごし，産卵のため川を下って海にある産卵場へ回帰する．遡河回遊と降河回遊は，産卵場と成育場の位置関係が丁度，鏡像のように対称となっている．

　一方，両側回遊は，産卵とは無関係に海と川を行き来する回遊型である．産卵する場所が淡水か海かによって，それぞれ淡水性両側回遊 freshwater amphidromy と海水性両側回遊 marine amphidromy に細分される（McDowall, 1988, 図7.13）．淡水性両側回遊の場合，産卵・孵化は淡水でおこなわれ，孵化仔魚は川の流れですぐに海へ出る．仔魚期を海ですごし，成長したのちに河川へ加入する．加入後の稚魚もしくは未成魚は，河川でさらに成長し成魚となり淡水域で成熟・産卵する．日本における淡水性両側回遊魚の代表種としては，アユ，淡水性カジカ属魚類，ヨシノボリ属魚類があげられる．また世界に目を向けると，オセアニアを中心に南半球の温帯に分布するガラクシアス科魚類が淡水性両側回遊魚として知られている．本章で紹介したボウズハゼをふくむボウズハゼ亜科魚類もこの回遊型をもつ．これとは逆に，生活史の前半を淡水域ですごすものが海水性両側回遊である．海水性両側回遊魚は日本にはあまり多くない．しかし，稚魚期に河口から河川中下流域に侵入するボラ *Mugil cephalus cephalus*，スズキ *Lateolabrax japonicus*，クロダイ *Acanthopagrus schlegelii* は海水性両側回遊魚の範疇に近い．

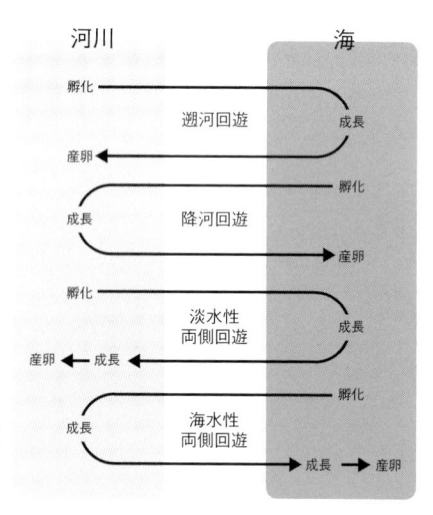

図7.13　通し回遊魚の生活史の3型．両側回遊魚はさらに産卵の場所によって淡水性と海水性の2型に細分される．

黒潮と魚類の種分化

第III部

第8章

黒潮沿岸と内湾の「ペア種」とその歴史

馬渕浩司

はじめに

　日本列島の南岸に生息する生物は黒潮の影響を受けている．しかし，地域によって黒潮が影響する程度はことなるため，分布する生物種もことなっている．とくに，黒潮の影響が強い外洋に面した沿岸域とその影響が弱い湾奥部とでは，生物相がことなることが古くから知られている．さらに，両海域の群集を注意深く比較すると，類似したニッチが同属のよく似た種によって占められ，黒潮の影響の中間的な地域では両種が混在している例がみられる．このような同属の「ペア種」は，どのような歴史的経緯で生じ，どのようなメカニズムで共存が維持されているのだろうか．この問題は，世界でもトップクラスの豊かさを誇る日本近海の生物相が，なぜかくも多様性に富んでおり，黒潮はこれにどのように関与しているのかという問いにつながる．

　本章では，黒潮の影響度がことなる海域にゆるやかに分かれて生息するこのようなペア種について，とくに沿岸岩礁性の魚類（いわゆる磯魚）の普通種から代表的な具体例を紹介する．さらに，現在の手がかりをもとに，それぞれの起源と共存機構（とくに生殖的隔離機構）について可能な範囲で考察を試み，最終的には，南日本沿岸の磯魚群集の成り立ちの一端について考えてみたい．以上の前段階としてまず，本章の舞台となる南日本の沿岸岩礁域に成立している魚類群集について，これまでの知見から生物地理学的な特徴づけをおこなう．

南日本沿岸の岩礁性魚類相

　日本列島南岸の生物相に対する黒潮の影響というと，第1章にもあるように西部太平洋から熱帯性の種をベルトコンベヤーのように運んでくる役割が顕著である．黒潮の影響を受ける高知県の以布利でおこなわれた沿岸岩礁域の魚類相調査では，この海域の普通種203種のうちほぼ半分の94種（46.3%）は琉球列

島にも分布するものであった（中坊ほか，2001）．種の多様性の半分近くは黒潮のベルトコンベヤー作用に負っているといえるだろう．しかし，同じ調査において残りの109種（53.7％）は，琉球列島には分布しない温帯性の魚種であった．磯魚群集の半分は温帯性の要素から構成されていることになり，日本列島南岸の種多様性の成因としては，黒潮のベルトコンベヤー作用に加えて，別の要因も考える必要があることになる．

　上述の以布利における魚類相調査の報告では，温帯性の109種の内訳を地理的分布の面からさらに検討している．その結果，109種のうち50種は，日本近海では南日本の太平洋岸だけに分布し，残りの59種は，この海域に加えて日本海沿岸にも分布していた．南日本の太平洋岸の磯魚群集が多様性に富んでいる原因として，このように分布特性のことなる種が共存していることをあげることができるだろう．黒潮が果している役割としては，温帯性要素の半分以上を占める「南日本の太平洋岸だけに生息している種」に，生息に適した特殊な環境をもたらしているという側面が浮かび上がってくる．

日本近海の生物地理学的な区分け

　黒潮は，屋久島周辺を通過した後，ときに大きく蛇行するものの，全体としては九州，四国，本州の南岸沖を東北東へ流れ，千葉県の犬吠埼の沖合で列島から遠く離れる（図8.1）．このような流路から考えると，日本列島の南岸で黒潮の影響を最も強く受けるのは，紀伊半島や伊豆半島など大きな半島の先端部であり，逆に最も影響を受けにくいのは瀬戸内海や，相模湾などの大きな湾の湾奥部であると推察される．図式的にいうと，南日本の太平洋沿岸では，大きな半島の先端から湾奥部に向かって黒潮の影響度に関して環境のクラインが存在し，同程度の影響を受けている海域は，黒潮の流路と平行して帯状に分布していると考えられる．

　このような物理的環境と対応するように，日本列島の南岸には黒潮の流軸と平行して層状に広がる海洋生物地理区が認識されている．西村（1992）は，熱帯‐亜熱帯性，温帯性，寒帯‐亜寒帯性動物群の相対的な出現状況のちがいにもとづいて日本近海の浅海域を7つの生物地理区に分けたが，黒潮の影響を受ける列島南岸では，そのうちの3つを認めた（図8.1）．すなわち，大きな岬の先端部を，熱帯‐亜熱帯性の動物種が多い「亜熱帯区」に，大きな湾の奥部を，温帯性の動物種が多い「中間温帯区」に，両者の間に位置する領域を，熱帯‐

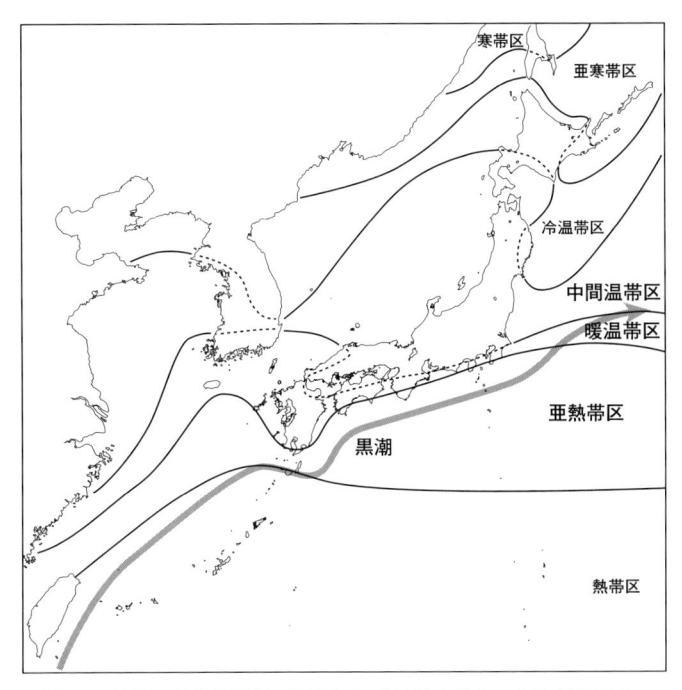

図8.1 黒潮の流路と西村（1992）による日本近海の生物地理区分．

亜熱帯性および温帯性の種がともに普通に出現する「暖温帯区」に分類した．興味深いことに，黒潮の影響を直接には受けない日本海沿岸の大部分は，太平洋沿岸の湾奥部や瀬戸内海と同じ中間温帯区に分類されている．日本海は，外洋への通路が限定された内海であり，地形的にも大きな湾といってよいものだが，そこに成立している生物相も内湾的であるというのは，たいへん興味深い．

　魚類を対象に日本近海の生物地理学的考察をおこなった例としてはNakabo（2002）がある．出現種の分布域を類型化することにより，岩礁や砂泥底などハビタット毎に2～5つの分布領域を認めている．南日本沿岸の岩礁性魚類については3つの分布パターンを認めているが，これらをよく検討すると西村の区分けとかなりの一致がみられる．図示されている地図上の領域（本章では示していない）から判断すると，Nakaboの「温帯～亜熱帯水域」は，西村の亜熱帯区＋暖温帯区にほぼ相当する．また，「冷水起源の種の温帯水域」と「暖水起源の種の温帯水域」を合わせた領域（すなわち，冷水または暖水起源の種の温帯水域．以降「温帯水域」）は，西村の中間温帯区＋暖温帯区におよそ対応する．

第8章　黒潮沿岸と内湾の「ペア種」とその歴史 ● 147

Nakabo の「温帯〜亜熱帯水域」と「温帯水域」との 2 つの領域が重なる部分は，西村の暖温帯区にほぼ対応するので，以上から判断すると，西村と Nakabo は，扱った分類群や分布データの扱い方，結果の示し方や用いた用語はことなるものの，南日本の沿岸では同じ生物地理学的パターンを認めているといえる．

　本章では，生物の分布に対する黒潮の影響という視点で話を進めるため，分布域の名前を，この視点をより反映したものによび替えることにする．すなわち，西村の亜熱帯区＋暖温帯区（Nakabo の温帯〜亜熱帯水域）への分布を「黒潮型の分布」，西村の中間温帯区＋暖温帯区（すなわち Nakabo の温帯水域）への分布を「内湾型の分布」とよぶ．両分布の重複地域，つまり黒潮型の分布をする種と内湾型の分布をする種が共存する領域が西村の暖温帯区に相当するわけだが，このことは，この地域の西村による定義が，「熱帯－亜熱帯性および温帯性の種がともに普通に出現する地域」であることをあらためて確認しておく．

　なお，西村（1992）でも Nakabo（2002）でも，南日本沿岸と同じ生物地理学的領域を台湾以南の中国大陸沿岸でも認めている（つまり，黒潮型および内湾型の分布をする種がこの地域にも分布する）．しかし，この海域については議論をおこなうだけの十分な資料を収集できなかったので，本章では扱わない．また，南西諸島や伊豆・小笠原諸島などの島嶼部も，南日本の沿岸部と同列に論じられない特殊な事情があるため，本章では扱わない．これらの海域については第 1 章や第 5 章を参照して欲しい．

黒潮沿岸域と内湾域に生息するペア種

　黒潮型および内湾型の分布をする種には，もう片方の分布域に近縁な種がみあたらない場合も多いが，非常に良く似た近縁種（本章では「ペア種」とよんでいる）が存在する例が，ごく普通にみられる種のなかにみいだせる．本章では，南日本の沿岸域に分布するこのようなペア種について，その起源と現在の共存機構（とくに生殖的隔離機構）を検討することにより，この海域の磯魚群集の成り立ちの一端について考えようとしている．具体的には，以下の 4 つの属に分類されるペア種を紹介・検討する（図8.2）：(1) ササノハベラ属（図8.2a, b）；(2) メジナ属（図8.2c, d）；(3) イシダイ属（図8.2e, f）；(4) タカノハダイ属（図8.2g, h）．どれも南日本沿岸で普通にみられる磯魚であり，釣りやダイビングでおなじみの方も多いであろう．釣人ならメジナ属やイシダイ属が気になるだろうが，本章では筆者が研究対象としているササノハベラ属から話をはじめる．

図8.2 黒潮型および内湾型の分布をする同属のペア種.
a：アカササノハベラ（瀬能宏 撮影，KPM-NR 0063368A），b：ホシササノハベラ（内野美穂 撮影，KPM-NR 0097932A），c：クロメジナ（内野啓道 撮影，KPM-NR 0063274A），d：メジナ（野村智之 撮影，KPM-NR 0026858A），e：イシガキダイ（内野啓道 撮影，KPM-NR 0037619A），f：イシダイ（内野啓道 撮影，KPM-NR 0083895A），g：ミギマキ（浅野勤 撮影，KPM-NR 0086415A），h：タカノハダイ（林万里 撮影，KPM-NR 0015817A）．画像はすべて神奈川県立生命の星・地球博物館と国立科学博物館の提供（http://research.kahaku.go.jp/zoology/photoDB/）より．

(1) アカササノハベラとホシササノハベラ

　アカササノハベラ *Pseudolabrus eoethinus*（図8.2a）とホシササノハベラ *P. sieboldi*（図8.2b）は，ベラ科ササノハベラ属に属する磯魚で，ともに磯釣りで外道として釣れるごく普通の種である．形態はよく似ているが，色彩斑紋で区別できる．色彩斑紋には，雌から雄への性転換にともなう変化に加えて深度や個体による変異もあり判別が難しいが，目の下縁を通る褐色線の走り方に注目するとわかりやすい．目の下端から斜め下に曲がり胸鰭基底上部（青い小斑がある）に達するものはアカササノハベラ，まっすぐ後ろへ伸びて胸鰭基底上部へ達しないのがホシササノハベラである．

　この両種は，以前はササノハベラ *P. japonicus* という単一の種と考えられていた．Mabuchi and Nakabo（1997）により互いに独立の種であることがあきらかにされたが，単一種にされていた頃から，「ササノハベラ」には生息場所がことなる2つの型，すなわち「黒潮型（または外洋型）」と「内湾型」が存在するとされていた．後の研究により前者がアカササノハベラ（以下「アカ」），後者がホシササノハベラ（「ホシ」）にほぼ対応することが判明したが，同一種のときの型の名前から想像できるように，アカは黒潮の影響が強い南日本の太平洋岸の外洋に面した磯に，一方のホシはその影響が弱い内湾部に多く，中間的な環境の海域には，両種がともに分布している．馬渕（2003）による南日本の太平洋岸を中心とした分布調査の結果をみると，このような分布傾向が，前節までに紹介した海洋生物地理学的な区分けと一致していることがわかる．たとえば，近畿地方沿岸の調査結果（図8.3）を西村の区分けと対応させると，亜熱帯区にはアカが，中間温帯区にはホシが優占し，両者に挟まれた暖温帯区では両者が共存している．この図をよくみると，アカが優先している大きな岬の先端部にもホシが高率で出現する場所があるが，このような場所は，小さな湾の中や川の河口付近であることから，やはり内湾的な場所にホシが分布するというパターンは変わらない．また，日本海沿岸には，ホシのみしか分布していないのもみて取れる．すなわち，本章の用語を用いると，アカは黒潮型の，ホシは内湾型の分布をしていると要約できる．Nakabo（2002）では，「温帯から亜熱帯水域」に分布する魚種の中にアカを，「暖水起源の種の温帯水域」に分布する魚種の中にホシを含めている．

　両種が共存する太平洋沿岸の磯において，両者は同じ季節（晩秋から初冬）・タイミング（日中の大潮前後）で繁殖行動をおこなうものの，生殖的に隔離し

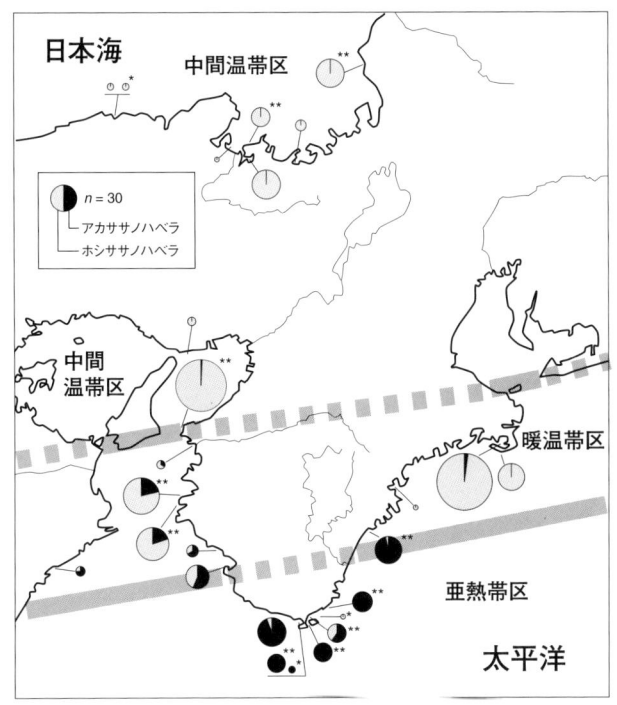

図8.3 アカササノハベラ（黒）およびホシササノハベラ（白）の近畿地方各沿岸における出現比率．データは，標本，魚類写真資料データベース（*），水中観察（**）にもとづく．円グラフの大きさは個体数におよそ比例．馬渕（2003）を改変．

ていることが確認されている．2種は基本的には雌雄のペアで産卵をおこない，希に存在する「雌に擬態した雄」がこのペア産卵に突進して精子をかけ逃げするストリーキングをおこなうが，共存域である愛媛県宇和海での潜水観察の結果，シーズンを通して異種間交雑となるペア産卵は観察されなかった（Matsumoto et al., 1997）．ただ，ごく希に雌擬態雄が突進する雌雄ペアの種をまちがえる例が観察され，おそらくこのような事例に由来すると思われる交雑個体が希にみつかっている（馬渕ほか，1999）．しかし，2種は核の染色体の形と本数がことなるので（馬渕ほか，2002），このような個体も雑種第一世代であり，子孫を残す能力はもっていないと推察される．

ササノハベラ属全11種のうち，日本近海に分布する同属種はこの2種のほかにはない．残り9種は，すべて南半球のオーストラリア沿岸〜チリ沖の島嶼部の温帯海域に分布している（このように，熱帯海域に分布せず南北半球の温帯

第8章　黒潮沿岸と内湾の「ペア種」とその歴史　●　151

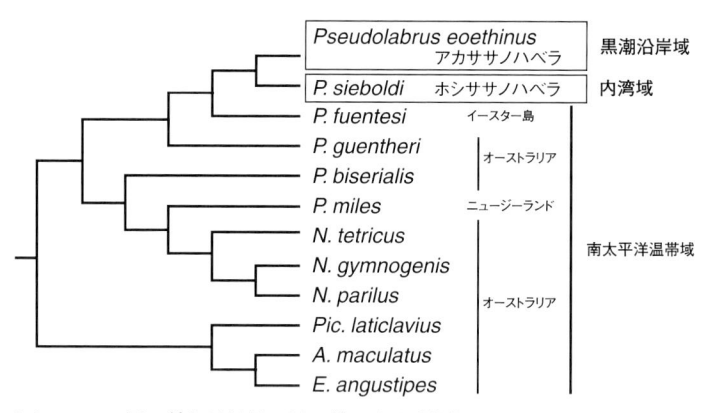

```
        ┌─────── Pseudolabrus eoethinus    黒潮沿岸域
      ┌─┤         アカササノハベラ
    ┌─┤ └─────── P. sieboldi    ホシササノハベラ  内湾域
    │ └───────── P. fuentesi    イースター島
  ┌─┤ ┌───────── P. guentheri   オーストラリア
  │ └─┤
  │   ├───────── P. biserialis
──┤   └───────── P. miles       ニュージーランド
  │ ┌─────────── N. tetricus
  │ ├─────────── N. gymnogenis                  南太平洋温帯域
  └─┤ ┌───────── N. parilus     オーストラリア
    └─┤
      ├───────── Pic. laticlavius
      ├───────── A. maculatus
      └───────── E. angustipes
```

図8.4 ササノハベラ属6種と近縁属4属6種の分子系統樹．Mabuchi et al.（2004）を改変．右に分布域を示す．

域に分断的に分布するパターンを，「反熱帯分布」とよぶ）．また，本属に近縁な5属もすべて，オーストラリア・ニュージーランドの温帯域に分布が限られている．

日本近海の2種をふくむササノハベラ属6種と，これに近縁な属の4属6種について，ミトコンドリア DNA の12S rRNA 遺伝子後半〜16S rRNA 遺伝子前半の約1500塩基にもとづいて分子系統解析をおこなうと，図8.4 のようになった（Mabuchi et al., 2004）．日本近海に分布する2種は，南半球の同属や近縁属の種が形成する大きなクレードの末端に位置づけられたことから，元々は南半球から移動してきたと推測できる．ササノハベラ属の全種が解析にふくまれているわけではないので注意が必要だが，この系統樹上では，日本近海の2種は姉妹群を形成している．最節約的に考えると，南半球から北半球への移住は2種の共通祖先において一回だけ起こり，2種の分化は北半球の日本近海で起こったと推測される．

(2) クロメジナとメジナ

クロメジナ *Girella leonina*（図8.2c）とメジナ *G. punctata*（図8.2d）は，メジナ科メジナ属に分類される磯魚で，とくに磯釣りの対象種として有名である（釣り人には前者は「尾長グレ」，後者は「口太グレ」とよばれる）．両種はよく似ている上に形態と色彩の変異が多く，区別が難しいが，鰓蓋の後縁部の色でほぼ区別できる．後縁部がハッキリ黒いのがクロメジナで，黒くないかわずか

```
        ┌──── Girella leonina   クロメジナ      黒潮沿岸域
     ┌──┤
   ┌─┤  └──── G. punctata      メジナ         内湾域
   │ │
───┤ └─────── G. mezina        オキナメジナ    黒潮沿岸域と沖縄
   │
   │ ┌─────── G. nigricans     北米太平洋岸
   └─┤
     │ ┌───── G. elevata       ┐
     └─┤                       │オーストラリア  南太平洋温帯域
       └───── G. tricuspidata  ┘
```

図8.5 メジナ属6種の分子系統樹．Yagishita and Nakabo (2003) を改変．右に分布域を示す．

に黒いのがメジナである．そのほか，両顎の歯列数（1列 vs. 通常2列），成魚の尾柄部の高さ（低い vs. 高い）などにも差がある．

　地理的な分布域について，Nakabo (2002) では「温帯から亜熱帯水域」に分布する魚種の中にクロメジナを，「暖水起源種の温帯水域」に分布する魚種の中にメジナを含めている．すなわち，クロメジナは黒潮型の，メジナは内湾型の分布をしており，両者の分布域は西村の暖温帯区（図8.1）で重なる．この分布の重複域においては，両種の幼魚が混群を形成して遊泳しているのが観察される．和歌山県の田辺湾における調査では，混群の中における両種の比率は，湾口部から湾奥部に行くにしたがって変化し，湾口部ではクロメジナが優占し，湾奥部ではメジナが優占していた（Okuno, 1962）．

　産卵期はクロメジナが11〜12月で，メジナは2〜6月である．産卵期が重なっていないせいか，天然水域からの交雑個体は知られていない．

　日本近海に分布する同属種としては，この2種のほかにオキナメジナ G. mezina がいる．地理的分布域はクロメジナに似ているが，ほかの2種より南方を好み，沖縄でみられるメジナ類はほぼすべてオキナメジナである．メジナ属にはこれら3種のほかに，オーストラリアに6種，南米ペルー・チリの沿岸部と沖合の島嶼部に4種，北米カリフォルニア沿岸に1種，東大西洋に1種の合計15種が知られている．すべて温帯域に分布し熱帯域には分布しない．つまり反熱帯分布する．

　東アジアの3種とオーストラリアの2種，およびカリフォルニアの1種の合計6種について，ミトコンドリアDNAのND2遺伝子領域の約1000塩基にもとづいた分子系統解析の結果は図8.5のとおりである（Yagishita and Nakabo, 2003）．全種をふくめた解析でないため注意が必要だが，東アジアの3種は単系統群で，ほかの3種が形成するクレードと姉妹群となった．また，東アジアの3種のなかでは，クロメジナとメジナが姉妹群となった．3種の系統関係についてはミ

トコンドリア DNA の 16S rRNA 遺伝子領域（約 1700 塩基）にもとづく解析でも同じ結果が得られている（Itoi et al., 2007）．東アジアの３種のなかでもっともはじめに分岐したオキナメジナは，上唇が著しく厚く，成魚で両顎の歯列数が３〜４と多いことや，水中では体側中央に黄色い一横帯があることなどでほかの２種と容易に区別できる．メジナ科には藻食性の強いものから雑食性のものがいるが，歯列数をふくむ歯の特徴や腸の長さ，および摂餌行動の観察により，東アジアの３種のなかではオキナメジナが最も藻食性が強く，クロメジナが最も雑食性が強いと考えられている（Kanda and Yamaoka, 1995）．Yagishita and Nakabo（2003）は，上記の系統関係にもとづき，クロメジナやメジナの雑食性は，オキナメジナが保持している藻食性から生じたと推論している．また，Itoi et al.（2007）は，３種の分岐年代を 16S rRNA 遺伝子にもとづくベイズ推定により 600〜700万年と見積り，東シナ海と日本海がこの順番で太平洋から隔離された時期に，順次，オキナメジナとメジナがそれぞれ隔離され，種分化をとげたと推論している．

(3) イシガキダイとイシダイ

　イシガキダイ *Oplegnathus punctatus*（図 8.2e）とイシダイ *O. fasciatus*（図 8.2f）は，イシダイ科イシダイ属に分類される磯魚で，磯釣りの対象として人気が高く，また高級食用魚としても知られる．オウムの嘴のような歯と平たく体高の高いシルエットは両種でほぼ同じであるが，体表模様で容易に区別できる．イシガキダイの模様はその名のとおり石垣模様だが，イシダイは黒と白の縞模様である．ただし，老成した雄ではこのような模様が不明瞭になり，かつ，口の周辺の色がイシガキダイでは白く，イシダイでは黒くなる．

　報告されている資料にもとづくと，イシガキダイは黒潮型，イシダイは内湾型の分布をしているといえる．Nakabo（2002）は「暖水起源種の温帯水域」に分布する種としてイシダイをふくめており，本種は内湾型の分布であるといえる．一方，「温帯から亜熱帯水域」に分布する種にはイシガキダイをあげていない．荒賀（2000）によると，イシガキダイは本州以南に分布し，日本海側では山口県以南に分布するとしているので，この日本海側の領域での分布が，Nakabo のいう典型的な「温帯から亜熱帯水域」と一致しないからであろう．しかし，この領域は西村の区分では暖温帯区にふくまれている．したがって，イシガキダイの分布は，西村の亜熱帯区＋暖温帯区のほうに対応し，本章でい

```
            ┌──── Oplegnathus punctatus      黒潮沿岸域
          ┌─┤        イシガキダイ
        ┌─┤ └──── O. fasciatus  イシダイ    内湾域
       ─┤ └────── O. woodwardi   オーストラリア  ┐
        └──────── O. insignis    南米太平洋岸  ┘ 南太平洋温帯域
```

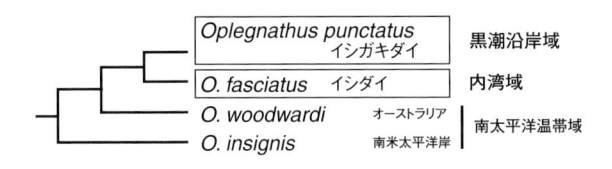

図8.6　イシダイ属4種の分子系統樹（未発表）．右に分布域を示す．

うところの黒潮型の分布と判定して差し支えないであろう．

　両種の産卵期は，ともに4〜7月である．時期が重なっているせいか，体表模様から天然交雑と考えられる個体が各地から記録されている．興味深いことに，人工授精による雑種第一世代は生殖能力をもつことが確認されているが，水槽内で自発的な産卵行動をおこさせる実験では，異種間ペアからは未受精卵しか得られなかった（Shimada et al., 2009）．このことから，2種間には産卵行動の不一致による生殖隔離の存在が推定されている．

　イシダイ属の仲間は，日本近海にはこの2種しか分布しない．本属は世界に7種おり，日本近海の2種のほかに，オーストラリア南部と南米の太平洋岸〜ガラパゴス諸島にそれぞれ1種，アフリカ南部のインド洋岸に3種が生息している．なお，ハワイ諸島からイシダイとイシガキダイの分布が報告されているが，これは黒潮とその続流による無効分散と考えられている．以上から，本属の現生種は，インド・太平洋域の南北の温帯域に反熱帯分布し，北半球に分布するのはイシダイとイシガキダイのみであると要約できる．一方，本属は，顎歯が癒合してオウムの嘴状になっているが，この特徴的な歯の化石が現在本属の分布がみられないつぎのような地域からも出土している：始新世の南極大陸；漸新世のヨーロッパ；中新世の北米の太平洋側；中新世の南米の大西洋側（Cione, 2002）．このことから，本属は新生代には現在よりも広い分布域をもっていたことがわかる．

　現生種の分子系統学的解析は報告されていないが，DNAデータベースに登録されている4種のミトコンドリア16S rRNA遺伝子領域，約550塩基にもとづいて系統樹を書くと図8.6のようになる．アフリカ南部インド洋岸の3種が解析にふくまれていないため注意が必要だが，日本近海の2種は姉妹群関係となり，オーストラリア南岸の *O. woodwardi* と単系統群を形成している．太平洋海域の4種のなかでは，南米の太平洋岸に分布する *O. insignis* が系統樹のなかで最も外側に位置している．このような樹形から最節約的に推測すると，本属の現生

種群は南半球に起源し，北半球への移住はイシダイとイシガキダイの共通祖先において一回だけ起こり，2種の分化は北半球の日本近海で起こったと推測される．

(4) ミギマキとタカノハダイ

ミギマキ *Goniistius zebra*（図8.2g）とタカノハダイ *G. zonatus*（図8.2h）は，タカノハダイ科タカノハダイ属に分類される磯魚である．とくに後者は南日本の磯でごく普通に観察され，もっともありふれた磯魚の1つである．背中の盛り上がった体型と斜め縞の体側模様が特徴的な仲間であるが，タカノハダイは尾鰭に水玉模様があることで，ミギマキは唇が赤いことで両者は容易に区別できる．

タカノハダイは本州中部以南の太平洋沿岸と新潟県以南の日本海沿岸に生息する．一方，ミギマキの分布は千葉県以南から九州の南西岸までに分布し，日本海沿岸には希に出現するのみである．地理的なレベルでいうと，ミギマキは黒潮型，タカノハダイは内湾型の分布をするといえるだろう．一方，生息場所のちがいという観点からいうと，タカノハダイは沿岸の浅所に，ミギマキはやや深みに生息するといわれている．

産卵期はミギマキが10〜11月，タカノハダイが10〜12月と時期的に大きく重なっているが，雑種個体の報告は無い．同所的な生息地でも，何らかの生殖的隔離機構があると考えられる．

タカノハダイとミギマキが属するタカノハダイ属には，現在までに8種が知られている．日本近海に分布する仲間には，上記2種のほかにユウダチタカノハ *G. quadricornis* がいる．北半球にはこのほかにハワイに1種分布するが，この種は南半球のオーストラリアの太平洋沖の島嶼部にも分布している．残りの4種はすべて南半球に分布し，オーストラリアからイースター島にかけての温帯域に生息する．全体としては，太平洋の温帯域（1種だけオーストラリアのインド洋沿岸に分布）に反熱帯分布しているといえる．

タカノハダイ属全8種と，これに近縁な2属6種について分子系統解析をおこなった結果が図8.7である（Burridge and White, 2000）．用いられたデータは，ミトコンドリアDNAの2つの遺伝子領域，COIとCyt b の部分塩基配列の合計約800塩基で，近縁な属や科の種（すべて南半球に分布）をさらにふくめた解析でも同様の結果が得られている（Burridge and Smolenski, 2004）．興味深

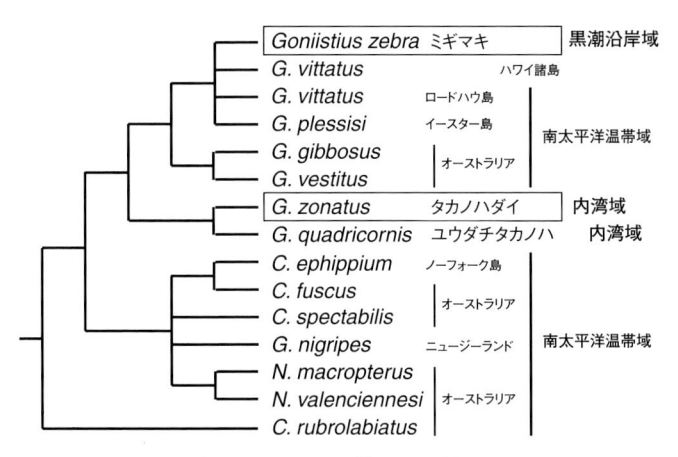

```
                    ┌─ Goniistius zebra  ミギマキ          黒潮沿岸域
                  ┌─┤
                  │ ├─ G. vittatus         ハワイ諸島
                ┌─┤ └─ G. vittatus         ロードハウ島
                │ │ ┌─ G. plessisi         イースター島    南太平洋温帯域
              ┌─┤ └─┤
              │ │   ├─ G. gibbosus         オーストラリア
              │ │   └─ G. vestitus
              │ │
              │ ├─── G. zonatus    タカノハダイ            内湾域
              │ └─── G. quadricornis ユウダチタカノハ      内湾域
           ┌──┤
           │  │ ┌─ C. ephippium      ノーフォーク島
           │  │ ├─ C. fuscus
           │  │ ├─ C. spectabilis    オーストラリア
           │  └─┤
           │    ├─ G. nigripes       ニュージーランド      南太平洋温帯域
           │    ├─ N. macropterus
           │    ├─ N. valenciennesi  オーストラリア
           └────┴─ C. rubrolabiatus
```

図8.7 タカノハダイ属全8種と近縁属2属6種の分子系統樹．Burridge and White（2000）を改変．右に分布域を示す．

いことに，これらの系統樹で日本近海の3種は単系統群を形成しなかった．すなわち，タカノハダイとユウダチタカノハが姉妹群となる一方で，ミギマキはこの2種とはことなる単系統群にふくまれた．このような系統関係から最節約的に考えると，本属の起源は南半球であり，日本近海への移住は少なくとも2回（タカノハダイとユウダチタカノハの共通祖先で1回，ミギマキで1回）であったと推測される．タカノハダイと姉妹群関係にあるユウダチタカノハは，地理的な分布範囲としてはタカノハダイと同様であるが，生息深度はより深い．日本近海種のなかでは最も希な種であり，ほかの2種とは，尾鰭に水玉模様がないこと，口が赤くないことで容易に区別できる．

近縁なペア種の共存機構

　以上，南日本の太平洋沿岸部に生息する4つの岩礁性魚類のペアについてみてきた．これら4つのペアはどれも，西村の暖温帯区（図8.1）で大きく分布域が重複しながらも，遺伝的に混合せずに独立の2種であることを維持している．ペア種の間で生殖的な隔離機構が存在することが推察されるが，それぞれのペアについて概要をまとめると以下のようになる．
　ササノハベラ属の2種（アカササノハベラとホシササノハベラ）では，産卵の時期やタイミングは同様だが，ペア産卵のときに異種間の雄と雌の組合せはできないようになっていた．また，異種の雌擬態雄によるストリーキングによ

り希に生じると考えられる交雑個体も，親種の染色体構造のちがいから，おそらく生殖能力をもっておらず，交雑は第一世代で止まると考えられた．メジナ属の2種（クロメジナとメジナ）では，そもそも産卵時期がことなっていた．イシダイ属の2種（イシガキダイとイシダイ）では，産卵時期が重複しており，自然界でもときどき交雑個体がみつかるが，水槽内で自発的に産卵をおこなわせる実験では，異種間ペアからは未受精卵しか得られないことから，産卵行動の不一致による生殖隔離が考えられた．タカノハダイ属についてはデータが少なく，隔離機構の推測はできなかったが，ほかの3ペアの例からあきらかなように，同様の分布パターンを示すペアであっても，交雑を防いでいる機構はさまざまであった．

ペア種の起源

(1) 種分化の舞台

　ペア種の起源について考察する際，世界のほかの海域に分布する同属の種をふくめた系統解析をおこなうことは最も重要な作業である．解析の結果としてペア種が単系統群を形成すれば，それらは現在の分布域かその近隣海域で種分化したと考えるのが最も自然である．しかし，ペア種が側系統的あるいは多系統的な関係であったとすると，種分化の舞台は現在のペア種の分布とは別の海域であり，そこから移住してきた可能性をまず検討する必要がある．

　本章で取り上げた4つのペアに関しては，タカノハダイ属を除く3つの属においてペア種は単系統群となった（図8.4〜7）．3つのどの解析においても同属種の網羅度が100%ではなく注意が必要だが（未解析の種がペア種の単系統性を崩す可能性が残っている），一応現時点では，これらのペア種は日本近海で種分化したと考えることとする．では，これらのペア種は，いつ頃どのように分化したのだろうか？

(2) 種分化の時期

　まず，「いつ頃」についてDNAデータを用いて検討してみる．3つのペアに関して，現在，データベース上の情報を用いて比較が可能なミトコンドリアDNAの遺伝子領域は，12S rRNAと16S rRNAの全遺伝子領域しかない（それぞれ，約1000塩基と約1700塩基）．この2つの領域におけるペア種間での塩基配列のちがいを比較すると，12S rRNA遺伝子では，ササノハベラ属で3.3%，メ

ジナ属で1.9%，イシダイ属で2.4%．16S rRNA 遺伝子領域では，ササノハベラ属で2.8%，メジナ属で2.8%，イシダイ属で3.5%であった．この2つの遺伝子における比較結果をみてみると，遺伝子に関係なくどれかの属だけあきらかにちがいが大きいということもなく，3属のペアとも種間にはほぼ同程度の塩基配列のちがいが蓄積されているといえそうだ．塩基配列の進化速度（分子進化速度）は，同じ遺伝子であっても種によってことなる場合があるため，塩基配列のちがいを単純に比較して種間の相対的な分岐年代のちがいを推し量ることは危険だが，かりにこの3種間で進化速度に大きなちがいはないと仮定すると，種分化が起きた時期は3ペア間でほぼ同じといえる．

　3つのペアのなかで，メジナ属だけは，種間の分子進化速度のちがいを考慮した分岐年代推定がおこなわれている．すでに紹介した16S rRNA 遺伝子領域にもとづく解析（Itoi et al., 2007）がそれである．絶対年代との対応をつけるための系統樹上の参照点（Elopomorpha と Clupeocephala の分岐）が，メジナ属内の分岐よりはるかに古いという問題点はあるが，かりにこの解析による推定値を採用すると，ペア種の分岐は約600万年前となる．Itoi et al.（2007）は，この時期の日本海は，対馬海峡が陸となり太平洋から隔離されていたとし，この内海に取り残された個体群が，太平洋岸に残った個体群（クロメジナ）から分化し，メジナとなったと推定している．

(3) 種分化のメカニズム

　日本近海が種分化の舞台となったと考えられる3つのペアは，ともに現在，黒潮型と内湾型の分布域をもつ種からなる．このことから，地理的な隔離によって種分化が起こったとした場合は，3ペアに同じ地理的障壁が作用したと考えるのが最も自然である．また，ペア種の分岐時期は，上で検討したように3つの属でほぼ同じと考えられることから，同じ時期に同じ地理的障壁により分化が起こったというシナリオが描ける．Itoi et al.（2007）がメジナ属について推定したのと同じメカニズムが作用したとすると，約600万年前に，日本海に隔離された個体群から，現在内湾型の分布域をもつメジナ，ホシササノハベラ，イシダイが生じ，太平洋岸に残った個体群が，現在黒潮型の分布域をもつクロメジナ，アカササノハベラ，イシガキダイとなったと考えられる．その後，対馬海峡が海になり，日本海に閉じ込められていた種が太平洋沿岸に進出して，日本海と類似した環境である内湾域を中心に生活の場を広げたのが現在の分布

状態であると解釈できる．

このように，日本海や東シナ海などアジア大陸の東端に連なる縁海が沿岸海洋生物の種分化の舞台となったという仮説は，西村（1981）によって提唱されている．しかし，縁海が太平洋から隔離される原因としては，気候の寒冷化とそれによる海面低下を想定しており，Itoi et al. (2007) の仮説とはこの部分でことなっている．Itoi et al. (2007) が推定した種分化の時期（600万年前）は，気候の寒冷化と温暖化が周期的に訪れる第四紀（200万年前以降）よりはるかに古く，日本海の隔離の原因としては地殻変動が第一に想定されている．もちろん，本章で扱っている3属の種分化の原因が，西村の仮説とはことなり地殻変動であっても，いまのところまったくおかしくはないが，Itoi et al. (2007) の分岐年代推定では，上で述べたとおり，絶対年代との対応をつけるための系統樹上の参照点が古すぎるという問題点がある．より新しい参照点を設定し直した場合に，より新しい分岐年代が推定される可能性もあることから，隔離の地質的，気候的原因を正しく推定するためには，ほかのペア種もふくめて，分岐年代推定をより適切な方法でおこなう必要がある．

なお，本章で取り上げた4属のうち，タカノハダイ属のペア種（ミギマキとタカノハダイ）のみは単系統群を形成せず，南半球からの複数回の移住に由来すると考えられた．このような例は，よく似た同属の種が重複（あるいは隣接）して分布しているからといって，単純に現在の分布域かその周辺で種分化したと考えることの危険性を如実に示しているといえる．

南日本沿岸の磯魚群集の成り立ち

以上，現在利用可能な手がかりをもとに，南日本沿岸の黒潮域と内湾域に分布するペア種の起源を考えてみた．普通種とはいえ，取り上げた属の数が4つと少なく，これらを基礎に群集全体の話をするには無理があるが，いくつか示唆に富んだポイントが得られているので以下に指摘しておきたい．

まず，多くのペア種は日本の周辺海域で種分化した可能性が高いという点である．本章で紹介した4属のなかでは，3属のペア種が日本の周辺海域で分化したと考えられた．ペア種を網羅しての集計ではないため定量的な判断はできないが，ここで取り上げた4属は，南日本沿岸で最も普通に目にすることができるものばかりであり，そのなかの多くが日本周辺で分化したと考えられることは，注目に値する．「南日本沿岸の岩礁性魚類相」で述べたように，日本近

海の磯魚の種多様性のうちの半分は，熱帯海域から豊富な魚種を運搬する黒潮のベルトコンベヤー作用に負っている．しかし，あとの半分のうちの主要な要素の多くが，この海域で種分化を遂げたと考えられることを見逃してはならない．つまり，日本近海のおもな磯魚の種多様性は日本の近海を舞台として生じた可能性が高いのである．このことは，当然といえば当然であるが，明確に認識すべき重要なポイントであろう．

　つぎに，ペア種の具体例として本章で取り上げた4属は，すべて反熱帯分布する属であったことも重要である．最初に断っておくが，反熱帯分布する属を選んで取り上げたわけではない．南日本沿岸の磯魚群集で普通にみられる種であり，かつ黒潮域と内湾域にペア種をもつ代表種を4つ選んだところ，結果として，反熱帯分布する属ばかりになったということである．もちろん，本章で取り上げられなかったペア種で，属全体として反熱帯分布しないものも存在する（たとえばスズキ属）．しかし，主要なペア種が属としては反熱帯分布しているという点は，この海域の魚類群集の成り立ちを理解する上では見過ごせないことである．ペア種の存在と反熱帯分布にどのような関連があるのか．現段階では推測の域を出ないが，反熱帯分布する属の種は，日本近海に移住する前から温帯海域に適応しており，温帯域のなかでの種分化を受け入れやすかったのかも知れない（ただし，メジナ属だけは他海域から移住してきたのではなく，ここが起源地である可能性も残っている）．

　このように，ペア種という視点からみると，日本南岸の磯魚群集の成立には，すでに温帯環境へ適応済みであった魚類の加入が，かなり重要な側面としてクローズアップされる．その加入元としては，黒潮との関連であげた本章の実例では南半球の温帯域のみであったが（ただし，メジナ属では北米の太平洋岸からの移住の可能性もある），実は日本の磯魚のなかには，北米の太平洋岸の温帯域からの移住と考えられるグループも存在する（ウミタナゴなど：馬渕，2009）．日本の磯魚群集の成立を考える際には，世界の複数の温帯海域を視野に入れる必要があることを強調しておきたい．

今後の展望

　本章のここまでの議論は，現在得られている系統樹の重要な部分（ペア種の系統関係と属内での位置）が正しいものとして話を進めてきた．しかし，議論の基礎とした系統樹は，同属種をすべて網羅したものは少なく（タカノハダイ

属のみ）．また，実は統計的なサポートが低いものも多い．種の分布の歴史について，より確からしい議論をするためには，属内の種の網羅度を可能な限り100％に近づけ，使用する塩基配列の長さも十分に伸長して，より信頼の置ける系統樹を構築する必要がある．この作業は，信頼のおける分岐年代推定をおこなうことに繋がる．さらに，群集の歴史を正しく推定するためには，網羅的な系統樹と信頼のおける分岐年代推定を多くの構成種についておこなう必要がある．日本南岸の磯魚群集の歴史をあきらかにするには，本章で取り上げたペア種以外の種もふくめて解析しなければならない．大変な作業であるが，その結果から描かれる歴史は，きっとダイナミックでエキサイティングなものであるにちがいない．

引用文献

荒賀忠一．2000．イシダイ科．岡村　収・尼岡邦夫（編），pp. 424-425．山渓カラー名鑑 日本の海水魚 第二版，山と渓谷社，東京．

Burridge, C. P. and A. J. Smolenski. 2004. Molecular phylogeny of the Cheilodactylidae and Latridae (Perciformes: Cirrhitoidea) with notes on taxonomy and biogeography. Mol. Phylogenet. Evol., 30: 118-127.

Burridge, C. P. and R. W. G. White. 2000. Molecular phylogeny of the antitropical subgenus *Goniistius* (Perciformes: Cheilodactylidae: *Cheilodactylus*): evidence for multiple transequatorial divergences and non-monophyly. Biol. J. Lin. Soc., 70: 435-458.

Cione, A. L. 2002. An oplegnathid beak (Osteichthyes: Perciformes) from the Early Miocene of Patagonia. Extirpation of several vertebrates from the southern Atlantic Ocean. Geobios, 35: 367-373.

Itoi, S., T. Saito, S. Washio, M. Shimojo, N. Takai, K. Yoshihara, and H. Sugita. 2007. Speciation of two sympatric coastal fish species, *Girella punctata* and *Girella leonina* (Perciformes, Kyphosidae). Organ. Div. Evol., 7: 12-19.

Kanda, M. and K. Yamaoka. 1995. Tooth and gut morphology in relation to feeding in three girellid species (Perciformes, Girellidae) from southern Japan. Neth. J. Zool., 45: 495-512.

馬渕浩司．2003．ササノハベラ属2種の南日本沿岸における地理的分布パターン．魚類学雑誌，50: 103-113.

馬渕浩司．2009．日本の磯魚群集の成り立ち：分子系統が語る浅海の交流史．西田　睦（編），pp. 359-375．海洋生命系のダイナミクス第1巻　海洋の生命史　生命は海でどう進化したか．東海大学出版会，神奈川．

馬渕浩司・新井良一・西田　睦．2002．南日本産ササノハベラ属2種の核型および核DNA量．魚類学雑誌，49: 87-95.

馬渕浩司・松本一範・中坊徹次．1999．愛媛県宇和海より採集されたササノハベラ属

種間雑種．魚類学雑誌，46: 115-119.
Mabuchi, K. and T. Nakabo. 1997. Revision of the genus *Pseudolabrus* (Labridae) from the East Asian waters. Ichthyol. Res., 44: 321-334.
Mabuchi, K., T. Nakabo, and M. Nishida. 2004. Molecular phylogeny of the antitropical genus *Pseudolabrus* (Perciformes: Labridae): evidence for a Southern Hemisphere origin. Mol. Phylogenet. Evol., 32: 375-382.
Matsumoto, K., K. Mabuchi, M. Kohda, and T. Nakabo. 1997. Spawning behavior and reproductive isolation of two species of *Pseudolabrus*. Ichthyol. Res., 44: 379-384.
Nakabo, T. 2002. Characteristics of the fish fauna of Japan and adjacent waters. pp. xliii-lii in T. Nakabo, ed. Fishes of Japan with pictorial keys to the species, English edition. Tokai University Press, Tokyo.
中坊徹次・下村　稔・小畑　洋．2001．南日本太平洋沿岸岩礁域の魚類相．中坊徹次・町田吉彦・山岡耕作・西田清徳（編），p. 281-287．以布利　黒潮の魚．大阪海遊館，大阪．
西村三郎．1981．地球の海と生命：海洋生物地理学序説．海鳴社，東京．pp. 284.
西村三郎．1992．日本近海における動物分布．西村三郎（編），pp. xi-xix．原色検索日本海岸動物図鑑［I］．保育社，大阪．
Okuno, R. 1962. Distribution of youngs of two reef fishes, *Girella punctata* Gray and *G. melanichthys* (Richardson), in Tanabe Bay and the relationship found between their schooling behaviors. Publ. Seto Mar. Biol. Lab., 10: 293-306, plates XVI, XVII.
Shimada, Y., K. Nokubi, S. Yamamoto, O. Murata, and H. Kumai. 2009. Reproduction between *Oplegnathus fasciatus* and *O. punctatus*, and fertility of their interspecies. Fish Sci., 75: 521-523.
Yagishita, N. and T. Nakabo. 2000. Revision of the genus *Girella* (Girellidae) from East Asia. Ichthyol. Res., 47: 119-135.
Yagishita N. and T. Nakabo. 2003. Evolutionary trend in feeding habits of *Girella* (Perciformes: Girellidae). Ichthyol. Res., 50: 358-366.

第9章

マンボウ研究最前線
―分類と生態,そして生物地理

山野上祐介・澤井悦郎

はじめに

　黒潮は世界有数の暖流であり,日本沿岸の魚類相に大きな影響を与えている（瀬能・松浦,2007）.マンボウ属魚類は黒潮の影響を受ける日本の多くの沿岸域に出現する.そのため黒潮の影響を強く受けている魚類の一つであると考えられてきた（Parin, 1971；Matsuura and Tyler, 1998）.その一方で,マンボウ属魚類は成魚が巨大になるため,あらゆる研究において制約をともない,多くの分野において研究が進んでいるとはいい難い状況であった.それでも近年マンボウ属魚類について,急速に知見が蓄えられており,とくに系統分類や行動生態などの分野で目覚ましい発見が相次いでいる.ここでは,近年のマンボウ属魚類のこれらの分野における新しい知見を紹介し,それを基にその生物地理や黒潮との関係について考えてみたい.

マンボウ類の系統と分類

(1) マンボウ属魚類はフグ目の仲間

　マンボウ属魚類は尾鰭を欠いた特異な体形や成魚の巨大さでよく知られており,水族館などでも非常に人気のある魚である.マンボウ属魚類は全長3.3 m,重さ2.3 tにもなるという報告があり（中坪ほか,2007；Yoshita et al., 2009）,最も重い硬骨魚であるとしてギネスブックにも登録されている（Carwardine, 1995）.マンボウ属魚類はマンボウ科に分類されるが,マンボウ科の各種は尾鰭要素をすべて欠いており,尾鰭の代わりに背鰭と臀鰭要素からなる舵鰭をもっている点が共通している（e.g., Fraser-Brunner, 1951）.尾鰭要素をまったくもたない魚類は非常に稀であり,マンボウ科の大きな特徴となっている.マンボウ科は派生的な魚類の一群であるフグ目に分類されているが,フグ目のなかで

も腹鰭要素をまったくもたないことや両顎がくちばし状になっていることなどの形態的な特徴により，フグ科やハリセンボン科に近いと考えられてきた（e.g., Santini and Tyler, 2003）．しかし，DNA にもとづいた系統解析ではフグ科やハリセンボン科に近縁であるという確実な結果は得られていない（e.g., Yamanoue et al., 2008）．

(2) マンボウ科魚類の従来の分類

マンボウ科魚類の多くの種では成魚が巨大になるため，標本採集や運搬，形態観察などが非常に困難である．成魚の標本を保存するためには非常に大きなスペースが必要であり，博物館などで収蔵できる成魚の標本数は限られている．このような要因により，マンボウ科に何種ふくまれ，それがどのような形態的特徴により識別できるのか，そしてどのような学名を当てるべきなのか，といった分類学的に基本的な情報すらよくわかっていないのが現状である（e.g., 山野上ほか, 2010）．

マンボウ科魚類は通常 3 つの属に分けられている．クサビフグ属 *Ranzania*，ヤリマンボウ属 *Masturus*，マンボウ属 *Mola* である．マンボウ科全体について分類学的に再検討をおこなった唯一の論文である Fraser-Brunner（1951）によると，クサビフグ属にはクサビフグ *Ranzania laevis laevis* と *Ranzania laevis makua* の 1 種 2 亜種，ヤリマンボウ属にはヤリマンボウ *Masuturus lanceolatus* とトンガリヤリマンボウ *Masturus oxyuropterus*，マンボウ属にはマンボウ *Mola mola* とゴウシュウマンボウ *Mola ramsayi* がふくまれる．しかし，Fraser-Brunner の提示した分類は少ない標本にもとづいていることや，その後十分な研究がなされていないこともあり，マンボウ科にはこれらの 3 属に各 1 種，全 3 種をふくむとするのが一般的であった（Nelson, 1994）．マンボウ属についても，ゴウシュウマンボウはマンボウと比べると，分布が南半球に限定的であり，背鰭から舵鰭を経由して臀鰭に至る一連の鰭の基部にある帯状域をもたないことや，舵鰭の先端に形成される骨板とよばれる硬い骨状物質の数がことなることによって識別されるといわれているが（Fraser-Brunner, 1951），ゴウシュウマンボウが有効種であるか疑問がもたれていた（Bass et al., 2005）．

(3) DNA でわかったマンボウ属の実態

マンボウ属の分類の枠組みは，近年のミトコンドリア DNA 解析にもとづく

研究により見直されはじめている．まず，Bass et al.（2005）による，主として調節領域を対象とした研究では，マンボウ属が大きく2つのクレードに分かれることが確認された．Bass et al.（2005）はこれらの2つのクレードのうち南半球のサンプルのみからなるものを *Mola ramsayi*，残りのクレードを *Mola mola* であるとし，各種ともそれぞれ太平洋と大西洋の小さな2つのクレードをふくむことを示した．しかし，この研究はサンプルの形態的特徴を調査しておらず，採集地の情報のみでクレードに種を割り当てるという問題点があった．

　Yoshita et al.（2009）は，この研究と同じ調節領域のデータセットに，おもに日本近海から得られた標本のデータを加えて解析し，同様の樹形をもつ系統樹を得た．しかし，Bass et al.（2005）の "*M. ramsayi*" に対応するクレードの内部にある太平洋，大西洋の2つのクレードについては，両者間の遺伝的な距離の大きさからそれぞれ独立した種（論文中の Group A と C）と判断した．さらに，これら2種のうち，Group A はオーストラリアだけでなく日本近海にも分布し，Group C は南アフリカだけでなくオーストラリアにも分布することを示した．一方，Bass et al.（2005）の "*M. mola*" に対応するクレードについては，先行研究と同様に太平洋と大西洋で別々のクレードが形成されたものの，両者を同一の種（Group B）として扱い，少なくとも日本近海で採集された Group B の個体は，形態形質において Fraser-Brunner（1951）の *M. mola* の特徴との類似点が多いとした．

　日本近海のマンボウ属については，DNA 調査がおこなわれる以前は1種のみが分布していると考えられてきたが，ミトコンドリア DNA の調査により，2つの系統（前述の Group A と Group B）の存在があきらかになった（相良ほか，2005；吉田ほか，2005）．その後，前出の Yoshita et al.（2009）の研究により，これら2系統は別種とされており，Group A は，おもに東日本の太平洋岸において全長3m 前後のメスのみの大型個体が，Group B は，九州から北海道までの太平洋・日本海において雌雄とも全長1m 以下から3m 近くの個体が捕獲されている．山野上ほか（2010）は PCR と電気泳動を用いて，これら2種のサンプルがどちらの種のミトコンドリア DNA のハプロタイプをもつかを簡便に識別する方法を示した．本書では Yoshita et al.（2009）にしたがいこれら3つのクレードをマンボウ属の独立した種として扱う．そして，山野上ほか（2010）による和名にしたがい，Yoshita et al.（2009）の Group A, B をそれぞれウシマンボウ，マンボウとし（図9.1），日本に分布しないため和名のない Group C に

図9.1 日本周辺海域でみられるマンボウ（左）とウシマンボウ（右）（マンボウの写真：伊藤大輔氏提供，ウシマンボウの写真：波左間海中公園マンボウランド提供）．両種とも千葉県館山市波左間海中公園マンボウランドにて撮影された．

ついてはC種と表記する．

　その一方で，マンボウ属各種の学名を決定するためには非常に長い道のりが残されている．まず，マンボウ属のDNAにもとづく分類だけでなく，成長過程における形態変化，雌雄差，個体変異をふくむ形態形質にもとづく分類学的研究が必要である．つまり，形態形質を精査し，DNAの結果に矛盾しない種分類とその識別形質を提示する必要がある．その結果，種数が現時点でマンボウ属内に認められている3種から変更される可能性も十分にある．そして，これまでマンボウ属魚類にたいして与えられた学名およびそのタイプ標本の調査をおこない，形態とDNAによって結論づけられた種にどの学名を当てるべきなのか精査が必要である．ところが，マンボウ属魚類はこれまで30種以上記載されているにもかかわらずタイプ標本が保存されているのはほんのわずかであり（Parenti, 2003），学名がどのような標本にもとづいたものかは専ら記載論文の記述にもとづいて推測するほかない．そして成魚が巨大なため標本採集にも非常に手間がかかり，さらに博物館に収蔵されている標本も少ない．このようにマンボウ属各種の学名の解決には今後多くの時間と労力が必要である．

(4) 日本産マンボウ属2種の形態的特徴

　近年のミトコンドリアDNAにもとづく研究により日本周辺にマンボウ属魚類が2種分布することがあきらかになったが，それ以前は日本近海に出現する

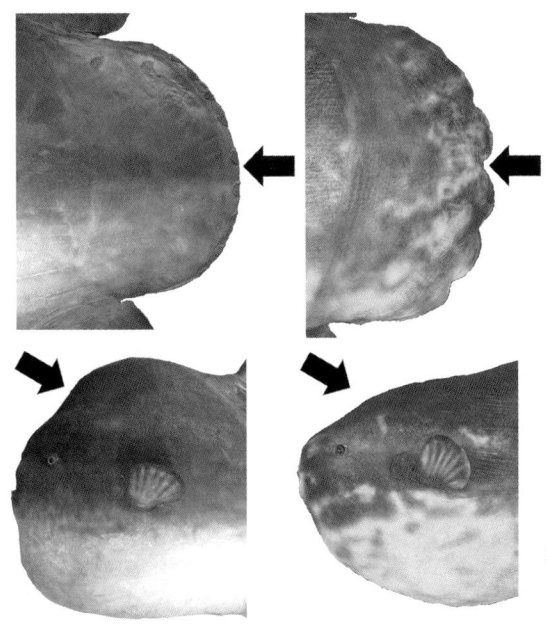

図9.2 ウシマンボウ（左）とマンボウ（右）の識別点（頭部の隆起と舵鰭の波型の有無）．

　マンボウ属魚類は1種とされてきた．そのため本属魚類に関する生物学的知見は2種を混同した報告にもとづいていると考えられる．したがって，新たな分類学的視点から本属魚類のデータを見直すことが必要である．まず，種の識別に重要な形態学的な研究の現状を紹介する．ミトコンドリア DNA の D-loop 領域の配列によりマンボウとウシマンボウを識別し形態的な特徴を比較したところ，いくつか差異がみられるものがみつかった（Yoshita et al., 2009；図9.2）．図9.2に示した識別点について説明する．まず，全長2m以上の個体における2種の舵鰭をみると，ウシマンボウではなめらかな半円を描く一方，マンボウでは波型になっている．これについてさらに詳しく調査したところ，小型のマンボウには舵鰭に波型がみられないが，成長とともに波型が形成されはじめ，全長1.1m以上の個体では舵鰭の一部に波型をもつことがわかった（澤井ほか，未発表データ）．一方，ウシマンボウにも舵鰭の一部に波型をもつ個体はみられたが，多くの個体では波型がみられなかった（澤井ほか，未発表データ）．また同サイズで両種の舵鰭の形状を比較すると，マンボウの波型はウシマンボウより深くV字状に切れ込み，いくつかの骨板はこのV字状の中に形成されることがわかった（澤井ほか，未発表データ）．

頭部にも両種を識別できる特徴があるようである．調査した個体において，ウシマンボウの全長2m以上の個体は頭部に顕著な隆起がみられる．一方，全長2m未満の個体についてはあまりそれらの隆起が顕著でないものもみられた（澤井ほか，未発表データ）．マンボウでは調査した個体において体の大小にかかわらず頭部に隆起がない．

　これらの形態学的な調査によってマンボウには外観的な雌雄差がほとんどないことがわかったが（澤井ほか，未発表データ），ウシマンボウについては調査した個体が少ないことや，全長1.8m以下の個体やオスの個体が得られていないことから成長や雌雄による変異は不明である．したがって，ウシマンボウの個体変異をあきらかにしてマンボウとの識別形質をみいだすためにはより多くのウシマンボウの個体を調査する必要がある．DNA解析はいまのところ実験器具を揃えた研究者しかおこなうことができないが，種を確実に識別できる形態形質を提示することができれば，その形態形質を用いることで研究者だけでなく漁業関係者をはじめ海洋生物にかかわるあらゆる人々が容易に種を見分けられるようになる．したがって，DNAによる種の識別に加え，形態形質だけでも確実に種の識別を可能にすることが今後の課題である．

マンボウ属魚類の生態

(1) 成熟・初期生態について

　マンボウ属魚類は成熟していると考えられる個体が大型で非常に重く，仔稚魚は沿岸にめったに出現しないため，成熟生態や初期生態などについてはほとんどわかっていない．しかし，マンボウ属魚類は最大の孕卵数をもつ脊椎動物として有名でありギネスブックにも登録されている（Carwardine, 1995）．これは全長1.5mのマンボウ属魚類が3億個の未成熟卵をもっていたというSchmidt（1921）の報告によるものである．一方，祖一（2009）によると体長2.1mのマンボウ属の個体が2,982gの卵巣をもち，直径約0.4mmの球形の分離浮性卵と思われる卵3850万個とそれよりも小さな未成熟卵を多数確認したと報告している．マンボウ属の成熟度に関する知見は非常に少ないが，中坪ほか（2007）が大型個体の計量が困難であることを考慮して，全長を基準としたGI（生殖腺指数；GI＝生殖腺重量(g)/全長$(cm)^3 \times 10000$）を調査し，関東周辺にメス（0.008－3.975），オス（0.006－1.359）のGIをもつ個体がいたと報告している．また，中坪ほか（2007）は運動性のある精子をもった成熟したマンボウ属のオス個体

を報告し，メスでは最終成熟段階の個体が得られなかったものの組織切片の調査から多回産卵ではないかと推測した．わたしたちの調査によると，2004年11月に島根県沖で獲れたマンボウのメスは約36 kgの卵巣をもち，GIが17.3とこれまでに報告されたなかで最も高く，日本近海で産卵している可能性も考えられる（澤井ほか，未発表データ）．ちなみにこの個体は重量法により，およそ8000万個前後の孕卵数があることが推定された（澤井ほか，未発表データ）．また，マンボウ属の仔稚魚期には成魚からは想像もつかないコンペイトウのような形をしている（図9.3）．マンボウ類の初期生態は謎のままであるが，おそらく，マンボウ属魚類は卵や遊泳能力を獲得する以前の仔稚魚期の段階では海流の影響を強く受ける浮遊生活を送っているものと考えられる．

(2) 遊泳について

　マンボウ属魚類の遊泳や行動生態は近年まであまりわかっていなかった．マンボウ属魚類は外洋で体を横たえて浮かんでいるのが目撃されているが（図9.4），この行動はマンボウの昼寝とも日光浴ともよばれている．マンボウの昼寝は海鳥や魚類に寄生虫をとってもらうためとも（Thys, 1994；Konow et al., 2006），冷めた体を温めるためともいわれているが（Cartamil and Lowe, 2004），実際のところどのような意味があるのかはよくわかっていない．マンボウ類が水面で浮かんでいる様子から，マンボウ類は泳ぎが上手でないと推測されていた．一般的に，遊泳能力の高い魚類は流線形をした体や尾鰭の根元が細くなっているなどの特徴をもっているが，マンボウ科魚類の形態は遊泳力のある魚類とはかけ離れており，遊泳に適しているとはとてもいい難い（Watanabe and Sato, 2008）．そのため，マンボウ類は巨大な成魚になってもなおプランクトン性であり，外洋で海流によって漂流しているという説が以前から提唱されてきた（e.g., Watanabe and Sato, 2008；Pope et al., 2010）．

　一方，近年のバイオテレメトリーに関する技術の発達にともない，マンボウ類の生態や行動について基礎的な知見が蓄積されてきた．マンボウ属魚類は，背鰭と臀鰭を同時に左右に振動させて前方への推進力を生み出しており，舵鰭は前方への推進力にはほとんど寄与していないことがあきらかになった（Watanabe and Sato, 2008）．さらに，遊泳速度は秒速0.4～2.4 m，時速にして1.4～8.6 kmで，魚類のなかでは決して遅い部類ではなく，泳ぎが苦手なわけではないようだ（Watanabe and Sato, 2008）．また，海流によって漂流しているわけではなく

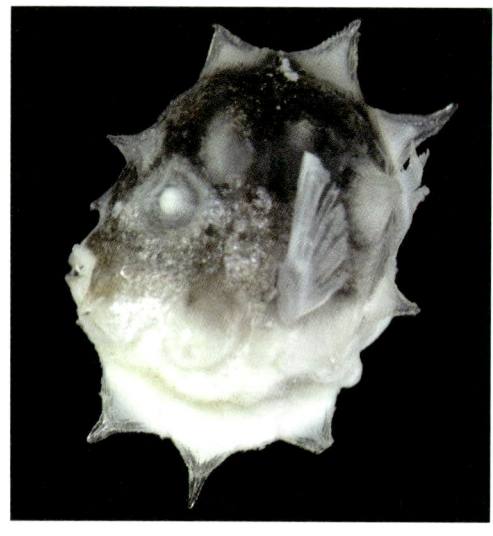

図9.3 マンボウ属の稚魚（全長7 mm，重さ0.15 g）．水産庁（国際資源調査アカイカ加入量調査）よりアルコール固定標本提供．

図9.4 三陸沖で撮影したマンボウの昼寝．

方向性をもって遊泳している可能性が高く，カリフォルニア沖での追跡調査では一日に平均27 km，北西大西洋での追跡調査では最大で一日に32 kmも回遊しているという結果が得られている（Cartamil and Lowe, 2004；Potter et al., 2011）．さらに，垂直方向の運動についても意外な事実がわかってきた．マンボウ属魚類は夜間には表層の混合層で多くの時間を過ごすが，昼間は表層から深いときには水深800 m以上の深海まで潜る鉛直運動を繰り返す（e.g., Cartamil and Lowe, 2004；Dewar et al., 2010；Potter and Howell, 2011）．深く潜る理由は

昼間にゼラチン質の動物プランクトンが深場にいることと関係し，摂餌のためであると考えられている．また，マンボウ属魚類は鰾をもたないが，皮下にあるゼラチン層が浮力調節のおもな役割をはたしていることがあきらかにされている．そして，ゼラチン層は深海でも水圧に潰されずに浮力を保ちつづけられる（Watanabe and Sato, 2008）．このように，マンボウ属魚類は活発に遊泳しており，遊泳能力が低くプランクトン性であるというこれまでの定説はあきらかにまちがいである．

(3) 食性について

少数標本の消化管内容物の調査や，鉛直運動がゼラチン質の動物プランクトンの動きと一致するという結果からも，マンボウ属魚類はゼラチン質の動物プランクトン，なかでもクラゲ類やサルパ類をおもに捕食していると考えられている（e.g., Fraser-Brunner, 1951；Dewar et al., 2010；Potter and Howell, 2011）．しかし，消化管の内容物を多数の標本で詳細に観察した研究例は知られておらず，マンボウ属魚類の食性には謎が多い（Pope et al., 2010）．一般的にゼラチン質の動物プランクトンを捕食する魚類はそれ以外のさまざまな生物を捕食する．つまり雑食性である場合が多い（Purcell and Arai, 2001）．また，マンボウ属魚類は軟体動物や小魚，甲殻類なども捕食しているため（Fraser-Brunner, 1951；荒賀，1973；澤井ほか，未発表データ），雑食性ではないかと推測されている（荒賀，1973；Pope et al., 2010）．わたしたちの調査でもゼラチン質の動物プランクトンや小魚などさまざまな動物が消化管内容物にみいだされたので，マンボウ属魚類は一般的にいわれている以上にさまざまな動物を食べていると推測している（澤井，未発表データ）．さらに，全長1.5 m前後を境にして，小型個体と大型個体では食性が変化するという説もある（荒賀，1973）．食性はマンボウ属魚類の生態を理解するために重要な要素であり，今後更なる研究が必要である．

マンボウ属魚類の生物地理

(1) 分布・回遊について

マンボウ属魚類は全世界の温帯・熱帯に広く分布すると考えられている．マンボウ属3種の分布はYoshita et al. (2009)によると，マンボウが北太平洋および大西洋，ウシマンボウが日本，台湾東岸，オーストラリアなど西部太平洋，C種がオーストラリアと南アフリカなど南半球に分布する（図9.5）．しかし，

これまでマンボウ属には1種もしくはゴウシュウマンボウを加えた2種が認められてきたため，既往の文献によって分布を正確に知ることは困難である．3種の正確な分布については Bass et al.（2005）や Yoshita et al.（2009）などで用いられた DNA 配列が決定されたサンプルにもとづく断片的な情報があるのみである．各種の分布を把握するには世界規模のサンプリングをおこなうことが必要であり，多くの協力者が必要である．しかしながら，インターネットと画像を活用することで，実際にその場所に行けなくともある程度分布域を知ることができる．これまでにわかっている形態的な特徴を基に，インターネットに投稿された画像などから分布域を推定したところ，3種とも既報の分布域を超えてさらに広く分布する可能性が高いことがわかった（図9.5）．また，写真の撮られた日時を正確に把握することにより，季節的な出現から回遊様式を推測できるかもしれない．

　日本周辺海域のマンボウ属魚類に関しては，ほかの海域よりも比較的よく調べられており，詳細な分布パターンがわかってきた（図9.6）．マンボウは小笠原諸島と琉球列島以外の日本全域と台湾東岸から採集記録がある．一方，ウシマンボウは東日本の太平洋側，琉球列島，小笠原諸島，台湾東岸からの採集記録があるが，静岡県伊東市以西の西日本の太平洋側や日本海からの採集記録はない．また，採集記録数はマンボウと比較して圧倒的に少ない．これら2種は季節的な出現パターン，採集された個体の全長組成や性比も大きくことなることから，両種がそれぞれことなる回遊様式をもつ可能性が指摘されており（Yoshita et al., 2009；澤井ほか，2011），生態的にもことなる可能性が高い．そこで，日本周辺海域における2種のより詳細な出現パターンの比較をおこなった．

　近年バイオテレメトリー技術を用いた研究が世界各地でおこなわれており，マンボウ属魚類の回遊についても新たな知見が蓄積されてきた．日本近海では Dewar et al.（2010）が調査をおこなっている．彼らが関東沖でマンボウ属魚類を放流し追跡をおこなった研究によると，水温やクロロフィル a 濃度と回遊経路に関連がみられた．クロロフィル a 濃度は植物プランクトンの量に比例し，濃度が高くなるにしたがい餌となる生物が多くいることを示唆する．この研究において使われた個体の種は示されていないが，全長1.4 m 以下の個体を用いており，このサイズのウシマンボウの個体は日本周辺ではまだみつかってないことからマンボウである可能性が高いと思われる．この研究では，マンボウは海水温が好適で，なおかつ餌が豊富な生産性の高い海域へ回遊していると結論

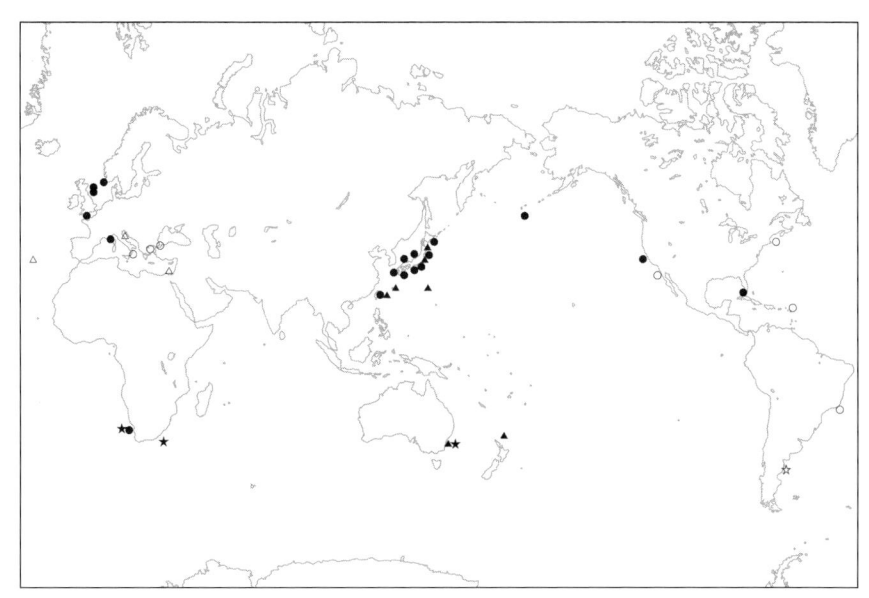

図9.5 過去の研究やインターネットに投稿された画像などを基に作成したマンボウ属3種の世界分布図．ミトコンドリアDNAにより種判別されたものを黒，画像の形態的特徴から推定したものを白抜きで示した．●○：マンボウ，▲△：ウシマンボウ，★☆：C種．

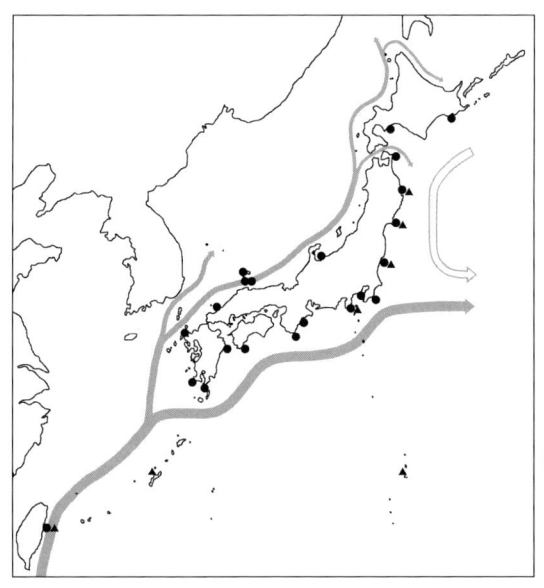

図9.6 日本周辺海域の分布図と海流．●：マンボウ，▲：ウシマンボウ．グレーの矢印は黒潮を主とする暖流，白抜きの矢印は親潮を示す．

づけている．

　マンボウについては黒潮や対馬海流の影響を受けた海域におもに分布するため，これらの海流の影響を強く受けた回遊をおこなっていると考えられている（相良ほか，2005；吉田ほか，2005；Yoshita et al., 2009；澤井ほか，2011）．一般的に日本近海のマンボウ属魚類は，黒潮の影響を強く受ける太平洋側では西日本沿岸で冬季によく採集され，東北沖では夏季に多く採集される．そのため季節による回遊をおこなっている可能性が指摘されている（村井，2001）．

　一方，日本周辺海域に出現するウシマンボウは，分布だけでなく出現パターンもまったくことなり，小笠原諸島では春と秋，三陸沿岸では夏に，琉球列島と台湾東岸では5月に採集されている．西日本の太平洋側の記録がないことから，マンボウとはことなり黒潮に依存しない分布パターンや回遊様式をもっていると考えられる．また，採集される個体はほとんどが全長2mを超える大型のメスであることからも，雌雄や成長段階によって生態や回遊様式がことなるのかもしれない．ウシマンボウには親潮に沿って北方から流入するルートと小笠原諸島から北上しているルートが考えられているが，西日本で採集例がないこと，三陸沖の個体より小笠原諸島の個体の方が小さい傾向にあること，好適水温帯がマンボウに比べて高いこと（澤井ほか，2011），三陸沿岸では夏に南から北上している傾向がみられることなどから，関東やさらに南方の小笠原諸島から北上している可能性が高いのではないかと考えている（吉田ほか，2005；Yoshita et al., 2009；澤井ほか，2011）．これはカツオが三陸沖に達する回遊ルートの1つと推察されている．カツオ漁場が形成される時期や水温は（e.g., 二平，1996），ウシマンボウの出現時期やそのときの水温と一致している．つまり，カツオの回遊ルートやカツオ漁場のデータはウシマンボウが同様の回遊ルートを取っている可能性を示唆しているといえよう．

(2) 三陸沖における出現様式

　ウシマンボウとマンボウは三陸沿岸にともに出現する．この地方の漁師は古くから2種をそれぞれ見分けているところもあり，マンボウはマンボウ，ギンマンボウ，ウシマンボウはウシマンボウ，マカマンボウ，マッカブ，ミズモリなどとよび分けていた．三陸沿岸では定置網や突きん棒によるマンボウ属魚類を対象にした漁が盛んであり，マンボウ属魚類の研究に適した場所である．ちなみに，マンボウ属魚類は，鮮度が落ちると生臭くなるためこれまで都市部に

はあまり流通していないが，三陸沿岸や，日本南部の太平洋側などの水揚げされる地域においては伝統的に地産地消されている．そして，三陸沖ではマンボウのほうがウシマンボウよりも味がよいとされている．

わたしたちは三陸沿岸でマンボウ属2種の基礎的な生態的知見をえるため出現頻度や水温，全長などについて調査をおこなった（澤井ほか，2011）．ミトコンドリアDNAを用いて2種を確実に識別して比較した結果，ウシマンボウでは7月と8月に全長2m を超える大型個体が採集され，性別が確認できた個体はすべてメスだった．一方，マンボウは調査期間中雌雄ともつねに出現した．また，7月～8月を境に全長150 cm 以上の大型集団と全長50 cm 以下の小型集団の出現が入れ替わることがあきらかになった．この結果はマンボウも成長段階によってことなった回遊を行う可能性を示唆する．さらに，表層水温と全長の関係を調べたところ，ウシマンボウはマンボウよりも高水温を好む傾向がみられ，またマンボウでは大型個体ほど低水温を好む傾向がみられた．水温は魚類においてさまざまな生理活動や分布，資源変動など影響を与える重要な要因として知られている（e.g., 川崎，1973）．マンボウ属2種が出現する時期の水温が大きくことなるという研究結果は，これまで指摘されてきた両種の回遊様式がことなるという推論を支持している．一方，マンボウ内でみられた大型個体ほど低水温を好む傾向は成長段階による生理的な変化を反映しているのかもしれない．また，追跡調査による研究でも回遊する個体と回遊しない個体がいることが報告されていることから（Dewar et al., 2010；Potter et al., 2011），おそらくマンボウにも他魚種で報告されているような回遊群と根付群が存在するのであろう．多くの回遊魚は成長や成熟につれて，あるいは環境変動に関連して，生息環境や行動を変化させる（e.g., 川崎，1973）．これはマンボウ属でも指摘されている（Dewar et al., 2010；Pope et al., 2010）．

(3) マンボウ属魚類の集団構造

ミトコンドリアDNA にもとづく解析は，前述の種間，属間といった関係だけでなく，種内の地域集団間の遺伝的分化などについても解析することができる．したがって，マンボウ属魚類の種内の集団関係や分布成立過程の解明にも応用できるであろう．現時点ではマンボウ属のそれぞれの種が世界規模でどのように分布しているのかよくわかっていないが，日本周辺については調査が進んでいる．その結果，日本周辺におけるおおよその分布域があきらかになって

おり，DNA 解析用のサンプルも世界のほかの地域と比べると多く集めることができる．そこで，日本周辺のマンボウの集団構造を調べるために，日本周辺のサンプルに，中部太平洋の天皇海山，アメリカ太平洋岸，大西洋の個体も解析に加え，ミトコンドリア DNA の D-loop 領域前半を用いて解析した．その結果，日本周辺のマンボウの地域集団間に有意な遺伝的差異はみられなかった．

　日本周辺のマンボウは黒潮の強い影響を受けて回遊しているという仮説が立てられている（相良ほか，2005；Yoshita et al., 2009；澤井ほか，2011）．マンボウが好む環境は，三陸沖においては海水温が16〜19℃（澤井ほか，2011）で，日本の太平洋側ではクロロフィル a の濃度が0.3〜1μg/L（Dewar et al., 2010）という調査結果がある．そして，マンボウは三陸沖では夏に多く出現し，南日本沿岸では夏以外，とくに冬に多く出現する．一方，黒潮の環境をみると，おおよその表面水温は南日本で夏は20〜28℃，冬は15〜22℃（気象庁，2010），有光層のクロロフィル a 濃度の平均は0.2〜0.4 μg/L である（寺崎，1990）．これらのことから推測すると，根付群を除く回遊群のマンボウは，日本周辺では海水温が適切な場所を求めて夏は北上，冬は南下している可能性が高い．亜熱帯域の海水温は1年を通してマンボウの適水温よりも高いが，台湾東岸でも少ないながら採集記録があり，澤井ほか（2011）の結果のように成長によって水温などの好む環境要素が変化するのかもしれない．

　クロロフィル a 濃度から考察すると，マンボウは黒潮やさらに富栄養の黒潮と親潮の潮目や黒潮・対馬海流の影響を受けた沿岸域など，餌環境が良好な海域を追い求めて索餌回遊している可能性が考えられる．クロロフィル a 濃度と水温の関係について，日本近海で追跡研究をおこなった Dewar et al.（2010）は，マンボウが生産性の高い黒潮と親潮の潮目に向かって索餌回遊するが，その回遊は水温によって制限される可能性を示唆している．

　一方，生物地理の側面から，黒潮が琉球列島や小笠原諸島への温帯沿岸性魚類の分布域の拡大に障害となっているという事例が報告されており（瀬能・松浦，2007），これらの地域でこれまでマンボウの採集記録がないことから，この見解はマンボウにも当てはまるのかもしれない．マンボウは前述のように遊泳力があり，Dewar et al.（2010）で示されたように黒潮を横切って遊泳すること自体はそれほど困難でないはずである．しかし，黒潮の南側の海域はクロロフィル a や動物プランクトンの濃度が低く（寺崎，1990），マンボウにとって餌環境がよくないと推定される．琉球列島や小笠原諸島は黒潮の流路から南に離れ

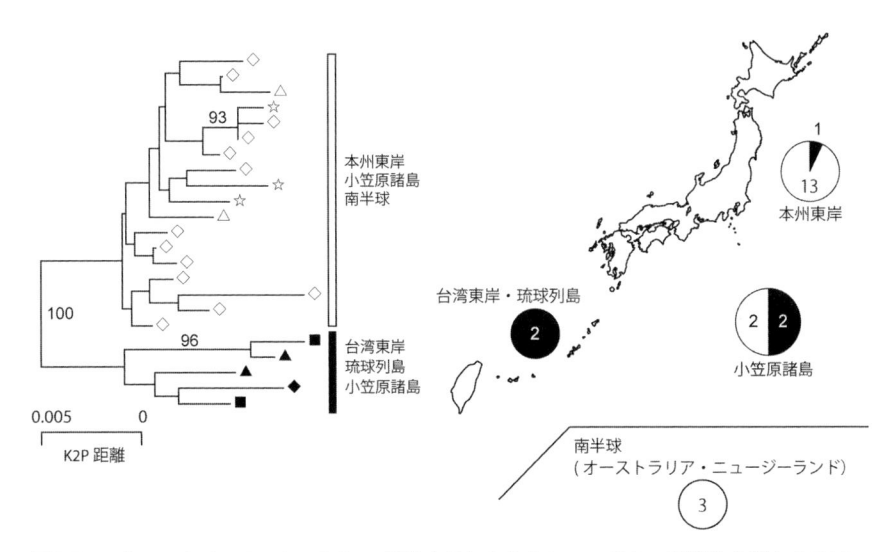

図9.7 ミトコンドリアDNAのD-loop領域全長によるウシマンボウの近隣結合樹と2系統の生物地理（山野上ほか，未発表）．系統樹の枝の数字はブートストラップ確率．右の採集地点の円内の数字は調査個体数を示した．系統樹および円グラフでは2系統を黒と白抜き，系統樹では記号で採集地点を示した．◆◇：東北太平洋側，▲△：小笠原諸島，■：琉球列島・台湾東岸，☆：南半球（オーストラリア・ニュージーランド）．

ており，そのためマンボウの回遊経路に入っていないのかもしれない．
　では，日本周辺のウシマンボウはどのような集団構造をもっているだろうか．集団解析をおこなうためにはウシマンボウのサンプル数が十分ではないが，予備解析をおこなったところ興味深い結果が得られたので簡単に報告したい．解析にはミトコンドリアDNAのD-loop全領域を用い，サンプルは日本周辺のものをふくむ，現在まで得られているウシマンボウの全個体を用いた．その結果，琉球列島・台湾東岸のものが本州東岸のものと有意にことなった．ハプロタイプネットワークを構築したところ，ハプロタイプは本州東岸・南半球・小笠原諸島の一部からなるグループと，おもに琉球列島・台湾東岸・小笠原諸島の一部のグループの2つに大きく分かれた（図9.7）．この結果はYoshita et al. (2009)の解析によっても示唆されているが，本州東岸の個体は琉球列島や台湾東岸の個体よりも距離的に離れたオーストラリアのものと近縁であるという意外な結果が得られた．ウシマンボウは西日本の太平洋側や日本海で採集記録がなく，黒潮の流路と集団構造の解析結果を考慮に入れると，マンボウのように黒潮の強い影響を受けて遺伝的交流や回遊をしているとはあまり考えられない．三陸

沖への出現は夏のわずかな期間のみで，出現水温はマンボウよりも高い（澤井ほか，2011）．これらの事実を併せて考察すると，ウシマンボウは黒潮と関係なく遺伝的交流や回遊をしている可能性が高い．三陸沖で採集される個体のほとんどが大型のメスであることからも，上述のように成長や雌雄によって回遊様式がことなる可能性が考えられる．ウシマンボウに関しては調べた個体数が少なすぎるので現状では断定的なことはいえず，今後はさらにサンプルや採集地点を増やしてより詳しい集団構造を調査する必要がある．しかし，日本産のマンボウ属2種の生態や集団構造が大きくことなることはまちがいないようである．

　マンボウ属魚類の成魚は非常に巨大になるため，研究が困難なグループであるが，本章で紹介したように，研究者達の熱心な研究活動や近年における技術の発達にも助けられ，徐々に知見が蓄積されている．マンボウ類は種の分類が確立しておらず学名すら定かではない．また，生態や生物地理に関する研究は始まったばかりである．わたしたちはこれからもマンボウ類の謎の解明にさまざまな貢献ができることを願っている．

引用文献

荒賀忠一．1973．マンボウに関する12章．自然，28: 68-73．
Bass, A. L., H. Dewar, T. Thys, J. T. Streelman and S. A. Karl. 2005. Evolutionary divergence among lineages of the ocean sunfish family, Molidae (Tetraodontiformes). Mar. Biol., 148: 405-414.
Cartamil, D. P. and C. G. Lowe. 2004. Diel movement patterns of ocean sunfish *Mola mola* off southern California. Mar. Ecol. Prog. Ser., 266: 245-253.
Carwardine, M. 1995. The guinness book of animal records. Guinness Publishing, Middlesex, 260 pp.
Dewar, H., T. Thys, S. L. H. Teo, C. Farwell, J. O'Sullivan, T. Tobayama, M. Soichi, T. Nakatsubo, Y. Kondo, Y. Okada, D. J. Lindsay, G. C. Hays, A. Walli, K. Weng, J. T. Streelman and S. A. Karl. 2010. Satellite tracking the world's largest jelly predator, the ocean sunfish, *Mola mola*, in the Western Pacific. J. Exp. Mar. Biol. Ecol., 393: 32-42.
Fraser-Brunner, A. 1951. The ocean sunfishes (Family Molidae). Bull. Br. Mus. (Nat. Hist.) Zool., 1: 87-121.
川崎　健．1973．生物と環境論．田中昌一（編），pp. 73-92．海洋学講座12, 水産資源論．東京大学出版，東京．
気象庁．2010．海水温・海流のデータ．http://www.data.kishou.go.jp/db/kaikyo/dbindex.html．accessed on 10 Dec. 2010.

Konow, N., R. Fitzpatrick and A. Barnett. 2006. Adult emperor angelfish (*Pomacanthus imperator*) clean giant sunfishes (*Mola mola*) at Nusa Lembongan, Indonesia. Coral Reefs, 25: 208.
Matsuura, K. and J. C. Tyler. 1998. Ocean sunfishes. Page 231. in J. R. Paxton, and W. N. Eschmeyer, eds. Encyclopedia of fishes, second edition. Academic Press, San Diego.
村井貴史. 2001. マンボウ. 中坊徹次・町田吉彦・山岡耕作・西田清徳（編），p. 280. 以不利 黒潮の魚．大阪 海遊館，大阪．
中坪俊之・川地将裕・間野伸宏・廣瀬一美．2007．関東沿岸域に回遊するマンボウ *Mola mola* の産卵期の推定．水産増殖，55: 613-618.
Nelson, J. S. 1994. Fishes of the world, 3rd edition. Wiley, New York, 624 pp.
二平　章．1996．潮境域におけるカツオ回遊魚群の行動生態および生理に関する研究．東北区水産研究所研究報告，(58): 137-233.
Parenti, P. 2003. Family Molidae Bonaparte 1832— molas or ocean sunfishes. Cal. Acad. Sci. Annotated Checklists of Fishes, (18): 1-9.
Parin, N. V. 1971．表層魚の地理学的分布の主要な特性．ソ連科学アカデミー海洋研究所（編），pp. 103-111．太平洋の魚類（阿部宗明・崎浦治之・油橋重遠・小山　譲　共訳）．ラテイス，東京．
Pope, E. C., G. C. Hays, T. M. Thys, T. K. Doyle, D. W. Sims, N. Queiroz, V. J. Hobson, L. Kubicek and J. D. R. Houghton. 2010. The biology and ecology of the ocean sunfish *Mola mola*: a review of current knowledge and future research perspectives. Rev. Fish Biol. Fish., 20: 471-487.
Potter, I. F. and W. H. Howell. 2011. Vertical movement and behavior of the ocean sunfish, *Mola mola*, in the northwest Atlantic. J. Exp. Biol. Ecol., 396: 138-146.
Potter, I. F., B. Galuardi and W. H. Howell. 2011. Horizontal movement of ocean sunfish, *Mola mola*, in the northwest Atlantic. Mar. Biol., 158: 531-540.
Purcell, J. E. and M. N. Arai. 2001. Interactions of pelagic cnidarians and ctenophores with fish: a review. Hydrobiologia, 451: 27-44.
相나恒太郎・吉田有貴子・西堀正英・国吉久人・海野徹也・坂井陽一・橋本博明・具島健二．2005．日本周辺海域に出現するマンボウ *Mola mola* にみとめられた2つの集団．魚類学雑誌，52: 35-39.
Santini, F. and J. C. Tyler. 2003. A phylogeny of the families of fossil and extant tetraodontiform fishes (Acanthomorpha, Tetraodontiformes), Upper Cretaceous to recent. Zool. J. Linn. Soc., 139: 565-617.
澤井悦郎・山野上祐介・吉田有貴子・坂井陽一・橋本博明．2011．東北・三陸沖におけるマンボウ属2種の出現状況と水温の関係．魚類学雑誌，58: 181-187.
Schmidt, J. 1921. New studies of sun-fishes made during the "Dana" Expedition, 1920. Nature, 107: 76-79.
瀬能　宏・松浦啓一．2007．相模湾の魚たちと黒潮―ベルトコンベヤーか障壁か．国立科学博物館（編），pp. 121-133．国立科学博物館叢6，相模湾動物誌．東海大学出版会，神奈川．
祖一　誠．2009．海ののんき者，マンボウの謎．猿渡敏郎・西　源二郎（編），pp. 197-210．研究する水族館―水槽展示だけではない知的な世界．東海大学出版会，

神奈川.

寺崎　誠．1990．日本周辺海域のプランクトンについて．日本海洋学会沿岸海洋研究部会（編），pp. 265-281．続・日本全国沿岸海洋誌［総説編・増補編］．東海大学出版会，東京．

Thys, T. 1994. Swimming heads. Nat. Hist., 103: 36-39.

Watanabe, Y. and K. Sato. 2008. Functional dorsoventral symmetry in relation to lift-based swimming in the ocean sunfish *Mola mola*. PLoS ONE, 3: e3446.

Yamanoue, Y., M. Miya, K. Matsuura, M. Katoh, H. Sakai and M. Nishida. 2008. A new perspective on phylogeny and evolution of tetraodontiform fishes (Pisces: Acanthopterygii) based on whole mitochondrial genome sequences: basal ecological diversification? BMC Evol. Biol., 8: 212.

山野上祐介・馬渕浩司・澤井悦郎・坂井陽一・橋本博明・西田　睦．2010．マルチプレックス PCR 法を用いた日本産マンボウ属 2 種のミトコンドリア DNA の簡易識別法．魚類学雑誌，57: 27-34．

吉田有貴子・相良恒太郎・西堀正英・国吉久人・海野徹也・坂井陽一・橋本博明・具島健二．2005．日本周辺海域に出現するマンボウのミトコンドリア DNA を用いた個体群解析．DNA 多型，13: 171-174．

Yoshita, Y., Y. Yamanoue, K. Sagara, M. Nishibori, H. Kuniyoshi, T. Umino, Y. Sakai, H. Hashimoto and K. Gushima. 2009. Phylogenetic relationship of two *Mola* sunfishes (Tetraodontiformes: Molidae) occurring around the coast of Japan, with notes on their geographical distribution and morphological characteristics. Ichthyol. Res., 56: 232-244.

第10章

もっとも幼形進化的な魚類
―シラスウオ類の隠された多様性

昆　健志

はじめに

　地球上の生物多様性の形成プロセスを理解することは，進化生物学の最大の問題の1つであるばかりでなく，合理的な自然保全・管理を考える上での重要な基礎となる．近年，分子系統解析の発展と普及によって，幅広い動物分類群（海綿から哺乳類まで）に多くの隠蔽種（形態的に判別のできない種）の存在が知られるようになった．これらは生物多様性における種数の推定に大きな影響を与えると予測されている (Pfenninger and Schwenk, 2007)．隠蔽種が多くふくまれるグループの代表として，小型で幼形進化的なシラスウオ属 *Schindleria* 魚類があげられる．東京大学および琉球大学を中心としたわたしたち研究グループは，このシラスウオ属魚類において，日本周辺海域からだけで21種もの隠蔽種を発見しており，この隠蔽種数は脊椎動物全体のなかでも特筆すべき多さである．このような小型または幼形進化的な分類群は熱帯・亜熱帯域を中心に数多く知られ，形態的変異が少ないことから多数の隠蔽種をふくんでいる可能性が高い．したがって，とくに熱帯・亜熱帯地域における生物多様性と進化を理解する上で，このような幼形進化的な分類群は無視できない存在であるといえよう．本章では，隠蔽種が非常に多く発見されたシラスウオ属に焦点をあてて，それらの興味深い特徴と隠された多様性について研究上の経験を交えながら紹介する．

最も早熟で小さな脊椎動物

(1) シラスウオとは？

　ハゼ亜目シラスウオ科シラスウオ属（以下，シラスウオ類）は，「シラス」（ニシン亜目の仔魚一般の名称）といった名前が示すとおり，成魚でも体は細

図10.1 シラスウオ属の1種の水槽写真．右上は成熟したメス個体の耳石．

くて透明で，まさに仔魚に似る幼形進化的な魚類である（図10.1）．多くのハゼ類（世界で2,000種以上が知られている多様性の非常に高い分類群）にみられる第1背鰭や腹鰭はなく，鱗もない．シラスウオ類は最小クラスの脊椎動物（体長6～20 mm，重さ2 mg以下）としても知られ，さらに脊椎動物のなかでもっとも早熟であること（最短成熟齢23日／世代交代10回／年）も大きな特徴である（Kon and Yoshino, 2002a, b）．シラスウオ類は，その外部形態から幼形進化的であることは一目瞭然であったが，以前は生態的なことがあまりわかっていなかった．この極端な早熟性は，わたしたち研究グループによって，1年を通じて灯火採集した標本の耳石日周輪の解析の結果であきらかになったものである（Kon and Yoshino, 2002a, b）．ちなみに，それまでもっとも世代時間が短いと考えられていたのは，受精後50日で妊娠するピグミーマウスの仲間（小型のハツカネズミ属）であった．

ところで，シラスウオに似た名前の魚として，「シロウオ」や「シラウオ」が知られ，両者とも幼形進化的な魚類としても知られている．ただし，前者は同じハゼの仲間であるが，春に産卵のために河川を遡上する年魚（生まれて1年で一生を全うする魚）であり，後者はキュウリウオやアユの仲間であるキュウリウオ亜目の魚類である．これらは，何れもサンゴ礁域に分布するシラスウオ類とは分布域や生態（世代時間）が大きくことなっている．ほかにもハゼの仲間でシラスウオに似た名前の「シラスキバハゼ」というハゼ類もいる．本種は，熱帯の内湾の泥底に穴を掘って生息をし，メスからオスへと性転換をする体長15 mmほどの特徴的なハゼである．このハゼも比較的早熟であり，耳石日周輪の解析によりおよそ60日で世代交代すると考えられているが，シラスウオ類に

はおよばない（Kon and Yoshino, 2002a）．いずれにしても，同じ幼形進化的な魚であっても，どうやら季節変化の少ない熱帯地域に分布する種のほうが，1年で何回も世代交代を繰り返す傾向があるようである．

(2) 世代交代の速さのちがい

　同じ幼形進化的な魚類でも，このような生息域の水温のちがいで世代交代の速さ（成熟齢）がことなる要因として，物理的要因と生物的要因の2つが考えられるかも知れない．第1の物理的要因としては，温度が生理学的プロセスの速さに影響し，とくに魚類のような外温性動物では周囲の温度に影響を受けやすいことから，暖かい水温が早い成熟を達成する1つの条件になっているのかもしれない．また，2番目の生物的要因としては「餌」が考えられるだろう．早熟によって仔魚が孵化したとしても，そこに餌がなければ孵化仔魚が生残することができない．季節変化が比較的少ない熱帯的環境では，餌となるプランクトンの変化量が少なく，常に一定量が存在するといった仔魚の餌としての有用性が，冬季にプランクトン量が著しく低下する高緯度地域に比べて安定していると思われる．つまり，1年を通してある程度の餌の量が比較的安定していることでつねに仔魚が孵化して育つ環境が成立し，そのために1年に何回も世代交代が可能となったということである．ヨーロッパ産のハゼ *Pomatoschistus microps* の多くの個体は，生まれてからはじめて迎える冬までに成熟可能なサイズまでに成長を遂げているが，産卵をはじめるのは翌春の3〜4月であるという．このことは上述のことに関係しているのかも知れない．

シラスウオの分類と系統の研究史

(1) 分類

　シラスウオ類は，形態的には世界で3種のみ（*Schindleria praematura, S. pietschmanni, S. brevipinguis*）が知られ，前2種は北西ハワイ諸島の西端に近いパール・アンド・ハーミーズ環礁などをシンタイプの模式産地としている．この環礁はミッドウェイ環礁の東隣に位置している．残りの1種 *S. brevipinguis* は2004年に新種記載された種で，その模式産地はグレート・バリア・リーフである．現在，シラスウオ類はハゼ亜目シラスウオ科に分類されているが，はじめてのシラスウオ類の新種記載時には，ハゼ類ではなくて，サヨリ類（世界の温〜熱帯域から80種以上が知られ，下顎が伸長するのが特徴）であると認識さ

れていた.

1928年，ウィーン自然史博物館のピエッチマン博士によって北西ハワイ諸島で採集された大量の「サヨリ科」の仔魚標本がベルリン自然史博物館のシンドラー博士のもとに送られた．その際，シンドラー博士は直ちに同定をおこない，1930年にそのうちの1種をパール・アンド・ハーミーズ環礁で採集された770個体の標本にもとづいて，ダツ目サヨリ科サヨリ属の1種 *Hemiramphus praematurus*（＝*Schindleria praematura*）として新種記載した（Schindler, 1930）．つづいてもう1種を北西ハワイ諸島の数カ所で採集された72個体の標本にもとづいて *Hemiramphus pietschmanni*（＝*Schindleria pietschmanni*）として新種記載した（Schindler, 1931）．これらはサヨリ属であるとされつつも，仔魚の形態を備えつつ性成熟を達成しているという特殊性は，すでにこのときからシンドラー博士によって認識されていた（Schindler, 1932）．

1934年になって，ベルギー王立自然史博物館のギルテー博士は，上述の2種とほかのサヨリ属魚類を比較して，両者の間では多くの形態的なちがいがみいだされたことから，新しい科と属であるシラスウオ科（Family Schindleriidae）とシラスウオ属（Genus *Schindleria*）を創設した（Giltay, 1934）．このとき，シラスウオ類はスズキ型の魚類と考えられてはいたが，ギンポ亜目魚類（世界の暖海から1000種弱が知られ，サンゴ礁や岩礁浅所に分布する小型底生魚）との類縁関係も検討されていた．

2004年，3番目の種である *S. brevipinguis* がアメリカ国立海洋大気圏局（NOAA）のワトソン博士とスクリプス海洋研究所のウォーカー博士によって記載された（Watson and Walker, 2004）．これで，現時点で記載されている全種が出揃ったことになるが，これらのおもな形態的な相違は背鰭と臀鰭の鰭条数（両鰭起部の相対的な位置）のちがいのみである．各種の鰭条数はつぎのとおりである．

S. praematura：背鰭条数15～23，臀鰭条数10～14.
S. pietschmanni：背鰭条数15～18，臀鰭条数16～18.
S. brevipinguis：背鰭条数13～16，臀鰭条数11～14.

そして，さらに形態的な差異をもう1点あげるとすれば，3番目の *S. brevipinguis* はほかの2種に比べて太短くズングリとした体型をしているということである．琉球列島においてもこの種に類似した個体が採集されるが，他種との体型のちがいは一目でみた瞬間に区別ができるほどである．

(2) 系統的位置

　シラスウオ科が創設されてから25年後の1959年，ハワイ大学のゴスライン博士によってシラスウオ類の骨学的研究の結果が発表され，特徴的な尾部骨格の形態から新しい亜目であるシラスウオ亜目（Suborder Schindlerioidei）が創設された（Gosline, 1959）．その後，30年以上もの間に渡り，目立った研究成果は世に出ていなかったが，1993年になってより詳細な比較解剖学的研究がようやくなされた．シラスウオ類の系統的な位置には諸説があったが，スミソニアン国立自然史博物館のジョンソン博士らによる論文の発表（Johnson and Brothers, 1993）まで長らく不明であり，彼らの研究によって，シラスウオ類はハゼ亜目にふくまれるとされた．この際にあげられたおもな証拠は，耳石の微細構造，卵の形態，雄の泌尿生殖突起，さまざまな骨の形態であった．この成果はその後の分子系統学的研究によっても支持されている．さらにアリゾナ州立大学のギル博士とマニトバ博物館のモーイ博士は，ハゼ亜目オオメワラスボ科と骨学的比較をおこない，両者の近縁性を示唆している（Gill and Mooi, 2010）．

　一方，近年，発展と普及が加速している分子系統解析によるシラスウオ類の系統的位置は，ロスアンゼルス自然史博物館のタッカー博士によってミトコンドリアDNAの部分塩基配列を用いてその推定が試みられている．まずThacker（2003）では，シラスウオ類はオオメワラスボ属の姉妹群とされ，つづいてThacker（2009）では，シラスウオ類はオオメワラスボ科とクロユリハゼ科などで構成される単系統群にふくまれるとされた．これらの研究は，何れもオオメワラスボ科に近縁としている．しかしながら，前者の研究ではオオメワラスボ科が太平洋産の属と大西洋産の属で大きく2つの別グループに分かれ（現在では否定された系統関係），後者では大西洋産のハゼのグループであるゴビオソーマ族 Gobiosomatini が新たにシラスウオ類の姉妹群になるなど，シラスウオ類周辺の系統関係があきらかになったとはいい難い状況にある．

　そのような状況のなかで，わたしは東京大学大気海洋研究所の西田睦博士や千葉中央博物館の宮正樹博士らとの共同研究で，ミトコンドリアDNA全長配列を用いた系統解析によって，シラスウオ類の系統的位置およびその周辺の系統関係解明を試みようと考えた．まだ，研究途中ではあるが，シラスウオ類はオオメワラスボ科＋クロユリハゼ科と単系統群を形成することがほぼ確実になってきた．しかしながら，クロユリハゼ科内の系統分岐が深いことがわかってきて，この3科内の系統関係はいまだ不明瞭の部分を残している．現在（2011

年12月)，クロユリハゼ科の種数を増やしてミトコンドリア全長配列を決定し，系統解析を進めているところである．

分布・生態

(1) 分布

　シラスウオ類はインド・太平洋のサンゴ礁域に広く分布するとされている．もっとも東はイースター島およびサライゴメス島周辺で，もっとも西はアフリカ大陸の東海岸（インド洋側）と紅海である．現在のところ，東太平洋（南北アメリカ大陸の西海岸）や大西洋ではみつかっていない．日本周辺海域では，1979年に鹿児島大学の小沢貴和博士と九州大学の松井誠一博士によって，シラスウオ類が石垣島周辺から採集され，はじめて報告された（Ozawa and Matsui, 1979）．現在までのわたしたちの調査では，琉球列島と小笠原諸島で分布を確認している．琉球列島では，北はトカラ列島中之島から，南は八重山諸島の波照間島までの各島々で分布を確認しており，小笠原諸島では父島で確認している（小笠原の他島は未調査）．

(2) 生態

　シラスウオ類は外洋での曳き網で採集されることがあったので，以前は外洋域に生息すると思われていた．現在では，一生の間，サンゴ礁の礁池内で生息していることがあきらかになっていて，外洋へは偶然流されているようである．わたしたちの多くの離島における採集でも，サンゴ礁池内にある漁港で成果を上げている（図10.2B）．しかしながら，シラスウオ類が1個体も採集できなかった地点もあった．たとえば，与那国島や南大東島などである．これらの島々は，その周囲が断崖絶壁でありサンゴ礁池はほとんど発達していない．ゆえにサンゴ礁池がシラスウオ類にとって重要な生息環境であるということをいって良いかも知れない．オーストラリア博物館のルイス博士は，長年に渡りサンゴ礁域における仔稚魚の分布・生態調査をおこなってきた．Leis (1993, 1994) およびLeis et al. (2003) によるプランクトンネットによる調査の結果，シラスウオ類は，昼間は海底付近の底層に，夜間は表層に分布していることがあきらかになっている．これら研究では，その採集された個体数は礁池内においては優占的であるとしている．ハワイ大学の調査では，昼間はサンゴ礁池内の底付近で群れるシラスウオ類が撮影されている（Basch et al., 2009）．もしかしたら，

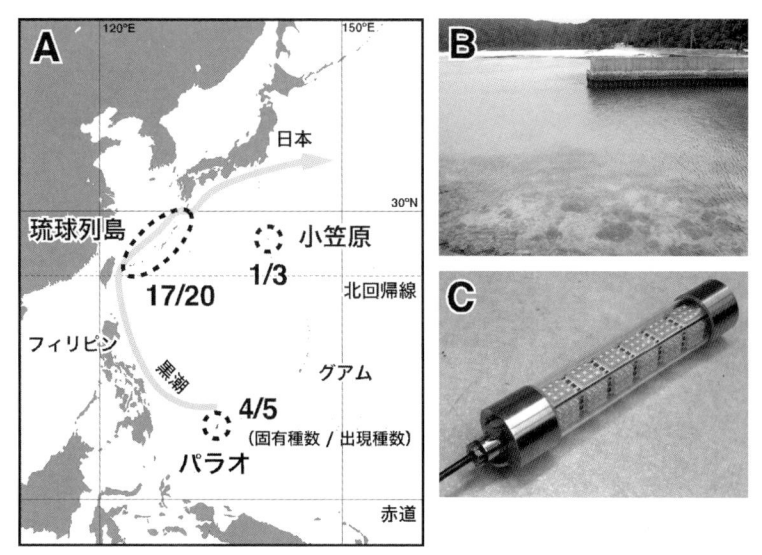

図10.2　シラスウオ属の採集場所と器材．
A, シラスウオ属を採集した地点．地名の傍らの数字は，その地点で出現した全種数とそのうちの地域固有種数を示す．B, 採集した漁港の写真．サンゴ礁地内の漁港ではシラスウオ類が良く採集できる．C, 採集に用いたLED集魚灯．12Vの電池で2時間以上の点灯が可能．

シラスウオ類は普段は透明でみつけにくい魚であるが，実はサンゴ礁生態系のなかで重要な役割を担っているということを示しているのかもしれない．

シラスウオ類の採集

(1) 採集方法のあらまし

　シラスウオ類は，鱗もなく小さいことから非常にダメージを受けやすい魚類である．わたしたち研究グループは，シラスウオ類の生物学的研究を15年以上に渡り継続してきた．そのなかで，その繊細なシラスウオ類を如何に効率良く美しい標本として採集するかを工夫してきたので，以下に簡単ではあるが紹介する．

　シラスウオ類は，サンゴ礁域でのボートによる曳き網や，砂浜の砕波帯でのサーフネットなどでも採集されるが，1回で採集されるサンプル数は少なく，しかもネットの中でダメージを受けやすい．1993年頃，わたしと同じく琉球大学理学部海洋学科の吉野哲夫先生の研究室所属学生であった下條武さん（現沖縄県職員）らが，サンゴ礁性仔稚魚相を灯火採集によって調査しているときに，

第10章　もっとも幼形進化的な魚類 ● 189

そのサンプル中に大量のシラスウオ類がふくまれていることを発見した．それまでは狙って採集できる魚ではなかったシラスウオ類が，実は光に集まる性質（走光性）があり，集魚灯を用いることで効率的に採集できることがわかったのである．そして，これがきっかけとなり，下條さんらによってシラスウオ類の研究が本格的に始まることとなった．

　その後，この研究はわたしが引き継ぎ，さらに「シラス」を研究対象にすることになった石森博雄さん（同研究室大学院生）も灯火採集調査に加わった．わたしたちはダメージの少ない標本をえるためにもう一工夫を重ねた．それは，集まった生物を手網で掬った後，その場で下からの透過光を当てたタッパーにあけ，シラスウオ類をその採集物からピックアップして直ちに固定するといった方法である．シラスウオ類は透明であるので，上からの光では瞬時にみつけにくいことがあった．しかし，透過光にすることで，シラスウオ類特有の細長い尾柄部がくっきりとみえ，直ちにシラスウオ類を視認することができるようになったのである．

(2) 新型集魚灯の導入

　以上のようにシラスウオ類の採集に有用な灯火採集にも欠点があった．それは，当然ながら灯火するには電源が必要だということである．集魚灯には200ワットの耐震電球を用いていたが，その電源として小型のガソリン発電機を使用していた．発電機は航空機に受託手荷物として預けることができないので，予め船便で発送しておくか，現地で借りるか，船で移動するかのいずれかの方法をとる必要があり，移動には制限があった．航空機に積めないことは，とくに海外でのサンプリングを難しくしていて，以前のフィリピンやハワイでの調査では，電源を借りることができる桟橋のみでしかサンプリングをすることができなかった．

　しかし，2009年の春，北九州にある船舶用具の（株）マリンテックで漁業用の水中LED灯を発売するという情報を入手した．その製品のそのままでは，サイズ，性能ともに大きすぎたので，小型化などの改良を加えてもらうことにし，12Vの電池で上述の200ワット耐震電球と同等以上に明るく発光する水中集魚灯が完成した（図10.2C）．このLED水中灯のおかげで飛躍的に行動力がアップし，この水中灯とともに2010年秋の時点で，沖縄をはじめとして海外4カ国でのサンプリングが実現している．今後も機動力を生かした太平洋のアイランドホッ

ピングなども実現したい.

はじめてのマイクロピペット

(1) 沖縄から東京へ

　わたしが博士号を授与された2002年当時には，わたしたちはシラスウオ類が極端な早熟を示し世代交代が速いことと，それらの泌尿生殖突起に多様性があるということをあきらかにしていた．こういったことから，シラスウオ類は本当に世界で2種だけ（当時）なのか，という疑問を抱くようになっていた．これが分子系統解析をやろうと考えた大きなきっかけである．しかし，当時の琉球大学の研究室ではそういった研究環境が整っているとはいい難く，わたしも分子生物学的実験手法の経験がまったくなかった．そこで，魚類の分子系統学的研究の第一人者である東京大学海洋研究所（現大気海洋研究所）の西田睦博士を訪問し（押しかけ），なんとか研究室のメンバーに加えてもらうことに成功し，そのおかげで晴れてシラスウオ類の分子系統学的研究を開始することが可能となったのである．そのとき，当時博士研究員であった向井貴彦博士（現岐阜大学）にはマイクロピペットの使い方をはじめとして研究手法を一から教わり，はじめての実験でピペットの先につけるチップをポイと外してつぎつぎと使い捨てる行為に大変な衝撃を受けたことが懐かしい．

(2) 分子系統解析の開始

　さて，東京大学に移籍して，この研究プロジェクトでは全世界のシラスウオ類の多様性をあきらかにするということを大きな目標として立てた．そして，その最初のステップとして，日本での種多様性を琉球列島全域および小笠原で採集した個体をもとにあきらかにすることを目的に定めた．その結果，琉球列島17カ所と小笠原1カ所で採集に成功することができた（Kon et al., 2007）．最近，日本産の標本にもとづく研究成果に加えて，黒潮の源であるパラオでもシラスウオ類の採集に成功することができたので（Kon et al., 2011），今回はそれらをまとめた系統解析の結果を以下に示す．

　わたしたちはシラスウオ類における分子系統解析をするためのDNAマーカーとして，ミトコンドリアDNA上の16S rRNA遺伝子の部分塩基配列を選択している．その理由として，この領域を増幅するプライマーが，多くの魚類のミトコンドリアDNAのなかでほとんど変異のないところにつくられており，失敗

のない確実な目的の DNA 断片の増幅が見込めたからである．これは研究を開始したあとにわかったことであるが，シラスウオ類は種間での遺伝的差異が大きく，ほかの遺伝子領域では，すべてのシラスウオ類で確実に増幅できるプライマーをつくるのが難しい．すなわち，プライマーがあわずに増幅に失敗した場合，その標本については何回も実験を繰り返す必要が出てしまい，ほかの遺伝子領域は大量の個体を（安価に）迅速に解析するのに向かないのである．サンプルを溜めないためにも，迅速かつ容易に解析できるかどうかは重要である．

分子系統解析でみつかった多様性

(1) 隠蔽種の発見

琉球列島，小笠原，パラオの各地域（図10.2A）から得られたシラスウオ類合計524個体についての最尤法により分子系統解析した結果を図10.3に示した．全部で25のクレードが検出され，それらクレード間の遺伝的変異は4～26％だった．これはハゼ亜目魚類の同属種間の遺伝的変異1～19％と同等またはそれ以上の値である．さらに，各クレード内の変異はほとんど1％未満と種間変異に比べて十分に小さかったことから，各クレードはそれぞれが比較的長く独立に系統のソーティングを受けていたと考えられ，それぞれは別種レベルに分化しているといえるだろう．この結果から，シラスウオ類は形態的には3種が知られていたが，実は少なくとも25種以上が存在することがあきらかになったのである．これら25種の分布をみてみると，琉球列島で発見された20種のうち17種が琉球列島でのみ発見され，小笠原では3種のうち1種が，パラオでは5種のうち4種がその地域でのみ発見された（図10.2A）．複数の地域でみつかった種は，琉球とパラオからの *Schindleria* sp. 9と，琉球と小笠原からの *Schindleria* spp. 7と21の合計3種のみであった．このことは，解析個体数のばらつきなどでデータが不十分だとしても，シラスウオ類の地域固有性の高さを示している可能性は大きい．

ミトコンドリア DNA での解析に加えて，予備的にではあるが核遺伝子での系統解析も AFLP（Amplified Fragment Length Polymorphism）法によっておこなっている．AFLP 法は，ゲノム DNA などを制限酵素で断片化して，そのなかから特定の塩基配列をもつ断片だけを選択的に PCR 増幅し，それらを検出する方法である．AFLP 法はゲノム全体を比較するには容易で有用な方法である．この解析の結果，ミトコンドリア DNA での解析で得られたクレードと同様の

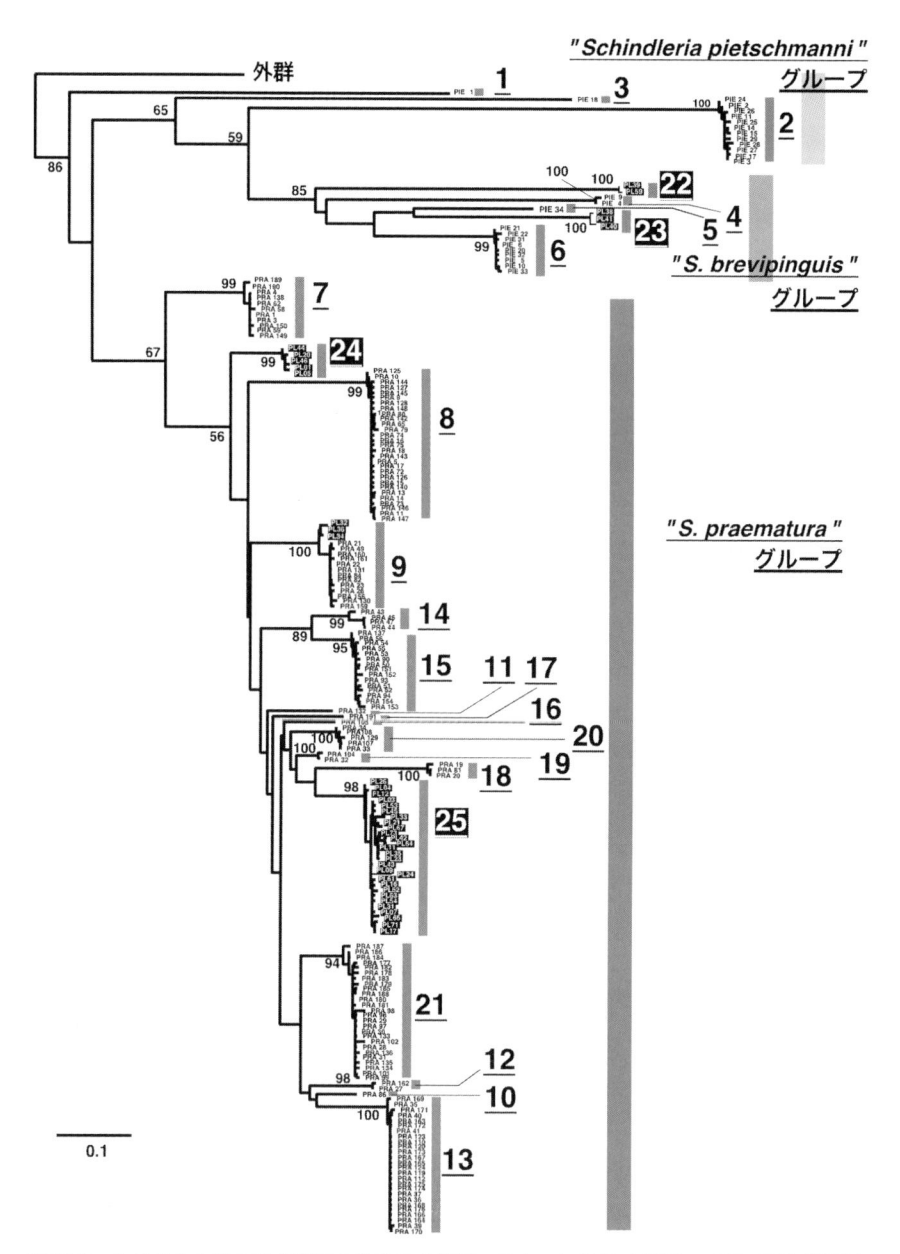

図10.3 シラスウオ類の最尤法による分子系統樹.ミトコンドリア DNA の16S rRNA 遺伝子の部分塩基配列（約550bp）を用いて作成した.大きな数字は各種につけた仮の識別番号（例，1は *Schindleria* sp.1を示す）.下線の引いた学名は各形態グループを示す.

第10章　もっとも幼形進化的な魚類 ● 193

クレードが得られている.ただ,この解析後に新たな隠蔽種がみつかり,また種間交雑を検出するには個体数も十分といえないものだったので,今後は個体数を増やし核遺伝子の塩基配列を用いた精度の高い再解析が必要である.

(2) 隠蔽種と既知種との関係

分子系統解析によって発見された25種は,背鰭条数と臀鰭条数の組み合わせで,既知の3種に対応させた3つの形態グループの何れかにふくまれた(図10.3).このうち,*Schindleria praematura* グループと *S. brevipinguis* グループはそれぞれ単系統になったが,*S. pietschmanni* グループだけは単系統にならなかった.ところで,今回,あきらかになった25種のうち,いったいどれが既知の3種に当てはまるのかという分類学的な問題が残されている.*S. praematura* と *S. pietschmanni* の2種の担名タイプはどちらも複数個体で構成されるシンタイプであり,実際に琉球大学の吉野哲夫先生とともにこれらの個体数をカウントしたところ,前者が計770個体,後者が72個体であった.さらに全個体を観察したところ,どちらのシンタイプにもあきらかに形態のことなる別種が混在していたり,シラスウオ属以外の魚も混入していたり,*S. pietschmanni* のオスが1個体も保存されていないなどの多くの問題点がみつかった.残りの *S. brevipinguis* は,形態の類似した *S. brevipinguis* グループにふくまれた種(*Schindleria* spp. 4〜6, 22, 23)とはオスの生殖突起の形態で区別できそうではあるが,残念ながら *S. brevipinguis* のホロタイプはメス個体であり比較ができない.何れにしても形態的に区別のつかない隠蔽種が存在するシラスウオ類では,直接的にDNA解析で比較できない現状では明確なことはいえないが,日本やパラオで採集された種はこれら既知の3種とは別種であろうという感触を得ている.

(3) 泌尿生殖突起の多様性

シラスウオ類の分子系統解析をおこなうきっかけとして,泌尿生殖突起(以下,生殖突起)に種数以上の形態的多様性がみられたことを上述した.いままでの観察によると,少なくともその形態に12タイプあることがわかっている(図10.4).これらのタイプを分子系統樹上にマッピングしたところ,種ごとに生殖突起の形態がはっきりと決まっているという結果は得られなかった.ある程度は決まっているようではあるが(たとえば *Schindleria* spp. 2, 6〜8など),

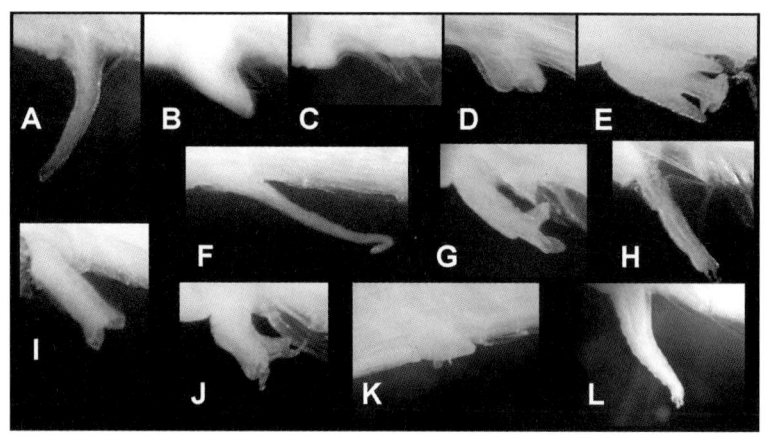

図10.4 シラスウオ類（オス）の泌尿生殖突起の各形態タイプ（A-L）．これらのタイプと各隠蔽種は明瞭に1対1で対応しているわけではない．各タイプの詳細な記載は Kon et al.（2007, 2011）を参照のこと．

いくつかの種で複数のタイプをもっていた（たとえば *Schindleria* spp. 9, 21など）．この理由は現段階では不明であるが，生殖突起の形態は変化しやすい，または交雑などの結果であるなどのことが考えられる．そもそも，メスが産みつけた卵にオスが精子をかけるといった，ハゼ類全般の体外受精と同じ生殖様式が考えられるシラスウオ類において，なぜ本分類群の生殖突起が著しく多様に進化したのかということも不明である．

種内の遺伝的分化

(1) 琉球列島集団とパラオ集団との遺伝的分化

シラスウオ類は各地域での固有性が高い可能性が示唆されたが，複数の地域にまたがって分布する種も検出されている．*Schindleria* sp. 9 は，琉球列島とパラオの両地域に分布していた唯一の種である．本種の遺伝的集団構造をあきらかにするために，ハプロタイプネットワークを構築したところ，2つのサブクレード（琉球集団とパラオ集団）よりなるダンベル様のネットワークが形成された（図10.5）．両サブクレード間は最短5変異あり，両地域集団間に明瞭な遺伝的分化がみられた．岐阜大学の向井貴彦博士らの研究によると，浮遊仔魚期間が1ヵ月程度と考えられているスジクモハゼ *Bathygobius cocosensis* の分子系統地理学的研究ではグアム，琉球列島，日本本土のの地域集団間において遺伝的な差異がみられず，この地域間で遺伝的交流がある（または最近まであった）

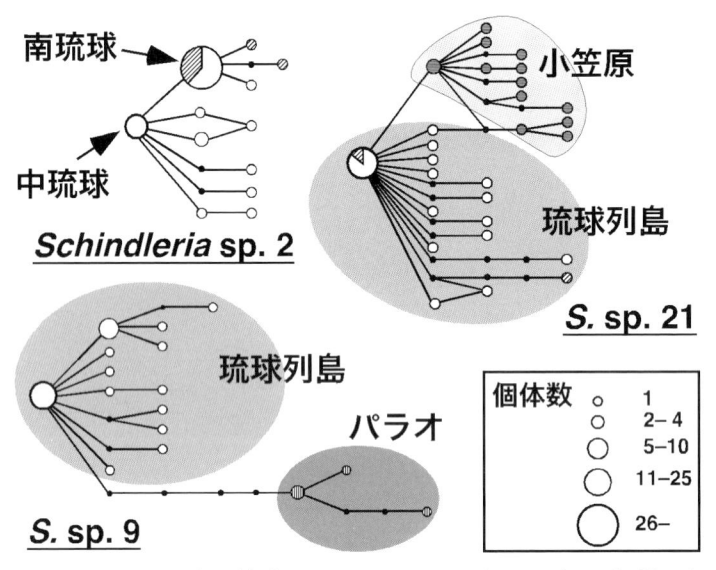

図10.5 シラスウオ類3種（*Schindleria* spp. 2, 9, 21）のハプロタイプネットワーク．

ことがあきらかにされている．このことから，パラオおよびグアムを源としてフィリピン，琉球列島を通り北東に流れる黒潮はこの地域における主要な仔稚魚の輸送手段であることが示唆されている（Mukai et al., 2009）．この海域では他魚種での研究においても同様な結果が得られている．スミソニアン熱帯研究所のマッカファティ博士らは，スズメダイ科のミスジリュウキュウスズメダイ *Dascyllus aruanus* のグアムと琉球列島集団間において，ミトコンドリア DNA の ATP6/8 遺伝子領域でハプロタイプが共有され，遺伝的交流があることを示した（McCafferty et al., 2002）．しかしながら，*Schindleria* sp. 9 では，少なくとも近年は遺伝的交流に制限があったことが示唆されている．この遺伝的集団構造のちがいは，具体的な証拠が得られてはいないが，たとえば浮遊仔魚期間のちがいとか，仔魚が産まれたところに留まるような性質のちがいなどの分散能力のちがいに起因しているのかもしれない．

(2) 日本国内の遺伝的分化

日本産と海外産との間で遺伝的分化がみられたが，日本国内ではどうであろうか？ 琉球列島と小笠原の両地域に分布していたシラスウオ類のうち，両地

域ともに多数の個体が得られた Schindleria sp. 21 で遺伝的集団構造を解析したところ，両地域集団間に遺伝的分化が検出された（$\Phi_{ST}=0.34$）．ハプロタイプネットワークでも，2つの地域集団で共有するハプロタイプはみられず，両者は明瞭に分かれていた（図10.5）．上述したスジクモハゼでも，琉球列島と小笠原の両地域集団間では遺伝的分化が検出されていて（Mukai et al., 2009），この遺伝的分化は琉球列島周辺を流れる黒潮の本流が小笠原まで届いていないことが要因として考えられるのかもしれない．シラスウオ類ではさらに琉球列島内の地域集団間で遺伝的分化が検出された種もいた（図10.5）．十分な個体数が採集された種について，中琉球（トカラ列島小宝島から，奄美大島，沖縄島周辺まで）と南琉球（宮古島より南西地域）の地域集団間で遺伝的集団構造を調べたところ，多くの種（Schindleria spp. 6, 8, 13, 15）ではとくに分化が認められなかったが，Schindleria sp. 2 では中琉球と南琉球間で遺伝的分化が認められた（$\Phi_{ST}=0.15$）．海産魚でこの両地域間で遺伝的分化がみられた例はなく，シラスウオ類は地域固有性が高い傾向にあることが窺い知れよう．

(3) 広域分布種

　以上のように，シラスウオ類は地域固有性が高そうであることを述べてきたが，実はそうではなく非常に広範囲に分布する種の存在もあきらかになりつつある．わたしたち研究グループが登録したDNAデータ以外に，前出のタッカー博士によってハワイとライン諸島からの2個体のデータが登録されている．ただし，わたしたちが取り扱った遺伝子領域とちがい，ND1，ND2およびCOIであった．そこで，わたしたち研究グループは，ハワイ・ライン諸島産と日本産との系統関係をあきらかにするために，日本産21種からそれぞれ数個体を選んで，ND2遺伝子の塩基配列を決定し，日本DNAデータバンク（DDBJ）などの世界的なDNAデータベースからダウンロードしたデータとともに系統解析をおこなった．その結果，ハワイ・ライン諸島産は2個体とも，日本産の Schindleria sp. 8 のクレードにすっかり内包されてしまったのである．これは，Schindleria sp. 8 が少なくとも日本とハワイに分布していることを示している．解析個体数が少ないことから，現時点では両地域集団間の遺伝的分化の議論は難しいが，2010年10月にハワイ島コナで採集したところ，1000個体弱のシラスウオ類を採集することができた．これらは，いまだ形態観察の段階でDNA解析に至ってないが，タヒチなどで採集した個体もふくめて，これらの解析が進

めば，ハワイでのシラスウオ類の種多様性や，広域分布種の存在，遺伝的集団構造解析などに関する研究が大きく進展するものと考えられる．ところで，この *Schindleria* sp. 8と同じ生殖突起タイプE（図10.4）をもつ個体がインド洋で採集されている．このタイプEは，現時点で *Schindleria* spp. 7と8でしか確認されていない．もし，この個体がそのうちの *Schindleria* sp. 8であれば，この種は中央太平洋からインド洋まで広範囲に分布する種ということになる．

今後の展望

　以上のように，世界でわずか3種しかいないと思われてきたシラスウオ属に非常に多くの隠蔽種がふくまれていることがあきらかになってきた．今後は全世界のシラスウオ類の種多様性をあきらかにすることとともに，その多様性がいつ？どのようにして起きたかを地球環境の歴史的変遷と対比してあきらかにしたいと考えている．そのためには，頑健な系統推定を基盤として，信頼度の高い分岐年代推定と多様化パターンの数理的解析が必要となる．しかしながら，(1) いくつかの種ではミトコンドリアDNAの遺伝子配置変動があること，(2) ハゼ亜目魚類は地史的な時間スケールにおいてはきわめて短時間に爆発的に多様化が起こった可能性があること，(3) シラスウオ類のなかでもとくに *S. pietschmanni* グループと *S. brevipinguis* グループは分子進化速度が非常に速いことなどの解析上の問題点があることから，現在，それらの解決に取り組んでいる段階である．とくに(1)の問題点については，次世代型シーケンサーを利用した超並列塩基配列解析によって一挙に解決することを試みる予定である．

　また，あきらかにされた「種」についてそれぞれ学名を与えるといった分類学的な課題も解決していきたいと考えている．残念ながら，現在のところ技術的な問題も残されている．シラスウオ類は小さいので少なくとも体の半分を溶解してDNA抽出に用いなければならないことから，解析に用いた証拠標本を残せないでいる．しかし，分類学上新種記載をする場合には標本を残すことが必要となる．そこで，その条件を達成するために，ごく一部の組織だけをDNA解析用に切り取り，魚体を残すテクニックを身につけることを試みている最中である．みなさんに今後の研究の進展を期待して頂けると幸いである．

引用文献

Basch, L. V., J. Eble, J. Zamzow, D. Shafer, and W.J. Walsh. 2009. Recruitment Dynamics and Dispersal of Coral Reef Species in a Network of National Parks and Marine Protected Areas, West Hawai'i Island: Some Preliminary Findings. NOAA HCRI-RP Project Final Report. 62 pp. http://www.hcri.ssri.hawaii.edu/files/research/pdf/basch-finalreport.pdf.（参照 2010-12-20）.

Gill, A. C. and R. D. Mooi. 2010. Character evidence for the monophyly of the Microdesminae, with comments on relationships to *Schindleria* (Teleostei: Gobioidei: Gobiidae). Zootaxa, 2442: 51-59.

Giltay, L. 1934. Les larves de Schindler sont elles des Hemirhamphidae? Bull. Mus. Royal Hist. Natl. Belgique, 10 (13): 1-10.

Gosline, W. A. 1959. Four new species, a new genus, and a new suborder of Hawaiian fishes. Pac. Sci., 13: 67-77.

Johnson, G. D. and E. B. Brothers. 1993. *Schindleria* - a paedomorphic goby (Teleostei, Gobioidei). Bull. Mar. Sci., 52: 441-471.

Kon, T. and T. Yoshino. 2002a. Extremely early maturity found in Okinawan gobioid fishes. Ichthyol. Res., 49: 224-228.

Kon, T. and T. Yoshino. 2002b. Diversity and evolution of life histories of gobioid fishes from the viewpoint of heterochrony. Mar. Freshwater Res., 53: 377-402.

Kon T, T. Yoshino, T. Mukai and M. Nishida. 2007. DNA sequences identify numerous cryptic species of the vertebrate: a lesson from the gobioid fish *Schindleria*. Mol. Phylogenet. Evol., 44: 53-62.

Kon T, T. Yoshino and M. Nishida. 2011. Cryptic species of the gobioid paedomorphic genus *Schindleria* from Palau, Western Pacific Ocean. Ichthyol. Res., 58: 62-66.

Leis, J. M. 1993. Larval fish assemblages near Indo-Pacific coral reefs. Bull. Mar. Sci., 53: 362-392.

Leis, J. M. 1994. Coral sea atoll lagoons: closed nurseries for the larvae of a few coral reef fishes. Bull. Mar. Sci., 54: 206-227.

Leis, J. M., T. Trnski, V. Dufour, M. Harmelin-Vivien, J. P. Renon, and R. Galzin. 2003. Local completion of the pelagic larval stage of coastal fishes in coral-reef lagoons of the Society and Tuamotu Islands. Coral Reefs, 22: 271-290.

McCafferty, S., E. Bermingham, B. Quenouille, S. Planes, G. Hoelzer and K. Asoh. 2002. Historical biogeography and molecular systematics of the Indo-Pacific genus *Dascyllus* (Teleostei: Pomacentridae). Mol. Ecol., 11: 1377-1392.

Mukai, T., S. Nakamura and M. Nishida. 2009. Genetic population structure of a reef goby, *Bathygobius cocosensis*, in the northwestern Pacific. Ichthyol. Res., 56: 380-387.

Thacker, C. E. 2003. Molecular phylogeny of the gobioid fishes (Teleostei: Perciformes: Gobioidei). Mol. Phylogenet. Evol., 26: 354-368.

Thacker, C. E. 2009. Phylogeny of Gobioidei and placement within Acanthomorpha, with a new classification and investigation of diversification and character evolution. Copeia, 2009: 93-104.

Ozawa, T. and S. Matsui. 1979. First record of the schindlerid fish, *Schindleria praematura*, from southern Japan and the South China Sea. Jpn. J. Ichthyol., 25: 283-285.

Pfenninger, M. and K. Schwenk. 2007. Cryptic animal species are homogeneously distributed among taxa and biogeographical regions. BMC Evol. Biol. 7: art. 121, 6 pp.

Schindler, O. 1930. Ein neuer *Hemirhamphus* aus dem Pazifischen Ozean. Anz. Akad. Wiss. Wien., 67(9): 79-80.

Schindler, O. 1931. Ein neuer *Hemirhamphus* aus dem Pazifischen Ozean. Anz. Akad. Wiss. Wien., 68 (1): 2-3.

Schindler, O. 1932. Sexually mature larval hemirhamphidae from the Hawaiian Islands. Bull. Bernice P. Bishop Mus., 197: 1-28.

Watson, W., Walker, H. J., 2004. The world's smallest vertebrate, *Schindleria brevipinguis*, a new paedomorphic species in the family Schindleriidae (Perciformes: Gobioidei). Rec. Austral. Mus., 56: 139-142.

謝辞

第 1 章（松浦啓一・瀬能　宏）

　本書に使用した魚類の水中写真は，内野啓道さん，狐塚英二さん，鈴木寿之さん，高須英之さん，山本敏さんが提供してくださった．記して謝意を表する．

第 2 章（本村浩之）

　鹿児島県の魚類相調査に精力的に協力してくださっている鹿児島大学総合研究博物館魚類分類学研究室の学生諸氏，原口百合子氏をはじめとする同館ボランティア諸氏，南さつま市の伊東正英氏，鹿児島市の出羽慎一氏，屋久島町の原崎森氏，指宿市の折田水産とかいえい漁業協同組合の諸氏，かごしま水族館職員諸氏，および関係する多くのみなさまに深く感謝する．標本写真を提供してくださった原崎森氏，宮内庁生物学研究所の藍澤正宏氏，国立科学博物館の栗岩薫氏，アメリカ合衆国・国立自然史博物館の Sandra Raredon 氏，および本章を執筆する機会をくださった国立科学博物館の松浦啓一氏に感謝する．

第 3 章（遠藤広光）

　本章に使用した写真の一部は，平田智法さん，松野和志さんと松野靖子さんに提供していただいた．山川武さんは高知県の初期の魚類相研究に関する情報を，岩槻幸雄さんには宮崎のアカメの情報をそれぞれ提供していただいた．また，片山英里さんは図3.1を描いてくださった．厚くお礼を申し上げる．

第 4 章（木村清志・笹木大地）

　著者らのトウゴロウイワシ科に関する研究は非常に多くの人の協力に支えられ，また多くの人との共同研究としておこなわれた．特に研究の端緒にもなった八重山諸島のトウゴロウイワシ科標本をお貸しいただいた岸本和浩氏（東海大学），本科魚類の初期生活史の研究を共同で進めた塚本洋一氏（現西海区水産研究所）とこれに関して先駆的な研究をされた田北徹氏（長崎大学），多数の標本貸与や海外での採集調査にお誘いくださるとともに本プロジェクトの代表者としていろいろと苦労をおかけした松浦啓一氏（国立科学博物館），貴重な情報をくださり，議論を繰り返した吉野哲夫氏（琉球大学）と岩槻幸雄氏（宮崎大学），本科魚類の分子生物学的情報を提供して下さった栗岩薫氏（国立科学博物館）に心からの謝意を表する．さらに，採集や所蔵標本調査にご協力いただいた国内，国外の大学，研究所，博物館のスタッフに厚く御礼申し上げる．

第 5 章（栗岩　薫）

　本研究におけるアカハタの採集調査に協力してくれた以下の方々に感謝する：川辺勝俊博士（小笠原水産センター），岩槻幸雄博士（宮崎大学），K. T. Shao 博士および H. C. Ho 博士（台湾中央研究院），W. C. Jiang 博士（台湾行政院農業委員会水産試験所），木村清志博士（三重大学），荻原豪太氏および松沼瑞樹氏（鹿児島大学），篠原現人博士，高田陽子博士および中江雅典博士（国立科学博物館），桜井雄氏（沖縄環境調査株式会社），村瀬敦宣博士および有原久史氏（東京海洋大学），水上雅晴博士（福山大学），松江保彦氏（神津島漁協），貞方公男氏，入里和利氏および永尾栄次氏（五島漁協），皆川佳昭氏（八重山漁協），小笠原ダイビングサービス KAIZIN，小笠原フリッパーズイン，父島漁協，南伊豆町漁協，種子島漁協，屋久島漁協，小宝島湯泊荘．

第 6 章（岩槻幸雄・千葉　悟）

　本研究は，宮崎大学大学院農学研究科修士課程の学生であった宮本圭氏（美ら海水族館）によって初期の研究がなされ，その後，同氏にはサンプルの採集について援助をいただいた．さらに，広島県でのサンプル入手では長澤和也氏と海野徹也氏（広島大学），神奈川県のサンプル入手には丸山隆氏（東京海洋大学），村上正美氏（財団法人海洋生物環境研究所）及び馬入黒ダイ研究会（代表：加藤芳直氏）に援助をいただいたので感謝の意を表したい．

第 7 章（渡邊　俊）

　太田川のボウズハゼ調査において，有益な情報とご協力を賜った福井正二郎氏，瀧野秀二氏，伊藤守孝氏に深く感謝する．河川調査（2003～2008年）の許可申請に，ご理解とご協力をいただいた太田川漁業協同組合の太田干士組合長，下地吉次組合長，引地稔治組合長，熊野川漁業協同組合の小渕郁夫組合長，堀切金二氏，古座川漁業協同組合の水上誠組合長，東泰史副組合長，藤田正規組合長，向野正臣組合長，ならびに和歌山県資源管理課の原田滋雄氏，御所豊穂氏，山田哲也氏，堀木暢人氏，内海遼一氏に御礼申し上げる．本章におけるボウズハゼの研究結果は，飯田碧博士の博士論文「和歌山県太田川におけるボウズハゼの生活史に関する研究」に依る所が大きく，その成果を本章で紹介することを快諾してくれた飯田碧博士に深く感謝の意を表する．回遊モデルの議論に参加していただいた塚本勝巳先生に感謝申し上げる．また，琉球列島におけるボウズハゼの河川調査およびハゼ亜目魚類全般の初期生活史に関して有益な情報とご助言をいただいた琉球大学の前田健博士，花原（旧姓：山崎）望氏，近藤正氏，立原一憲先生に厚く御礼を申し上げる．国立科学博物館の松浦啓一先生には「黒潮と日本の魚類相：ベルトコンベヤーか障壁か」に参加する機会を与えていただいた．またこのプロジェクトにおいて，高知大学の遠藤広光先生より高知沖から採集されたボウズハゼ仔魚の貴重な標本をご提供いただいた．心より感謝する．本研究の一部は日本学

術振興会特別研究員（15-72505），笹川科学研究助成および日本学術振興会科学研究費補助金（若手B：18780143，基盤A：19208019，基盤C：23580246）の援助を受けておこなった．

第8章（馬渕浩司）

　図8.2に掲載した画像資料の利用にあたっては，神奈川県立生命の星・地球博物館の瀬能宏氏に多大なご支援をいただいた．キャプションに記させていただいた撮影者の方々へとともに，謹んで御礼申し上げる．

第9章（山野上祐介・澤井悦郎）

　本研究を進めるにあたって，北海道昆布森漁業協同組合，同道苫小牧漁業協同組合，岩手県船越湾漁業協同組合，同県佐々木漁業生産組合，同県大槌町漁業協同組合，同県釜石湾漁業協同組合，同県釜石東部漁業協同組合，同県重茂漁業協同組合，茨城県会瀬漁業協同組合，高知県以布利共同大敷組合，高知県漁業協共同組合以布利支所，アクアワールド茨城県大洗水族館，大阪海遊館，大分県マリンカルチャーセンター，宮城県水産技術総合センター，みかめ海の駅潮彩館，東京大学大気海洋研究所国際沿岸海洋研究センター，広島大学大学院生物圏科学研究科水圏資源学研究室の関係者各位，公世丸船主の中村秀和氏とご家族の方々，渡辺佑基助教（国立極地研究所），相良恒太郎氏（株式会社三和酒類），吉田有貴子氏（株式会社リクルート），岩間哲夫氏（株式会社岡本造船所），黒沢清隆氏（株式会社藤栄商店），増田紳哉氏（鳥取県水産試験場），一澤圭博士・川上靖博士（鳥取県立博物館），下田敬勇氏（高知県立足摺海洋館），土井啓行氏（下関市立しものせき水族館），中坪俊之博士（鴨川シーワールド），Mark McGrouther氏（Australian Museum），西堀正英准教授（広島大学大学院生物圏科学研究科）には標本採集，調査，実験，文献収集等さまざまな形でご支援いただいた．大西毅一郎氏（海とくらしの史料館），籔本美孝博士（北九州市立自然史・歴史博物館）には大型剥製標本の観察をさせていただいた．水産庁（国際資源調査アカイカ加入量調査）より稚魚標本をご提供いただいた．萩原慎司氏（波左間海中公園マンボウランド）・伊藤大輔氏にはマンボウ類の写真をご提供いただいた．橋本博明教授，坂井陽一准教授には本研究をおこなうにあたり，終始温かい御指導と御校閲をいただいた．本研究は共同研究として大阪海遊館海洋生物研究所以布利センター，東京大学大気海洋研究所国際沿岸海洋研究センター，東京大学大気研究所分子海洋生物分野，東京大学大学院農学生命科学研究科附属水産実験所の施設を利用させていただいた．ここに明記しなかった方々も含め謹んで感謝の意を表する．

第10章（昆　健志）

　本研究の遂行にあたって，本文に記した方々以外にも多くのみなさまのご協力を得た．研

究全般にわたり，太田英利氏（兵庫県立大学）および西川輝昭氏（東邦大学）には非常に有益な議論をしていただいた．ここに深く感謝の意を表する．シラスウオ類の生態情報や野外調査全般に適切な助言をいただいた細谷誠一氏，田端重夫氏（以上，いであ株式会社）および桜井雄氏（沖縄環境調査株式会社）に心よりお礼を申し上げる．また数々の採集にご助力いただいた坂上治郎氏（サザンマリンラボラトリー），森俊彰氏（元・北里大学），武井直行氏，林顕尚氏，上野大輔氏，池原善啓氏，（以上，元・琉球大学），井上潤氏（東京大学），宮崎亜紀子氏（元・東京大学），伊藤誠氏，米山純夫氏，山口邦久氏（以上，東京都），加藤雅也氏，青沼佳方氏（水産総合研究センター），吉田稔氏，本宮信夫氏（以上，有限会社海游）に感謝の意を表する．本研究の一部は日本学術振興会科学研究費（課題番号15380131, 16570082, 19207007, 20570084），公益信託ミキモト海洋生態研究助成基金，藤原ナチュラルヒストリー振興財団・研究助成金，および琉球大学熱帯生物圏研究センター共同利用一般研究によっておこなわれた．

用語解説

松浦啓一・千葉 悟・栗岩 薫

インド・西太平洋（Indo-West Pacific）：インド洋と西部太平洋を合わせた海域（西部太平洋を参照）．

インド・太平洋（Indo-Pacific）：インド洋とイースター島を東端とする太平洋を合わせた海域．換言すると，東部太平洋を除く太平洋とインド洋を合わせた海域のこと．

塩基置換：DNAのヌクレオチドが複製の間違いや修飾により他の塩基を結合したヌクレオチドに置き換わる現象．つまりDNAの塩基（A，T，G，C）が別の塩基に置き換わること．

小笠原諸島：小笠原群島（聟島列島＋父島列島＋母島列島），西之島，火山列島（北硫黄島，硫黄島および南硫黄島），南鳥島および沖ノ鳥島からなる．

核遺伝子・ミトコンドリアDNA：遺伝物質であるDNAは，魚類を含む脊椎動物の細胞では核とミトコンドリア内に存在する．核では枝分かれのない二本鎖として，ミトコンドリアでは環状二本鎖として存在する．全DNA（ゲノム）において一つのタンパク質を合成する領域を一つの単位とし，これを遺伝子という．

北赤道海流：北半球の熱帯域を東から西に向かって流れる海流．太平洋では中米西岸沖からフィリピン東方沖に向かって流れる．

旧北区：南アジアと東南アジアを除くユーラシア大陸全域とアフリカ北部に広がる地域

距離障壁：生物の分布は様々な障壁によって分断される．たとえば，大陸の移動や大山脈は障壁として作用する．一方，一見障壁が存在しないように見える連続空間においても二つの地点が遠く離れていると距離による障壁が生じる．魚類をはじめとする海洋動物では，卵や幼生は一般的に一定期間海中を浮遊した後に，着底して成魚（成体）になる．しかし，移動する距離が大きい場合には，着底場所に到達できないため死滅してしまう．西太平洋とアメリカ大陸西岸の間には島のない海が広がっているため，西太平洋の大半の海洋動物の幼生はこの海域で死滅してしまい，アメリカ大陸に到達できないと考えられている．これが東部太平洋障壁（eastern Pacific barrier）である．

魚類相：ある海域（地域）における魚類全体のこと．

サンゴ礁性魚類：サンゴ礁に生息する魚類．スズメダイ科，チョウチョウウオ科，ネンブツダイ科，ハタ科，ベラ科など多くの魚類が含まれる．

雌性先熟：先に雌として成熟し，繁殖に参加した後に，雄に性転換すること．

自然史系博物館：自然史標本（動物，植物，菌類，化石，岩石，鉱物など）

を収集し，自然史に関する研究を行う機関．大半の自然史博物館は展示や教育・普及活動の機能も有している．

仔魚：孵化してから鰭条がそろうまでの段階の魚のこと．

仔稚魚：仔魚と稚魚をまとめて指す用語．

死滅回遊：無効分散に同じ．熱帯性魚類が海流によって関東周辺に運ばれ，冬の低水温期に死滅するのは死滅回遊の例である．

深海：200m以深の海．

西部太平洋（western Pacific=West Pacific）：西太平洋とも言う．太平洋プレート西縁より西側の太平洋．

浅海：200mより浅い沿岸の海．

浅海性魚類：浅海に生息する魚類．

造礁サンゴ：サンゴ礁を形成するサンゴ類の総称．

タイドプール：海水が潮間帯の岩や砂泥底の窪みに干潮時に残されてできる潮だまりのこと．

タンパク質コード領域：ミトコンドリアDNAにはタンパク質をコードしている遺伝子，tRNAやrRNAをコードしている遺伝子，それらの発現を調節している調節領域がある．

稚魚：鰭条数や脊椎骨数がその種に特有の定数に達した段階の魚．

潮下帯：沿岸の干潮線より下の部分で，常に海中にある．

調節領域：ミトコンドリアDNAにおいて複製および転写開始起点を含む領域．タンパク質コード領域にくらべて機能的制約が弱いため変異を蓄積しやすい．

底生性魚類：海底付近に生息する魚類の総称．

東洋区：南アジアから東南アジア，中国南部にいたる地域．

トカラ海峡：屋久島と口之島（トカラ列島北端の島）の間にある海峡．

南西諸島：薩南諸島と琉球諸島を合わせた島々のこと．

日本列島：一般的には，北海道から琉球列島南端まで弧状に並ぶ島々の総称．

熱帯性魚類：熱帯域に生息する魚類．

排他的経済水域：沿岸から200海里の海域．国連海洋法に基づいて設定された海域であり，沿岸国はこの海域の資源を利用することができる．

ハプロタイプ：半数体の遺伝子型（haploid genotype）の略．ミトコンドリアゲノムは二倍体である核ゲノムとは異なり半数体であるため，ミトコンドリアDNAの遺伝子型のことをハプロタイプと呼ぶことが多い．

分子マーカー：系統関係や集団構造を解析する際に指標として用いられるタンパク質やDNAなどの生体分子．

分離浮性卵：粘着性がなく，分離して水中に浮く卵．

無効分散：海産動物の場合には，回遊しない動物が海流によって運ばれ，移動した海域で再生産できずに死滅すること．

琉球列島：薩南諸島と琉球諸島を合わせた島々のこと．

索引

▶A

Acanthopagrus berda　99
Acanthopagrus latus　97
Acanthopagrus schlegelii　26, 107
Acanthopagrus sivicolus　26
Acanthoplesiops psilogaster　36
AFLP　94
Akihito　114
Alepes djedaba　110
Alepidomus　66, 67
Alepidomus evermanni　66, 67
Alionematichthys piger　36
Allanetta breekeri　69
Amblychaeturichthys sciistius　30, 32
Amphiprion melanopus　33
Amplified Fragment Length Polymorphism　94
Anguilla marmorata　113
Apogon chrysotaenia　35
Apogon crassiceps　36
Apogon kiensis　30
Argentinoidea　134
Atherina breekeri　69
Atherinidae　66
Atherinomorus　66
Atherinomorus duodecimalis　67
Atherinomorus lacunosus　67
Atherinomorus pinguis　67
Atherinomorus stipes　66
Atherinopsidae　66
Atherionidae　66
ATP6/8遺伝子領域　196
Atule mate　24, 25
Awaous guamensis　115

▶B

Bathygobius cocosensis　195
Benthosema pterotum　30, 32
Bolbometopon muricatum　24, 25

▶C

Caranx heberi　24, 25, 110
Caranx tille　24, 25
Champsodon snyderi　30
Chrionema furunoi　30, 32
Chrysophrys auripes　101
Chrysophrys rubroptera　100
Chrysophrys xanthopoda　101

Cirripectes filamentosus　35, 36
Coelorinchus jordani　30, 32
COI　197
Cottus　115
Cottus amblystomopsis　135
Cottus hangiongensis　132
Cottus kazika　135
Cottus nozawae　135
Cottus pollux large-egg type　135
Cottus pollux middle-egg type　135
Cotylopus　114
Cotylopus acutipinnis　127
Ctenogobius　134
Cynoglossus interruptus　30, 32
Cynoglossus ochiaii　30, 32
cytochrome b　78

▶D

Dascyllus aruanus　196
Dasyatis akajei　35
DDBJ　197
D-loop領域　169
DNA　166
DNA解析　194
DNAデータベース　155
DNAマーカー　191

▶E

Eleotris fusca　133
Eleotris oxycephala　113
Eleotris sandwicensis　115
Eleutheronema rhadinum　24, 25
Engraulis japonicus　29
Enneapterygius etheostoma　32
Enneapterygius hemimelas　35, 36
Enneapterygius leucopunctatus　35, 36
Epinephelus amblycephalus　25
Epinephelus bontoides　35, 36
Epinephelus bruneus　85
Epinephelus fasciatus　76
Epinephelus 属　78

▶F

Fraser-Brunner　166
Fu's Fs値　81

▶G

Galaxiidae　133

索引 ● 207

Gerres equulus   26
Gerres oyena   26
Girella leonina   152
Girella mezina   153
Girella punctata   152
Gloydius blomhoffii   22
Gnatholepis   134
Gobiidae   113
Gobioidei   115
Gobiosomatini   187
Goniistius quadricornis   156
Goniistius zebra   156
Goniistius zonatus   156
Grallenia arenicola   54
Gymnogobius heptacanthus   29
Gymnogobius scrobiculatus   29

▶ H

Halichoeres tenuispinis   35
Hapalogenys kishinouyei   49
Hemiramphus pietschmanni   186
Hemiramphus praematurus   186
Hexagrammos agrammus   27
Hippocampus bargibanti   57
Hippocampus sp.   58
Hoplostethus crassispinus   30, 32
Hypoatherina   66
Hypoatherina harringtonensis   66
Hypoatherina temminckii   67
Hypoatherina tsurugae   67
Hypoatherina valenciennei   67, 69
Hypoatherina woodwardi   67

▶ I

Insidiator hosokawae   49
Internal Transcribed Spacer region   86

▶ L

Lamellibrachia satsuma   30
Lates calcarifer   65
Lates japonicus   33, 52
Lentipes   114
Lentipes concolor   115, 120, 131
Lepidotrigla kishinouyi   45
Liparis tanakae   27

▶ M

Macaca fuscata   22
Malakichthys griseus   30
Masturus   166
Masturus oxyuropterus   166
Masuturus lanceolatus   166

mismatch distribution   81
Mola   166
Mola mola   166
Mola ramsayi   166
Mugilogobius abei   26
Mugilogobius sp.   26
Myrichthys aki   50

▶ N

Navigobius dewa   31, 32
ND1   197
ND2   197
Nemipterus bathybius   45
NOAA   186

▶ O

Onigocia macrolepis   49
Oplegnathus fasciatus   154
Oplegnathus insignis   155
Oplegnathus punctatus   154
Oplegnathus woodwardi   155
Oreochromis niloticus   39
Osmeroidei   134
Ostracion cubicus   26
Ostracion immaculatus   26

▶ P

Paralichthys olivaceus   35
Paramonacanthus pusillus   31, 32
Parapercis kamoharai   36
Parascorpaena aurita   34, 36
Parasicydium   114
Parupeneus spilurus   36
PCR   167
Pentalagus furnessi   22
Pentapodus aureofasciatus   37
Plecoglossus altivelis altivelis   22, 115
Plecoglossus altivelis ryukyuensis   22
Plectranthias japonicus   45
Pleuronectes yokohamae   27
Poecilia mexicana   38
Pomadasys quadrilineatus   37
Pomatoschistus microps   185
Protobothrops flavoviridis   22
Pseudanthias parvirostris   38
Pseudanthias rubrizonatus   31, 32
Pseudanthias rubrolineatus   38
Pseudanthias venator   44
Pseudoblennius percoides   27
Pseudocoris ocellata   10
Pseudolabrus eoethinus   150
Pseudolabrus japonicus   150

Pseudolabrus sieboldi 150

▶R

Raggedness指数 81
Ranzania 166
Ranzania laevis laevis 166
Ranzania laevis makua 166
Rexea prometheoides 30, 32, 45
Rhincodon typus 28
Rhinogobius 115
Rhinogobius sp. 132
Rhynchopelates oxyrhynchus 29
Richardson 101

▶S

SAMOVA 88
Sand diver 59
Schindleria 183
Schindleria brevipinguis 185
Schindleria pietschmanni 185, 186
Schindleria praematura 185, 186
Schindleriidae 186
Scolopsis trilineata 35
Scomberoides commersonnianus 110
Scorpaena pepo 25, 26
Scorpaenodes quadrispinosus 34, 36
Sebastapistes fowleri 35, 36
Sebastes cheni 27
Sebastes pachycephalus 27
Secutor indicius 33
Secutor indicus 33
Seriola dumerili 31, 32
Sicydiinae 113
Sicydium 114
Sicydium punctatum 120
Sicydium 属 131
Sicyopterus 114
Sicyopterus aiensis 127
Sicyopterus japonicus 50, 113
Sicyopterus lagocephalus 115
Sicyopterus sarasini 127
Sicyopterus stimpsoni 115, 120
Sicyopus 114
Sillago japonica 29
Sillago parvisquamis 28
Silverside 66
Simple Sequence Repeat 94
Siphamia tubulata 60
Spatial Analysis of Molecular Variance 88
SSR 94
statistical parsimony network 81
Stenatherina 66, 67

Stenatherina panatela 67
Stenogobius hawaiiensis 115
Stiphodon 114
Stiphodon percnopterygionus 120
Stiphodon surrufus 39

▶T

Tajima's D 81
Tau値 83
Teramulus 66, 67
Tomiyamichthys sp. 58
Tosana niwae 49
Trachidermus fasciatus 135
Trachinotus mookalee 110
Trichonotus setiger 59
Tridentiger kuroiwae 26
Tridentiger obscurus 26

▶U

Ulua mentalis 24, 25, 110

▶V

Vanderhorstia hiramatsui 54
Vanderhorstia kizakura 54
Vanderhorstia rapa 54

▶あ

愛知県 v
愛南町 55, 60
姶良市 32
青ヶ島 13
アオギス 28
アオハタ 79
青森県 24
アカエイ 35
アカオビハナダイ 31, 32
アカササノハベラ 149, 150
アカツキハギ 93
アカハタ vi, 11, 76
アカハタモドキ 79
アカフジテンジクダイ 36
アカメ 33, 34, 48, 52, 65
亜寒帯 27
悪石島 20
阿久根市 27
アケゴロモヘビギンポ 35, 36
アジア大陸 160
アジ科 24, 25, 28, 54
アジ科魚類 24, 102, 110
アシシロハゼ 15
足摺 50, 53
足摺半島 54

足摺岬　47, 65
アツヒメサンゴカサゴ　34, 36
アテリナ亜科　66
アナハゼ　27
アネサゴチ　49
亜熱帯　76, 132
亜熱帯域　77
亜熱帯区　9, 146
亜熱帯水域　58, 60
アフリカ大陸　188
アフリカ東岸　68, 70, 71
アフリカ南部　155
アフリカ北部　22
アベハゼ　26
天草諸島　27, 105
奄美大島　20, 22, 31, 38, 58, 68, 78, 124, 197
奄美群島　19, 20, 24, 26, 27, 38
奄美群島海域　22
奄美諸島　50, 60
アマミノクロウサギ　22
アメリカ国立海洋大気圏局　186
アメリカ太平洋岸　178
アメリカ大陸　12
アユ　22, 113, 115
アユカケ　135
アラビア海　65, 99
アラビア半島南部　99
有明海　97
アリゾナ州立大学　187
アルビノ　128
アンダマン海　69, 99

▶い
イースター島　152, 156, 188
伊江島　8, 9, 20
イエメン　99
硫黄島　20, 38
イカナゴ類　59
イサキ科　49
石垣島　8, 9
イシガキダイ　154
イシガキハタ　79
石川千代松　48
イシダイ　149, 154
イシダイ科　154
イシダイ属　148, 154
石森博雄　190
異所的　36
伊豆大島　10, 58, 78, 89, 91
伊豆－小笠原弧　91
伊豆・小笠原諸島　148
伊豆諸島　8, 9, 12, 13, 58, 76, 88

伊豆半島　vi, 7, 13, 14, 31, 58, 60, 78, 89, 113, 146
出水市　27
イズミハゼ　26
移送　65
磯魚　75, 87, 152
磯魚群集　145
イソギンポ科　35
一湊　37
遺伝子領域　197
遺伝子流動　75, 82
遺伝の関係　11
遺伝的交流　26, 196
遺伝的集団構造　87, 103, 196
遺伝的多様性　80
遺伝的分化　124, 177
イトウオニヒラアジ　24, 25, 110
伊東市　174
イトヒキコハクハナダイ　38
イトヨリダイ科　35
イナズマヒカリイシモチ　57, 60
犬吠埼　146
指宿市　39
以布利　54, 59, 145
伊良湖岬　v
西表島　8, 9, 68
岩崎川　29
イワシ類　48
イワハダカ　30, 32
インド　70, 99
インド沿岸域　99
インド西南部　99
インド・太平洋　11, 31, 59, 65, 66, 71, 72, 188
インド・太平洋域　155
インド・西太平洋　15, 59, 65, 69, 71, 72, 97, 99
インド・西太平洋種　66, 69
インドネシア　58, 68, 69, 78, 99, 126
インド洋　68, 76, 127, 155
インド洋西部　115
隠蔽種　183

▶う
ウィーン自然史博物館　186
ウォーカー　186
鵜来島港　55
宇治群島　19, 20
ウシマンボウ　168
内之浦湾　33
ウツボ科　35
ウミタナゴ　161
浦戸　49, 50

浦戸湾　48, 51, 52
ウルム氷期　31

▶え
エイ　28
腋鱗　67
エゾハナカジカ　135
江ノ口川　52
愛媛県南東部　60
縁海　160
沿岸岩礁域　145
沿岸岩礁性　145
沿岸魚類相　9
沿岸水　21
沿岸水塊　106
沿岸性魚類　5, 12
沿岸性魚類相　8
沿岸浅海域　76
塩基多様度　80
塩基置換率　80
塩基配列　124, 159

▶お
大瀬崎　9
横列鱗数　97
オオウナギ　113
オオクチイケカツオ　110
大阪海遊館　54
オーストラリア　60, 66, 71, 99, 151, 152, 167, 173
オーストラリア東岸　3
オーストラリア博物館　188
オーストラリア本土　4
大隅諸島　19, 20, 27, 34, 76
大隅諸島海域　22
大隅諸島　34
大隅半島　19, 21, 32, 34, 36
大隅半島間　45
大隅半島東岸　27, 33
大隅分枝流　21, 22
大瀬崎　8
太田川　114, 116
大月町　53, 55
大堂半島　55
オオメハタ　30
オオメワラスボ科　187
オオモンハゼ属　134
大淀川　65
小笠原　9, 76, 78, 82, 84, 191
小笠原群島　76
小笠原諸島　vi, 8, 9, 12, 13, 49, 58, 60, 76, 100, 174, 188

オキゲンコ　30, 32
オキナヒメジ　36
オキナメジナ　153
沖縄　3, 23, 35, 36, 59, 67, 70, 107, 120, 124, 191
沖縄県　17, 19, 20, 25, 35, 47
沖縄島　8, 9, 14, 15, 19, 20, 68, 78, 82
沖縄諸島　17, 24, 26, 58
沖縄地方　69, 71
オキナワトウゴロウ　67
沖縄本島　22
沖永良部島　20, 38
沖の島　47, 50, 51, 53, 56
沖ノ鳥島　76
小沢貴和　188
オニカナガシラ　45
オビシメ　13, 14, 91
尾鰭　101
尾鰭要素　165
オホーツク海　3
オボロゲタテガミカエルウオ　35, 36
親潮　3, 178
温帯　27, 66, 97, 99, 113, 115, 132
温帯域　65, 76, 77, 85, 115, 132
温帯沿岸性魚類　178
温帯岩礁域　76
温帯性魚類　vi, 13
温帯性種　55
温帯性要素　146
温暖化　106, 107

▶か
貝池　29
海産魚　29, 75, 90, 93, 197
海産魚類　29, 60
海産魚類相　23, 27
海産硬骨魚類　86
海産種　67
海産無脊椎動物　4
海水魚　33, 38
海南島　100
回遊　65
回遊魚　12, 65
回遊経路　179
回遊生態　113, 131
回遊履歴　122
回遊ルート　176
海洋生物地理区　8, 146
海洋島　17, 92
外来魚　33
カウアイ島　124
加江田川　97

索引 ● 211

鏡川　48, 51
カキイロヒメボウズハゼ　39
核DNA　94
核遺伝子　78, 192
隔離機構　15
学名　54, 100
隔離　159
カゴカマス　30, 32, 45
鹿児島　23, 44, 78
鹿児島県　vi, 8, 19, 20, 22-24, 27, 39, 44, 97
鹿児島県北東部　27
鹿児島県南部　17, 28
鹿児島県北西部　27
鹿児島県本土　35, 38
鹿児島県レッドデータブック　29
鹿児島市　32, 39, 44
鹿児島大学　23, 188
鹿児島大学総合研究博物館　28
鹿児島湾　19, 27, 29-34, 37, 45
笠沙町　24
火山性島嶼　133
火山列島　76
カジカ属　115
カジカ大卵型　135
カジカ中卵型　135
臥蛇島　78
柏島　8, 9, 47, 50, 51, 53, 55-57, 59, 60
柏島周辺　54
カスミサクラダイ　45
河川残留型　122
カタクチイワシ　29, 48
片島港　55
片山英里　59
カツオ　12, 65, 176
神奈川　44
神奈川県　31, 100
カボチャフサカサゴ　25, 26
上甑島　20, 29
蒲原稔治　49
カモハラトラギス　36
ガラクシアス科魚類　132
カリフォルニア　153
カリフォルニア沿岸　153
カリフォルニア沖　172
カリフォルニア科学アカデミー　34
カワアナゴ　113
カワアナゴ亜科　115
カンキョウカジカ　119, 132
韓国　65, 68
韓国南部　100
岩礁　186
岩礁性魚類相　145

関東沿岸　126
関東沖　174
関東地方　9, 13
広東　100
観音崎　29
カンパチ　31, 32
カンムリブダイ　24-26
カンモンハタ　79
寒流　3

▶き
紀伊半島　8-11, 50, 60, 65, 88, 100, 113, 146
紀伊半島沿岸　52
喜界島　20
キザクラハゼ　53, 54
キジハタ　79
紀州　50
汽水域　48, 52
汽水湖群　29
北オーストラリア　71
北赤道海流　20, 65, 106
北太平洋　44, 173
北日本　27
キチヌ　97
キチヌ類似種群　98, 99
キビレハタ　79
キビレヘビギンポ　13, 14
九州　v, 3, 15, 60, 68, 71, 83, 107, 113, 136, 146, 156
九州西岸沖　27
九州全域　100
九州大学　188
九州太平洋岸　88
九州島　19, 22, 33, 34
九州東岸　28
九州南岸　110
九州南部　19, 29
キュウシュウヒゲ　30, 32
九州本島　27, 29
キューバ　67
旧北区　19, 22
キュウリウオ目　134
京都大学　54
魚種リスト　75
距離障壁　12
魚類写真資料データベース　vi
魚類相　v, vi, 5, 8, 11, 12, 19, 23, 24, 26, 27, 33-35, 38, 47, 50, 60, 115, 145, 165
魚類相形成　20, 75
魚類相要素　36
魚類多様性　19, 22
魚類データベース　5

魚類標本データベース　　7
魚類分類学　　vi, 48-50
魚類リスト　　5, 52
ギル　　187
ギルテー　　186
ギンイソイワシ　　67-70, 72
ギンイソイワシ属　　66, 67, 69, 70, 72
ギンポ亜目魚類　　186
ギンマンボウ　　176
近隣結合樹　　124

▶く
グアム　　33, 195
クエ　　85
クサウオ　　27
草垣群島　　19, 20
クサビフグ　　166
クサビフグ属　　166
クサフグ　　15
クジメ　　27
串本　　8, 9, 58
楠川周辺海域　　34
口永良部島　　19, 20
口之島　　20, 78
クボハゼ　　29
クマソハナダイ　　44
クマノミ亜科　　33
熊本県　　97
クライン　　146
クラスター　　9
クラテロケパルス亜科　　66
クレード　　86, 152, 167, 192
グレート・バリア・リーフ　　185
クロエリカノコハゼ　　54
クロエリギンポ　　59
クロサギ　　26
黒潮　　v, 3, 8, 11-13, 19, 20, 24, 26, 28, 31, 33, 34, 36, 38, 39, 47, 52, 60, 65, 68, 70, 75, 106, 113, 145, 165, 176
黒潮沿岸　　145
黒潮系暖水塊　　22
黒潮前線　　107
黒潮地方　　113
黒潮反流　　93
黒潮プロジェクト　　vi, 75
黒潮流域　　vi, 6-8, 11, 23, 25, 33, 50, 75, 80, 136
黒潮流軸　　106
黒潮流軸変動　　22
黒潮流路　　vii, 11, 13, 15
黒島　　20
黒瀬川　　v, 4
クロダイ　　14, 15, 26, 107

クロダイ属　　97, 107
クロダイ属魚類　　97
クロボシヒラアジ　　110
クロマグロ　　12
クロメジナ　　149, 152
クロユリハゼ科　　187
鍬崎池　　29

▶け
系統解析　　80, 166, 187, 191
系統関係　　75
系統樹　　167
系統地理学　　75
系統地理パターン　　87
系統的位置　　187
系統分岐　　187
系統分類　　165
系統類縁関係　　134, 136
ゲノムDNA　　192
ゲンコ　　30, 32

▶こ
コアマモ場　　48, 51, 52
ゴイシウミヘビ　　50
広域分布種　　55, 198
紅海　　68, 71, 76
後期更新世　　83, 84
後期仔魚　　117
硬骨魚類　　83
ゴウシュウマンボウ　　166
公称種　　100
更新世　　23, 107
更新世前期　　22
高知　　50, 60, 78, 124
高知県　　v, vi, 5, 11, 25, 31, 47, 48, 50, 52, 58, 60, 65, 89, 97, 145
高知県沖　　21
高知県西南端　　58
高知県レッドデータブック　　52
高知市　　49
高知大学　　50
神津島　　78, 89, 91
行動生態　　165
香南市　　52
コウリンハナダイ　　38
小型底生魚　　186
コガネマルコバン　　110
コクテンアオハタ　　25
国土地理院　　17
国分川　　51
国立科学博物館　　34
国立自然史博物館　　34

甑四湖　29
甑島列島　19-21, 29
ゴスライン　187
個体群　26
小宝島　78, 82, 197
五島列島　21, 29
コバンハゼ類　55
ゴビオソーマ族　187
ゴビオネルス亜科　115
コモチジャコ　30, 32
固有種　31, 60, 65, 115, 127
固有ハプロタイプ　83

▶さ
最終氷期　29, 83
砕波帯　106
最尤法　79, 192
相模湾　8, 9, 146
先島諸島　17
桜島　20, 30, 32, 45
ササノハベラ　150
ササノハベラ属　148
サザレハゼ　54
薩南諸島　17, 19, 20
薩摩型　29
サツマハオリムシ　30
薩摩半島　19, 24, 26, 32, 34
薩摩半島西岸　27, 28, 33
薩摩半島西岸沖　28
薩摩半島東岸　30
佐渡島　5
サメ　28
サモア　68
サヨリ属　186
サヨリ類　185
サライゴメス島　188
サンゴ群落　11
サンゴ礁　3, 10, 34, 47, 186, 188
サンゴ礁域　24, 188
サンゴ礁性魚類　10, 11, 126
サンゴ礁生態系　189
三ノ瀬島　55
三陸沿岸　176
三陸沖　172

▶し
潮だまり　3
潮岬周辺　65
仔魚　48, 93, 113, 116, 122, 124, 133, 183, 185, 186
仔魚期　26, 124
事後確率　79

四国　v, 3, 4, 9-11, 15, 65, 67, 71, 100, 113, 136, 146
四国沿岸　71, 88
四国西南　55
四国南西部　8
獅子島　19, 20, 27
始新世　155
静岡　44, 124
静岡県　31, 52
雌性先熟　76
耳石　121, 187
次世代型シーケンサー　198
自然史系博物館　5
仔稚魚　12, 22, 48, 52, 72, 106, 196
仔稚魚期　171
シトクロムb　78
シノビハゼ属　134
志布志湾　33, 37
姉妹群　153, 187
シマイサキ　29
姉妹種　26, 36
シマセトダイ　49
シマヨシノボリ　132
四万十川　48, 65
死滅回遊　4, 23, 106
死滅回遊魚　4, 23
下甑島　20, 78, 84
シモフリハタ　79
ジャパニーズ・ピグミーシーホース　56, 57
上海　100
集団　75
集団遺伝学的解析　75
集団遺伝学的研究　11
集団解析　80, 89
集団構造　75, 78, 88, 106
集団構造解析　124
縦列鱗数　67
種組成　27
種多様性　19, 161, 191
種内系統　79-81, 88
種内変異　80
ジュニアシノニム　100, 101
種分化　vi, 158
準絶滅危惧種　52
純淡水魚　115
礁池内　188
障壁　vi, 5, 12, 13, 26, 90
初期生活史　15
12S rRNA遺伝子　152
16S rRNA遺伝子　152, 191
16SリボゾームRNA遺伝子領域　124
ジョルダン　49

シラウオ　184
シラス　48, 183
シラスウオ亜目　187
シラスウオ科　183
シラスウオ属　183
シラスウオ属魚類　183
シラスウオ類　vii, 183, 184
シラスキバハゼ　184
シラタキベラダマシ属　10, 11
シラヌイハタ　35, 36, 79
臀鰭　97
臀鰭鰭条数　97
臀鰭棘　103
歯列数　154
シロウオ　184
シロギス　29
シロブチハタ　79
シロメバル　27
深海　30
深海魚　47
深海底　47
進化距離　83
進化生物学　183
進化速度　159
進化プロセス　94
シンガポール　99
新種　49
新種記載　49, 101
新種記載プロジェクト　54
新生代　155
シンタイプ　185
シンドラー　186
新標準和名　34
ジンベエザメ　28

▶す
水中写真　5, 7, 30, 51
スキューバダイバー　5, 7
スキューバダイビング　51, 56
須口池　29
宿毛市　53, 55
スクリプス海洋研究所　186
須崎市　49
スジクモハゼ　195
スジミゾイサキ　37
鈴川　29
スズキ型　186
スズキ属　161
スズキ目魚類　59
スズメダイ科　35, 54, 196
スタンフォード大学　34, 49
スナイダー　49

豆南諸島　13, 91
スミソニアン熱帯研究所　196
スミツキハタ　79
スラウェシ　68
スリコギモーリー　38
スリランカ　70
駿河湾　8, 9
諏訪之瀬島　20

▶せ
正確立検定　105
成魚　27, 37, 124, 133, 171, 183
生殖隔離　65
生殖的隔離機構　145
西部太平洋　12, 33, 78, 145, 173
西部太平洋域　84
生物多様性　183
生物地理　75, 178
生物地理学　75
生物地理学的研究　75, 93
生物地理区　19, 22, 27, 113
生物地理区分　7
セーシェル　68
脊椎骨数　67
赤道　20, 106
絶滅危惧IB類　29
絶滅危惧I類　29
絶滅危惧種II類　25
瀬戸内海　60, 100, 146
背鰭　97
背鰭鰭条数　97
浅海　30, 97
浅海魚類相　30, 47
浅海性魚類　3, 10-13, 60, 75, 77, 91
浅海性魚類相　75, 94
尖閣諸島　17, 76
漸新世　155

▶そ
造礁サンゴ　47
造礁サンゴ群落　50
造礁サンゴ類　55
増幅制限酵素断片長多型　94
宗谷線　93
遡河回遊　134
遡河回遊魚　134
側線　97
側線鱗数　97
ソコイトヨリ　45
祖先集団　105
祖先ハプロタイプ　82

索引 ● 215

▶た
タイ　68
大英博物館　101
タイ科　15, 97
タイ科魚類　vi, 97
大学博物館　5
桜島大正大噴火　45
大西洋　66, 167, 188
大東諸島　17, 76, 93
タイドプール　3
ダイビングポイント　7
タイプ標本　51, 54
太平洋　11, 13, 19, 21, 47, 76, 106, 154, 159, 167
太平洋沿岸　76, 113, 146
太平洋岸　3, 37, 65, 72, 100, 146, 167
太平洋東部　115
太平洋プレート　84
第四紀　160
大陸沿岸　110
大陸棚　24, 92, 106
台湾　10, 11, 13, 15, 21, 23, 24, 26, 31, 33, 37, 60, 65, 100, 101, 104, 110, 113, 120, 124
台湾海峡　100
台湾周辺海域　26, 37
台湾西部　78
台湾東岸　173, 174
台湾東部　78
台湾南部　78
タイワンヒイラギ　52, 53
高雄　101
タカノハダイ　149, 156
タカノハダイ科　156
タカノハダイ属　148, 156
宝島　20
舵鰆　165, 166
竹島　20, 38
タスマニア島　4
タッカー　187
タツノオトシゴ亜科魚類　58
タツノオトシゴ属　58
タツノオトシゴ類　55
ダツ目　186
タテジマヘビギンポ　10
田中茂穂　49
田辺湾　153
種子島　17, 19-21, 36, 38, 44, 52, 65, 78, 88
タヒチ　197
タビラクチ　53
垂水市　32
暖温帯区　9, 147
単系統群　157, 160, 187

タンザニア　68
単純反復配列　94
淡水域　66, 67, 75, 87
淡水魚　38, 47, 50, 75, 93
淡水魚類　29, 113
淡水湖　32
淡水性カジカ属　113
淡水性両側回遊　133
淡水性両側回遊魚　113
担名タイプ　194
暖流　20, 27, 65, 165

▶ち
地域固有性　197
地域変異　69
稚魚　14, 48, 72, 119, 126, 172
千島列島　49
父島　188
父島列島　76
千葉県　23, 59, 146, 156
チブルネッタイフサカサゴ　34, 36
中央アメリカ　38
中間温帯区　146
中期更新世　83
中国　15, 26, 65, 69, 100
中国沿岸　15, 59, 104, 107
中国大陸沿岸　110
中国南部　22, 69, 103, 110
中国本土　110
中新世　155
中部太平洋　68, 178
潮下帯　3
調節領域　78, 103, 124, 167
調節領域配列　80, 83
朝鮮半島　15, 49
チョウチョウウオ科　13, 35, 54, 91
チリ　151
地理的クライン　85
知林ヶ島　32

▶つ
対馬海峡　159
対馬海流　176, 178
対馬暖流　24
ツチホゼリ　79
ツバメコノシロ科　28
ツラナガハギ　30, 31, 32

▶て
底棲魚類相　30
底生性魚類　50
底生性魚類相　50

216

データベース	5	内湾	33, 145
テッポウイシモチ	30	中甑島	20
デモグラフィック解析	81	長崎	100
電気泳動	167	長崎県	21, 27
テンジクカワアナゴ	133	長島町	27
テンジクダイ科	35, 54, 60	永田港	37
天皇海山	178	ナガノゴリ	26
		中之島	20, 21, 188
▶と		中琉球	197
東海地方	100	ナノハナフブキハゼ	53, 54
東京大学	49	海鼠池	29
東京大学大気海洋研究所	187	ナミアイトラギス	30, 32
東京帝国大学	49	南海トラフ	47, 48
東京湾	29, 100	南下流	22, 27
統計学的最節約ネットワーク図	81	軟骨魚類	28
島弧	17	南西諸島	17, 19, 22, 24, 148
トウゴロウイワシ	67, 69, 70, 72	南方系魚類	47, 110, 126
トウゴロウイワシ亜科	66	南方系魚種	55
トウゴロウイワシ科	66, 67, 72	ナンヨウチヌ	99
トウゴロウイワシ科魚類	66, 67, 72	ナンヨウボウズハゼ	48, 120, 131
トウゴロウイワシ類	vi, 65		
島嶼	19, 20, 88, 134	▶に	
島嶼群	19, 76	新潟県	5, 156
同所的	36	ニギス上科	134
東南アジア	22, 60, 68-70	ニクハゼ	29
東南アジア海域	69	ニザダイ科	35, 54
東部太平洋	12	西大西洋	66, 67
東北沖	176	西太平洋	52, 58, 60, 65, 69-71
東洋区	19, 22	西田睦	187
トカゲハゼ	14, 15	西日本沿岸	176
トカラ海峡	11, 13, 20-23, 26, 27, 34, 106	西之島	76
トカラ列島	19, 36, 65, 88, 188	ニシン亜目	183
徳島	78	ニシン科	15
徳島県	89	日本	3, 31, 38, 39, 58, 65, 68-70, 105
徳之島	20, 38	日本DNAデータバンク	197
土佐	49	日本沿岸	68, 165
土佐清水市	53	日本海	23, 24, 27, 59, 60, 100, 154, 159, 167
土佐湾	47, 50, 59	日本海沿岸	146
土佐湾沿岸	60	日本近海	65, 67, 146, 167
土佐湾中央部	52	日本固有種	33, 48
飛び石理論	91	ニホンザル	22
トビハゼ	15	日本産魚類	23, 47
ドミニカ	120	日本南部	8
富山湾	49	日本初記録	102
ドロクイ	15	日本初記録種	54, 110
トンガ	71	日本本土	24, 26, 35, 38
トンガリヤリマンボウ	166	ニホンマムシ	22
トンプソンチョウチョウウオ	93	日本列島	v, 3, 6, 77, 83, 100, 113, 145, 146
		日本列島南岸	145
▶な		日本列島南部	3
内部転写領域	86	ニューカレドニア	58, 66, 127
ナイルティラピア	39	ニューギニア	60, 65, 99

ニュージーランド　152

▶ぬ
ヌマチチブ　26

▶ね
熱帯　60, 66, 76, 97, 99, 113, 115, 132
熱帯域　15, 58, 65, 69-71, 76, 85, 99, 106, 115
ネッタイイソイワシ　67, 70
熱帯海域　161
熱帯魚　23
熱帯区　9
熱帯サンゴ礁域　76
熱帯性魚類　3, 4, 50
熱帯性淡水魚類　vii
熱帯淡水性魚類　113, 129
ネットワーク解析　80
年齢査定　121

▶の
ノーフォーク島　157
延岡　98

▶は
パール・アンド・ハーミーズ環礁　185
バイオテレメトリー　171
排他的経済水域　3
ハイフォン　102
配列差異　81
ハオリムシ　30
ハクテンヘビギンポ　35, 36
ハコフグ　15, 26
ハコフグ科　15
波左間海中公園　168
バス海峡　4
ハゼ　58
ハゼ亜目　115, 183
ハゼ亜目魚類　120
ハゼ科　15, 35, 54, 113
ハゼ科魚類　134
ハゼ類　vii
ハタ科　35, 49, 54, 76
ハタ科魚類　44, 76
ハダカリュウキュウイタチウオ　36
ハタタテハゼ　10
八丈島　8, 9, 13, 14, 58, 60, 78, 91
蜂須賀線　93
初記録　34
初記録種　54
波照間島　188
鳩間島　59
ハナカジカ　135

バヌアツ　127
母島列島　76
ハプロタイプ　79, 80, 167, 179
ハプロタイプグループ　103
ハプロタイプネットワーク　179, 195
浜名湖　52, 65
パラオ　192
腹鰭　67, 97
ハリセンボン科　166
バリヤー　60
ハロン湾　102
ハワイ　120, 156
ハワイ諸島　115, 124, 155
ハワイ大学　187, 188
ハワイ島　124
反熱帯分布　156, 161

▶ひ
ヒイラギ　52
ヒイラギ科　52
ピエッチマン　186
東アジア　65, 69, 98, 99, 104, 153
東アジア温帯域　66, 68, 69
東アジア海域　72
東アフリカ　99
東インド洋　70
東シナ海　19
東シナ海　11, 13, 21, 27, 65, 106, 154
東大西洋　66
東太平洋　188
東日本　167
干潟　51
ピグミーシーホース　56, 57, 58
ヒシカイワリ　24, 25, 110
一ツ瀬川　98
ヒトミハタ　79
泌尿生殖突起　194
姫島　55
ヒメスズメダイ　10
ヒメハナダイ　49
日向市　28
ヒュー・スミス　49
兵庫県　14
平田智法　54
ヒラメ　35
ヒレグロハタ　79
ビロウ島　55
広島県　105
弘瀬港　55

▶ふ
フィッシャー　105

218

フィリピン　　vi, 20, 39, 58, 65, 68, 69, 99, 106, 120, 196
フィリピン海　　13
フィリピン海プレート　　12, 84
ブートストラップ確率　　79
フエ　　100
フエダイ科　　54
フォッサマグナ地域　　93
吹上浜　　28
福江島　　78, 84
福岡県　　105
フグ科　　15, 166
福島県　　113, 124, 136
フグ目　　165
フサカサゴ科　　35, 54
ブダイ科　　13, 28, 35, 91
二並島　　55
フチドリタナバタウオ　　36
プチフサカサゴ　　35
プチフサカサゴ　　36
プチブダイ　　10
福建省　　102
富津岬　　29
物理的障壁　　75, 80, 87
仏領ポリネシア　　12
部分塩基配列　　156, 187, 191
浮遊期　　80
浮遊期間　　106
浮遊仔魚期間　　127, 195
浮遊幼生期　　132
プライマー　　191
ブラキストン線　　93
分岐時期　　159
分岐年代　　154, 159
分岐年代推定　　159, 162
豊後水道　　55
分散　　75, 80, 90
分子遺伝学的集団構造　　124
分子系統解析　　56, 156, 183, 191
分子系統学　　vii
分子系統学的解析　　155
分子系統学的研究　　187
分子進化速度　　159, 198
分子時計　　83
分子マーカー　　78, 94
分断　　65, 72, 75
分布　　65
分布域　　66
分布境界線　　93
分布パターン　　5, 60, 158
分離浮性卵　　76
分離浮遊性　　106

分類学的研究　　60
分類学的再検討　　59, 98, 100
分類体系　　67

▶へ
ペア種　　vii, 145
ペアワイズ　　83
米国水産局　　49
ベイズ推定　　154
ベイズ法　　79
ベトナム　　68, 69, 78, 100
ベトナム北部　　24
辺戸岬　　19
ヘビギンポ　　32
ヘビギンポ科　　13, 35
ペヘレイ　　66
ペヘレイ科　　66
ベラ科　　10, 35, 54, 150
ベラギンポ　　59
ベラギンポ科　　59
ベラギンポ属　　57, 59, 60
ベラギンポ類　　59
ベルギー王立自然史博物館　　186
ペルシャ湾沿岸　　99
ベルタランフィー　　121
ベルトコンベヤー　　4, 60, 75, 145
ベルトコンベヤー効果　　89, 92
ベルトコンベヤー作用　　146, 161
ベレラテリナ亜科　　66
ベンガル湾　　69, 99

▶ほ
ボウズハゼ　　vi, 50, 113
ボウズハゼ亜科　　113, 120
ボウズハゼ亜科魚類　　113
房総半島　　v, 9, 29, 72, 100, 113
北限記録　　60
北西太平洋　　65-67
北西ハワイ諸島　　185
北部オーストラリア　　65
北米　　161
ホシササノハベラ　　149, 150
ホソウケグチヒイラギ　　33, 52, 53
ホソオビヤクシマイワシ　　67, 70-72
ホタテツノハゼ　　58
北海道　　3, 44
ボトルネック効果　　81
ボルネオ島　　99
ホロタイプ　　194
香港　　100
本州　　v, 4, 12, 15, 88, 106, 146
本州沿岸　　91

本州太平洋岸　83
本州中部　6, 8, 11, 68, 84
本州東岸　179
本州南部　3
本州北部　3
ホンハブ　22
ホンベラ　35

▶ま
マアジ　107
マイクロサテライト　94
マイワシ　47
マカマンボウ　176
馬毛島　19, 20
マコガレイ　27
マダガスカル　67
松浦啓一郎　48
マッカブ　176
マッカファティ　196
マテアジ　24, 25
マニトバ博物館　187
マリアナ諸島　84
マルケサス諸島　115
マルヒウチダイ　30, 32
マレーシア　78, 99
マレー半島　99
マングローブ林　29
マンボウ　166
マンボウ科　165, 166
マンボウ属　166
マンボウ属魚類　165
マンボウ類　vii, 165

▶み
三浦半島　9, 29
三重　78
三重県　31, 68, 89
未記載種　35
ミギマキ　149, 156
ミクロネシア連邦　84
三島村　20, 38
ミスジリュウキュウスズメダイ　196
ミスマッチ分布　81
ミズモリ　176
ミッドウェイ環礁　185
ミトコンドリアDNA　78, 80, 103, 124, 152, 156, 167, 187, 191
ミトコンドリアDNA解析　166
ミトコンドリア全長配列　188
南アジア　22
ミナミアシシロハゼ　15
南アフリカ　167, 173

南樺太　49
南九州　28, 44, 110
ミナミギンイソイワシ　67, 68
ミナミギンガメアジ　24, 25
ミナミクロサギ　26
ミナミクロダイ　14, 15, 26
ミナミコノシロ　24, 25
南さつま市　25
南シナ海　49
南大東島　188
南太平洋温帯域　152
南鳥島　76
南日本　9, 15, 19, 31, 37, 50, 52, 54, 60, 65, 97, 146, 156, 178
南日本沿岸　60, 106, 145
ミナミハコフグ　15, 26
南半球　160, 179
南琉球　197
御畳瀬　50
御畳瀬魚市場　49
三宅線　22, 93
宮古島　8, 197
宮古諸島　9, 17
宮崎県　14, 48, 52, 65, 84, 89, 97, 102
宮崎県沖　28
宮崎県南部　33, 88, 89
宮崎県南部沖　21
宮崎県北部　88
宮崎南部　78
宮崎北部　78
宮之浦川　37
宮之浦岳　34
宮正樹　187

▶む
ムギイワシ　66
ムギイワシ科　66
無効分散　4, 23-25, 31
甑島列島　13, 76
胸鰭基部　67
ムラソイ　27
ムンバイ　99

▶め
メジナ　152
メジナ科　152
メジナ属　148, 152
メダカ　29

▶も
モーイ　187
モザンビーク　68

模式産地　185
模式標本　100, 101
母島港　55
物部川　52
モモイロカグヤハゼ　31, 32

▶や
八重山海域　67
八重山諸島　17, 21, 59, 78, 188
ヤエヤマノコギリハゼ　48
屋久島　8, 9, 11, 19, 20, 22, 34-36, 38, 58, 60, 78, 88, 146
ヤクシマイワシ　67, 70-72
ヤクシマイワシ属　66, 67, 70, 72
ヤクシマキツネウオ　37
屋久島近海　21
八代海　19, 27, 28
山川武　54
山口県　24, 154
ヤマノカミ　135
ヤリマンボウ　166
ヤリマンボウ属　166

▶ゆ
ユウゼン　13, 14, 91, 93
ユウダチタカノハ　156
ユーラシア大陸　22
輸送シミュレーション　107

▶よ
幼魚　3, 24, 47, 48, 52, 85, 101
幼形進化的　183
ヨウジウオ科　35
ヨウジウオ類　55
横当島　20
吉川漁港　52
ヨシノボリ属　113, 115
与那国島　13, 106, 188
米倉川　29
ヨロイボウズハゼ属　131

与論島　17, 19, 20, 38

▶ら
ライン諸島　197

▶り
陸橋　22, 83
陸棚　23, 65
陸棚斜面　21
リュウキュウアユ　22
琉球諸島　17, 60
琉球大学　17, 189
琉球列島　3, 6, 8, 9, 11-14, 17, 49, 50, 58, 60, 76, 100, 106, 110, 113, 136, 145, 174, 186
リュウグウベラギンポ　59, 60
粒子追跡数値シミュレーション　126
両側回遊　113
両側回遊魚　22, 120

▶る
ルリボウズハゼ　115, 120, 131

▶れ
レユニオン　120
レユニオン島　115

▶ろ
ロードハウ島　157
ロスアンゼルス自然史博物館　187
ロバート・アンダーソン　34

▶わ
若魚　37
和歌山　120, 124
和歌山県　25, 58, 97, 153
渡瀬線　22, 93
ワトソン　186
ワニギス　30
和名　54

執筆者紹介

岩槻幸雄（いわつき　ゆきお）
東京大学大学院農学系研究科博士課程修了．農学博士．宮崎大学農学部海洋生物環境学科，教授

遠藤広光（えんどう　ひろみつ）
北海道大学大学院水産学研究科博士課程修了．博士（水産学）．高知大学理学部理学科，教授

木村清志（きむら　せいし）
三重大学大学院水産学研究科修士課程修了．農学博士．三重大学大学院生物資源学研究科附属紀伊・黒潮生命地域フィールドサイエンスセンター，水産実験所長・教授

栗岩　薫（くりいわ　かおる）
東京大学大学院農学生命科学研究科博士課程単位取得退学．博士（農学）．国立科学博物館動物研究部，特定非常勤研究員

昆　健志（こん　たけし）
琉球大学大学院理工学研究科博士課程修了．博士（理学）．東京大学大気海洋研究所，特任研究員（現：東邦大学理学部生物学科，博士研究員）

笹木大地（ささき　だいち）
三重大学生物資源学部生物圏生命科学科卒業．三重大学大学院生物資源学研究科生物圏生命科学専攻，博士前期課程1年

澤井悦郎（さわい　えつろう）
広島大学大学院生物圏科学研究科修士課程修了．修士（農学）．広島大学大学院生物圏科学研究科，博士課程後期2年

瀬能　宏（せのう　ひろし）
東京大学大学院農学系研究科博士課程修了．農学博士．神奈川県立生命の星・地球博物館，動物・植物チームリーダー／専門研究員

千葉　悟（ちば　さとる）
山形大学大学院理工学研究科博士後期課程修了．博士（理学）．山形大学理学部，特別研究員（現：国立科学博物館分子生物多様性研究資料センター，特定非常勤研究員）

松浦啓一（まつうら　けいいち）
別記

馬渕浩司（まぶち　こうじ）
京都大学大学院農学研究科博士課程修了．博士（農学）．東京大学大気海洋研究所，助教

本村浩之（もとむら　ひろゆき）
鹿児島大学大学院連合農学研究科博士課程修了．博士（農学）．鹿児島大学総合研究博物館，教授

山野上祐介（やまのうえ　ゆうすけ）
東京大学大学院理学系研究科博士課程修了．博士（理学）．東京大学大学院農学生命科学研究科，特任研究員

渡邊　俊（わたなべ　しゅん）
東京大学大学院農学生命科学研究科博士課程修了．博士（農学）．東京大学大気海洋研究所，特任研究員

編著者紹介

松浦啓一（まつうら　けいいち）
北海道大学大学院水産学研究科博士課程修了．水産学博士
国立科学博物館動物研究部，研究調整役・部長

著書
『魚の自然史』（共編著，1999年，北海道大学図書刊行会），『虫の名，貝の名，魚の名』（共編著，2002年，東海大学出版会），『魚の形を考える』（編著，2005年，東海大学出版会），『動物分類学』（著，2009年，東京大学出版会），『標本の世界』（共編著，2010年，東海大学出版会）ほか

装丁　中野達彦

黒潮の魚たち
くろしお　さかな

2012年4月20日　第1版第1刷発行

編著者　松浦　啓一
発行者　安達　建夫
発行所　東海大学出版会
　　　　〒257-0003　神奈川県秦野市南矢名3-10-35
　　　　TEL 0463-79-3921　FAX 0463-69-5087
　　　　URL http://www.press.tokai.ac.jp
　　　　振替 00100-5-46614
印刷所　港北出版印刷株式会社
製本所　誠製本株式会社

©Keiichi MATSUURA, 2012　　　ISBN978-4-486-01934-3

Ⓡ〈日本複写権センター委託出版物〉
本書の全部または一部を無断で複写複製（コピー）することは，著作権法上の例外を除き，禁じられています．本書から複写複製する場合は日本複写権センターへご連絡の上，許諾を得てください．日本複写権センター（電話 03-3401-2382）